中国主要绿肥
品种资源图集

曹卫东　徐昌旭　著

中国农业科学技术出版社

图书在版编目（CIP）数据

中国主要绿肥品种资源图集 / 曹卫东，徐昌旭著 . -- 北京：中国农业科学技术出版社，2021.9

ISBN 978-7-5116-5483-0

Ⅰ.①中… Ⅱ.①曹… ②徐… Ⅲ.①绿肥—品种资源—中国—图集 Ⅳ.① S142-64

中国版本图书馆 CIP 数据核字（2021）第 183150 号

责任编辑　姚　欢
责任校对　李向荣　马广洋
责任印制　姜义伟　王思文

出 版 者　中国农业科学技术出版社
　　　　　北京市中关村南大街 12 号　邮编：100081
电　　话　（010）82106631（编辑室）（010）82109704（发行部）
　　　　　（010）82109702（读者服务部）
传　　真　（010）82106631
网　　址　http://www.castp.cn
经 销 者　各地新华书店
印 刷 者　北京科信印刷有限公司
开　　本　210 毫米 ×285 毫米 1 /16
印　　张　19.5
字　　数　500 千字
版　　次　2021 年 9 月第 1 版　2021 年 9 月第 1 次印刷
定　　价　198.00 元

图片及资料提供单位及专家

1 黑龙江省农业科学院草业研究所（黑龙江省农业科学院对俄农业技术合作中心）：张举梅，赵海滨

2 黑龙江省农业科学院土壤肥料与环境资源研究所：于凤芝，王晓军

3 甘肃省农业科学院土壤肥料与节水农业研究所：车宗贤，包兴国，张久东，卢秉林

4 青海省农林科学院土壤肥料研究所：韩梅，张宏亮

5 山东省农业科学院：张晓冬，李润芳，路凌云

6 山东省泰安市农业科学院：朱国梁

7 河南省农业科学院植物营养与资源环境研究所：刘春增，张梦，郑春风

8 河南省信阳市农业科学院：吕玉虎

9 安徽省农业科学院土壤肥料研究所：武际，王允青，郭熙盛，刘英，唐杉，韩上

10 安徽科技学院：邹长明

11 江西省红壤研究所：徐小林，周利军

12 江西省农业科学院土壤肥料与资源环境研究所：徐昌旭

13 湖南省土壤肥料研究所：聂军，廖育林

14 湖南省作物研究所：李莓

15 浙江省农业科学院环境资源与土壤肥料研究所：王建红，张贤

16 福建省农业科学院农业生态研究所：应朝阳，徐国忠，陈志彤，邓素芳，陈恩，李春燕，杨燕秋

17 福建省农业科学院作物研究所：李爱萍

18 福建省农业科学院土壤肥料研究所：黄毅斌，何春梅，吴一群，钟少杰

19 四川省农业科学院农业资源与环境研究所：冯文强，黄晶晶

20　四川省南充市农业科学院：韩文斌，梁琴

21　广西壮族自治区农业科学院农业资源与环境研究所：何铁光，李忠义

22　广西壮族自治区畜牧研究所：陈冬冬

23　贵州省农业科学院土壤肥料研究所：朱青，陈正刚

24　云南省农业科学院农业环境资源研究所：付利波，郭云周，刘建香

25　西北农林科技大学：高亚军

26　兰州大学：聂斌，段廷玉，刘志鹏

27　南京农业大学：高嵩涓，郭振飞

28　华中农业大学：耿明建

29　中国热带农业科学院热带作物品种资源研究所：郇恒福，李铨林，黄冬芬，张龙，丁西朋，杨孝奎，严琳玲，杨虎彪

30　中国农业科学院油料作物研究所：秦璐

31　中国农业科学院德州盐碱土改良实验站：马卫萍，王来清，宁东峰

32　中国农业科学院农业资源与农业区划研究所：曹卫东，周国朋

前 言

　　中国是世界上利用绿肥历史最悠久的国家之一，至今已逾 3 000 年，人工栽培与利用绿肥亦近 2 000 年。漫长的绿肥利用发展史，也是绿肥种质资源不断丰富的历史。

　　利用绿肥，最早可追溯至先秦时期，《诗经·周颂·良耜》载："以薅荼蓼。荼蓼朽止，黍稷茂止。"薅，为拔去田草之意。早在公元前 1000 年的西周初期，古人就认识到田间清除的杂草腐烂后能使作物生长茂盛。战国后期以前，在黄河流域，除草肥田演变成有意识地养草肥田，亦为栽培绿肥铺垫了基础。《礼记·月令》载："是月也（季夏之月），土润溽暑，大雨时行，烧薙行水，利以杀草，如以热汤，可以粪田畴，可以美土疆。"《氾胜之书》载："慎无旱耕。须草生，至可耕时，有雨即耕，土相亲，苗独生，草秽烂，皆成良田。"公元 129 年，始见人工栽培绿肥。《史记·大宛列传》载："马嗜苜蓿。汉使取其实来，于是天子始种苜蓿、蒲陶肥饶地。"不仅最早记录人工栽培苜蓿，也是栽培苜蓿后能促进葡萄生长并提升土壤肥力的最早文献。

　　魏晋南北朝时期，人口增多，食物需求量加大，提倡多熟制种植以提高土地产出，增加肥源并保证土壤质量"常新壮"成为关键。《齐民要术》中有"《广志》云：'苕草，色青黄，紫华。十二月稻下种之，蔓延殷盛，可以美田。叶可食。'"至此，栽培绿肥的种类更为广泛，由苜蓿扩展至苕子、绿豆、小豆等。栽培绿肥已然成为当时用地与养地相结合的重要技术措施。贾思勰对前人栽培与利用绿肥进行了系统的梳理及实践，而后在《齐民要术》中提出："凡美田之法，绿豆为上，小豆、胡麻次之；悉皆五、六月中穊种，七月、八月犁掩杀之，为春谷田，则亩收十石，其美与蚕矢、熟粪同。"不仅提出了绿肥种植制度、适宜品种、种植与翻压利用时间及方法，且明确了绿肥增产作用及与粪肥肥效的比较。由此，中国绿肥栽培利用技术框架初步构成，用地与养地种植制度基本建立。唐宋元时期，绿肥种植范围进一步拓展，绿肥用途趋于多元化，复种与轮作换茬制度更为丰富，政府对用地养地也给予财税激励，在一定程度上推动了绿肥生产发展。《旧五代史·唐书·庄宗纪六》："小菉豆税，每亩与减放三升。"唐末《四时纂要》载："菉豆，此月杀之，不独肥田，菜地亦同。"宋时陆游《巢菜》诗序："蜀疏有两巢。大巢，豌豆之不实者；小巢，生稻畦中，东坡所赋元修菜是也。吴中绝多，名漂摇草，一名野蚕豆，但人不知取食耳。"元代《王祯农书》将绿肥分为苗粪和草粪，"苗粪者，按《齐民要术》云……此江淮迤北用为常法。""草粪者，于草木茂盛时芟倒，就地内掩罨腐烂也。……江南三月草长，则刈以踏稻田，岁岁如此，地力常盛。"

明清之期，绿肥主产区由北方移至南方，绿肥种类更为丰富。《天工开物》："南方稻田，有种肥田麦者，不冀麦实；当春，小麦、大麦青青之时，耕杀田中，蒸罨土性，秋收稻谷必加倍也。"《农政全书》："有种晚棉，用黄花、苕饶，草底壅田者。""若草不甚盛，加别壅。欲厚壅，即并草稑覆之，或种大麦、蚕豆等，并稑覆之。"豆科绿肥已由绿豆、小豆、苕子增至金花菜、蚕豆，禾本科小麦和大麦也始作绿肥，接茬作物从粮食作物发展至棉花等经济作物。清初，绿肥种植技术进一步完善，紫云英成为南方主要绿肥，肥田萝卜始用于绿肥。《沈氏农书》中"逐月事宜"载："三月……垦花草田……窖花草……四月……天晴……倒花草田……八月……撒花草子。"《齐民四术》："又有先择田种大麦或菜子、蚕豆，三月犁掩杀之为底。"《浦泖农咨》："头通红花草也，于稻将熟时，寒露前后，田水未放，将草子撒于稻肋之内。到斫稻时，草子已青，冬生春长，三月而花，蔓衍满田，垦田时翻压于土下，不日即烂，肥不可言。"《抚郡农产考略》："萝卜叶青花白，杆直上长二尺三、四寸，较大者稍高。有大小两种，大者为蔬菜，小者专为肥田之用。"

1949年之前，中国农作物肥料主要来源于绿肥和粪便有机肥。1949—1980年，绿肥、有机肥及化肥，并称中国肥料行业的"三驾马车"。1980年以后，中国农作物施肥进入化肥主导时代。随着化肥用量的日益增加，加之施肥不够科学，其对生态环境的负面影响也渐趋显现。进入21世纪，作为协调人与自然、消耗与保护的有效纽带，绿肥被重新认识，尤其是生态文明发展战略的实施，绿肥在农业生态环境保护及绿色发展中的作用更加凸显。2007年、2009年的中央一号文件都提出要鼓励发展绿肥。在此背景下，绿肥不断在石化投入品减量、耕地质量提升、高标准农田建设等方面得到应用。

种质资源是作物科学的物质基础。绿肥是一大类作物，绿肥功能与作用的发挥离不开种质资源的保驾护航。面对农业生产形势的变革，绿肥技术也在不断进步，绿肥种质资源的供给也同样需要适应生产需求的多样化。中国生态类型多样，绿肥利用历史悠久，经长期的自然选择和人工选育以及境外引种，绿肥种质资源繁多。目前存有各类绿肥资源20 000多份，常用的绿肥品种、品系400多个，这些资源是未来绿肥利用发展的重要宝库。

丰富多样的绿肥种质资源，一直没有机会系统地向社会展示，编纂一部适宜不同层次用户使用的绿肥种质资源参考书十分必要。早在公益性行业（农业）科研专项实施初期，图集的编写就被列为重要的工作任务。然而，由于积累不足，迟迟未能与读者见面。随后，通过数年的酝酿和全国数十家单位的联合工作，经多次讨论、完善，终于成稿。本书基本包括了中国绿肥的主要栽培和野生种类。全书分 11 章，按照豆科绿肥、十字花科绿肥、禾本科绿肥、水生绿肥和其他科属绿肥顺序编写。其中，豆科绿肥共分 7 章，紫云英、苕子、箭筈豌豆是目前绿肥生产中普遍应用、面积最大的种类，各用一章进行详述，其余豆科绿肥归成 4 章分别介绍。由于绿肥分类方法多样，本书的章节归类主要是根据当前生产应用的普遍程度、绿肥作物的主要利用方式等综合考虑予以安排。

在编写过程中，力求图文并茂，期望学术性、实用性和科普性兼顾，以适应不同读者的需求。在学术性方面，力图明确各绿肥种类的起源与分布，适当介绍植物学特征与生物学特性、主要种质的优异性状等。在实用性上，给出了不同种类及主要品种的生产表现、适宜区域。同时，尽可能展示了主要绿肥种类的根、茎、叶、花、果及种子等，以增强科普性。需要说明的是，有不少应当展示或者更全面展示的资源，由于缺乏资料来源而未能如愿，谨此向读者致歉！当然，在编纂过程中，难免挂一漏万，在系统性、完整性和代表性方面定有不妥之处，并且可能存在谬误，恳请读者批评指正。

《中国主要绿肥品种资源图集》一书的编写，自始至终是在农业农村部等部门的支持下进行的，是在公益性行业（农业）科研专项经费"绿肥作物生产与利用技术集成研究及示范"项目（200803029，201103005）和国家绿肥产业技术体系（CARS-22）全体参加单位的共同努力下开展的，是有关项目种质资源工作的阶段性呈现。2005 年以来，国家农作物共享平台与服务、绿肥种质资源的收集、鉴定、编目、繁种与入库保存等项目，对绿肥种质资源工作给予了持续稳定支持，也是此次能够顺利编纂本书的重要保障。

由衷感谢各级部门、各有关单位领导和专家给予的全面支持！感谢关心和帮助绿肥事业恢复和发展的台前幕后的所有热心人士！

著 者

2021 年 3 月

目　录

紫云英

　　紫云英（*Astragalus sinicus*），豆科（Fabaceae）黄芪属（*Astragalus*）越年生或一年生草本植物。古籍称柱夫、摇车、苕饶、翘饶、翘摇、翘荛、翘尧、春翘、翘摇车、荷花紫草、碎米荠，俗称红花草、花草、草子、红草、红花草子、红花菜、荷花郎、野蚕豆、翘翘花、铁马豆、小马豆、灯笼花。中国南方稻区最主要的绿肥作物。

第一节　紫云英起源与分布

一、起源与种植历史

　　紫云英原产中国，起源地可能在秦岭以南的中部山间河谷地带，然后向南向东扩展。日本《日本植物》一书认定紫云英原产中国，且已传到日本和欧洲。《秦岭植物志》（1981 年版）："紫云英产秦岭南坡陕西的宁陕、石泉等地，生于海拔 400～3 000m 的山坡路旁林下及河旁，其地理位置处于 33°N～34°N。"

　　紫云英古籍称呼繁多，最早文献记载应追溯至秦汉时期《尔雅·释草》："柱夫，摇车。""翘饶"之名出于汉代陆玑（261—303 年）撰《毛诗草木·兽虫鱼疏》注《诗经·小雅·陈风》"邛有旨苕"解："苕，苕饶也。幽州人谓之翘饶。"古幽州（今河北省北部）应无紫云英分布，疑吴人陆氏将蓝花苕子误称紫云英。北魏贾思勰著《齐民要术》称之为"翘摇"。晋代郭璞《尔雅注》："蔓生细叶，紫华可食。俗呼翘摇车。"唐代陈藏器《本草拾遗》"翘摇生平泽，紫花。"北宋邢昺《尔雅疏》："柱夫，可食之草也。一名摇车，俗呼翘摇车。蔓生，紫华，华翘起摇动，故名云。"

　　明清时期，中国长江中下游以南地区已大面积种植紫云英。明代徐光启以"翘尧"之名载入《农政全书》。明代王磐《野菜谱》："碎米荠，三月采，止可做齑。"描述阳春三月采摘紫云英（碎米荠）幼嫩茎叶食用，也可做羹或馅。李时珍《本草纲目》："翘摇，【释名】摇车、野蚕豆、小巢菜。言其茎叶柔婉，有翘然飘摇之状，故云。【集解】处处皆有。蜀人秋种春采，老时耕转壅田。"清代《沈氏农书》："有花草亩不过三升，自己收子，价不甚值，一亩草可壅三亩田，今时肥壅艰难，此项最属便利。"苏吴姜皋著《浦泖农咨》："于稻将熟时，寒露前后，田水未收，将草子撒于稻肋间，到捉稻时草苗已青，冬生，春长，三月而花，蔓延漫田，翻压于土下，不日即烂，肥不可言。"吴其濬著《植物名实图考》（1848）："今俗呼翘摇车，江西种以肥田，称红花草，吴下乡人尚以为蔬。"

紫云英名及图始见于清初《芥子园画传》（1701），书目载紫云英（一名荷花紫草）有一仿吴梅溪之画，画中题有曹贞吉（实庵）词："莫是云英潜化，满地碎琼狼藉。恁牧童惊问，蜀锦甚时铺得。"荷花紫草为当时俗名之一，云英乃云母之别名，紫言其花色。日本小野兰山在《大和本草批正》（1780）开始采用紫云英之名，其后大藏永常《农稼肥培篇》（1826）等书及其以后的肥料学著作均用此名。

二、区域分布

紫云英于宋元时期已在太湖地区种植，明清两代盛于长江中下游各省栽培。20世纪初，中国的紫云英主要分布在 27°N ～ 32°N，包括江苏和安徽南部以及浙江、江西、湖南和湖北诸省。20世纪40年代，分布地域逐渐扩大，北至长江、南界五岭、西延四川平原、东抵沿海。20世纪60年代，应用接种根瘤菌并改进栽培技术，向南扩种至福建、广东、广西、贵州、云南等省（区），向北越过长江至淮河两岸，西扩至河南南部和陕西汉中。20世纪70年代，紫云英种植北缘越过淮河沿陇海铁路至黄河边，南抵广东湛江，西进关中渭河流域，纬度范围为 22°N ～ 35°N，种植面积达 1 亿亩（1 亩 ≈667m^2，15亩 =1hm^2，全书同）左右，成为中国最主要的冬季绿肥种类。

除中国外，紫云英在日本、韩国、朝鲜、越南、缅甸、尼泊尔和美国也有种植。日本江户时代初期著名学者贝原益轩在其名著《大和本草》（1708）中记录有"碎米荠"。安江多辅等（1982）认为，紫云英系日本遣隋、遣唐使从中国引入，但作为绿肥栽培有较明确的记载始于《农稼肥培篇》（1826）。日本自江户时代末期（1865年）以来，对各地紫云英的发展有着详细的记载。至20世纪40年代，紫云英分布几乎遍及日本全国，最北至北海道札幌（42°N 左右）。日本学者认为，朝鲜栽培的紫云英系由日本传入。越南及缅甸曾于20世纪50—60年代从中国引种。20世纪后期，在美国西海岸及尼泊尔也试种成功。

第二节　紫云英特征特性

一、植物学特征

（一）根系和根瘤（图1-1）

直根系，主根较粗大，一般入土 30 ～ 40cm，在疏松的土壤中其根系可伸长到100cm左右。当主根生长至 3 ～ 4cm 长时，主根上发生侧根和次生侧根，可达五、六级以上。侧根、次生侧根主要分布在土壤耕层，以 0 ～ 10cm 居多，占根系总量的 70% ～ 80%。当春天紫云英生长茂密时，在地面可见密集侧根。主根、侧根及地面侧根上均着生根瘤，以侧根居多。根瘤呈圆球状、长圆状、叉状或指状，浅红色，直径 2～3mm；根瘤生长中，先端分叉，后形成鸡冠状或掌状复瘤。

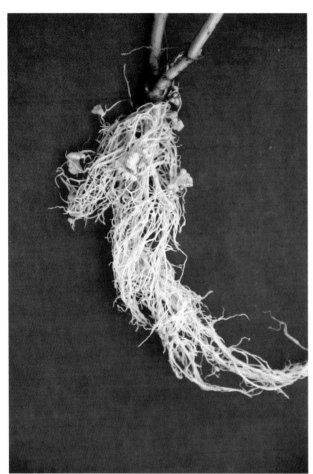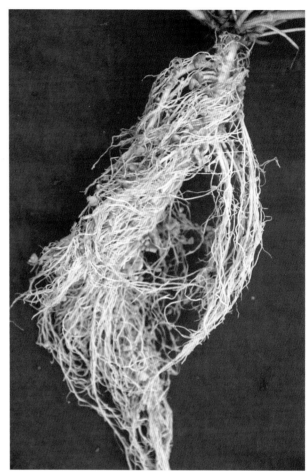

图 1-1 紫云英根系及根瘤

（二）茎（图 1-2）

茎呈圆柱形，中空，幼嫩时有白色疏茸毛，成长后老化脱落，色淡绿、紫红或绿中带红紫。野生紫云英的茎呈直立态，高 10～30cm。栽培紫云英幼时茎直立，后期因生长快、负载大而呈半直立半匍匐态，呈 2～4 次弯曲，长度 80～120cm。茎粗 0.2～0.9cm。茎枝一般有 8～12 节，最多可达 20 节，每节通常长 1 片复叶，少数可长 2 片或以上复叶。

（三）叶片（图 1-3、图 1-4、图 1-5）

羽状复叶，多数为奇数，互生，少数为对生或轮生。有长叶柄，复叶长 10～20cm、宽 5～10cm。复叶有 7～13 枚小叶，小叶全缘，倒卵形或椭圆形，长 15～25mm、宽 10～20mm；顶部有浅缺刻，基部楔形，具短柄，叶面有光泽，绿色、黄绿色，部分品种紫色或绿色上有紫色花纹；叶背呈灰白色，稍有白色短茸毛。复叶基部有托叶，长 3～6mm，离生，楔形，缘有深缺刻，尖端圆或凹入或先端稍尖，色淡绿、微紫或淡绿带紫。小叶和托叶的大小、颜色、形状，以及茸毛多少是识别紫云英品种特征的重要参考。

图 1-2　紫云英茎

图 1-3　紫云英复叶

小叶叶面   小叶叶背

图 1-4 紫云英小叶

图 1-5 紫云英托叶（左：正面；右：背面）

（四）花（图1-6）

总状花序，一般为腋生，也有顶生。每花序有小花3～14朵，通常为8～10朵，顶生花序小花最多可达30朵，簇生于花梗，排列成伞状。花序总梗一般长5～15cm，长的可达25cm；小花柄短。花萼5片，上呈三角形，下面连合成倒钟形，外被长茸毛，色绿或绿中带紫。花冠蝶形，花色随开花时间延长由淡紫色转为紫红色，偶有白色花出现，但白花受隐性基因控制，性状难以稳定表达。旗瓣倒心脏形，未开放前包裹翼瓣和龙骨瓣，开放时两侧外卷，中部有条纹；翼瓣两片，斜截形，色淡；龙骨瓣两片连于一体。

图1-6　紫云英花序及小花

（五）荚果和种子（图1-7、图1-8）

荚果两列连合成三角形，稍弯，无毛，顶端有喙，基部有短柄。果瓣有隆起的网状脉，成熟时黑色，易裂，长1～3cm，宽约0.4cm，每荚含种子4～10粒。种子肾形，种皮光滑，黄绿色为主，少数为黄褐色、青褐色、黄色或墨黑色，有光泽。收获或贮藏不当，种子变为红色或黑褐色，无光泽。千粒重3.0～3.6g，高可达4.0g，受气候条件和栽培管理影响较大。

图 1-7　紫云英结荚形态

图 1-8　紫云英荚果、种子

二、生物学特性

（一）光照

紫云英幼苗耐阴能力较强，但有一定的限度。稻底套种时，当水稻基部光照 <3 000lx，幼苗生长瘦弱，出现高脚苗；光照 <1 000lx 时幼苗生长受到严重抑制，难以出现第二、第三片真叶，水稻收割前出现大量死苗。光照时间缩短，会导致紫云英开花延迟，结荚率降低。

（二）温度

种子发芽、出苗适宜温度为 15 ～ 25℃。幼苗期，日均温度 8℃以下，生长缓慢；日均温度 3℃以下，地上部停止生长，但根系能缓慢生长。温度为 −10 ～ −5℃时，叶片可见冻害；冬前健壮的幼苗能耐受 −19 ～ −17℃的短期低温。早春，日均气温达到 6℃以上时，生长速率明显加快；气温上升慢、雨水多，现蕾和开花期推迟。开花结荚最适温度为 13 ～ 20℃；日均气温 10℃以下，开花少、结实率低；但日均温度在 22℃以上时，结荚也差，种子千粒重低。

（三）水分

喜湿润但怕渍。幼苗期最适土壤水分为 30% ～ 35%，当土壤水分低于 10%、大气相对湿度低于 70% 时，叶片发生凋萎。渍水 4d 以上，幼苗生长严重受阻。春季枝茎伸长期的土壤含水量一般保持在 20% ～ 22% 为宜，盛花期以土壤水分含量 20% ～ 25% 为宜。

（四）土壤

对土壤要求不严，以轻质、肥沃的砂质壤土或黏壤土为宜。耐瘠薄性能较弱，在瘠薄的红壤稻田或旱地，以及淀浆白土上种植，应适当施用肥料。适宜的土壤 pH 值为 5.5 ～ 7.5，在土壤 pH 值 4.5 以下或高于 8.0 时，一般生长不良。不耐盐碱，当土壤含盐量（NaCl）在 0.05% ～ 0.1% 时，生长受抑制。

三、生长发育过程

（一）根系发育

紫云英根系发育与品种、土壤、耕作方式、水肥管理有关。幼苗期根系生长较地上部植株生长快。一般在有 1 片真叶时，主根可长出 7 ～ 14 条一级侧根，同时一级侧根上已生出二级侧根；当地上部植株有 5 ～ 7 片真叶时，一级侧根已有 20 ～ 30 条，二级侧根上生出三级侧根；播种后 100d，一级侧根有 30 ～ 50 条，并有四级侧根生出。地下根系重量，在出苗后至初花期不断增加，以后由于部分根系衰老死亡而渐次降低。根冠比以现蕾期最大，约为 0.9，盛花期约为 0.6。

（二）茎及分枝发育（图 1-9）

紫云英幼苗期株高增长缓慢。翌年开春后随气温升高，生长速率加快，至现蕾期前后迅猛增长；在初花至盛花期，增长速率达到 2 ～ 3cm/d；现蕾至盛花期的株高增长占最终株高的 60% ～ 70%。结荚以后，株高增长缓慢，至终花期停止增长。

紫云英一般在子叶所在的节位上抽出 2 ～ 3 级分枝。播种后 40 ～ 50d，当主茎长出 5 ～ 8 片真叶时，在子叶所在节位的叶腋处抽出第一对 1 级分枝；9 ～ 12 片真叶时，第一对 1 级分枝已经长出 3 ～ 4 片真叶，在第一对 1 级分枝的第一叶位上各长出一个 2 级分枝；当主茎长出 12 ～ 15 片真叶后，在第二叶位上长出第二个 2 级分枝；在第一个 2 级分枝长出 3 ～ 4 片真叶时，又在第一个 2 级分枝的第一叶位上长出 3 级分枝，但大田生产中少见 3 级分枝。

图 1-9 紫云英不同时期的茎及分枝（左，越冬前苗期；中，开春后伸长期；右，盛花期）

（三）花序发育（图 1-10）

开花期一般 30～40d，因地区、品种、播种期和生长情况而异。开花的顺序由主茎和基部第一对大分枝的花先开，以后按照分枝先后顺序开放。无论是主茎还是分枝，开花顺序都是由下而上，从第一朵花到最后一朵花开放一般需要 4～5d。现蕾至花梗伸长为 3～12d，花梗伸长到花冠外露需 3.5～12.5d，花冠外露至开花需 1.5～6d，开花至结荚需 2～5d，结荚至成熟需 14～27.5d。

图 1-10 紫云英现蕾至开花过程

第三节　紫云英种植与利用

一、种植管理

（一）种植方式

紫云英主要与南方晚稻或中稻复种，也可在果树行间、旱地冬闲期种植。可单独种植，也可与十字花科或禾本科绿肥混合种植。

（二）栽培管理

紫云英一般在 8 月底至 10 月中旬播种，最晚不能超过 11 月下旬。宜采用免耕播种。做绿肥用播种量为 30 ～ 45kg/hm²，留种时适当降低播种量。在新种植或多年未种植紫云英的地块上种植紫云英，应接种根瘤菌。收割水稻时宜留高茬，可为紫云英保温保墒。播种时用磷肥拌种，能提高紫云英产量、减少后茬作物的磷肥用量。开沟防渍是紫云英管理的最关键措施。春季降雨较多，排渍尤为重要。茎枝伸长期，适量施用氮肥和钾肥，能促进紫云英生长发育、提高鲜草产量和养分含量。留种田需要注意防治菌核病、白粉病、潜叶蝇、蚜虫和蓟马等病虫害。

二、利用方式（图 1-11）

（一）绿肥利用

紫云英是稻田主要绿肥作物，既可就地翻压用作早稻或中稻基肥，也可制作沤肥用于晚稻或其他作物肥料。就地翻压用作绿肥时，在水稻抛栽前 5 ～ 15d 进行，一般采用干耕晒垡 2 ～ 3d 后再灌水沤肥；适宜翻压量为 22.5 ～ 30t/hm²，也可根据水稻生产需要（如有机稻）加大翻压量，但不宜超过60t/hm²。果园间作时，可生物覆盖或集中埋压在树盘下。

（二）饲草利用

紫云英是优质饲草，茎叶蛋白质和脂肪含量高，粗纤维较少。在紫云英生长旺盛期刈割，可直接用作饲料，也可做青贮发酵饲料。喂猪时，每 10kg 鲜草切碎配合 2kg 精饲料喂饲。

（三）蔬菜利用

紫云英在时令蔬菜上的利用历史悠久，可直接做蔬菜，也可利用其绿色汁液加工其他食品。在 2 月中下旬到 4 月上中旬紫云英开花前，采摘紫云英鲜嫩茎叶用作新鲜蔬菜，亦可杀青后晒制干菜。

（四）放养蜜蜂

紫云英是南方主要的蜜源植物之一。一般情况下，泌蜜量为 225 ～ 300kg/hm²。在天气晴朗、气温20 ～ 25℃时，泌蜜较多。紫云英蜜呈浅琥珀色，气味清香，甜而不腻，不易结晶，是中国主要出口蜂蜜之一。

翻压作绿肥

采摘蔬菜

放养蜜蜂

紫云英蜂蜜

图 1-11　紫云英主要利用方式

第四节　紫云英种质资源

紫云英品种资源丰富。农业生产上多以紫云英开花迟早作为绿肥翻压的主要依据，按照开花期的迟早划分为 4 个类型：特早熟、早熟、中熟和迟熟。特早熟类型原产华南气候温暖地区，春性强、苗期生长快、抗寒性弱，含氮量高，但鲜草产量和种子产量较低。早熟类型，植株较矮小，茎较细，鲜草产量相对较低，但花期较长，种子产量高。中熟品种，植株高大，茎较粗，小叶大，鲜草产量和种子产量高。迟熟品种，营养生长期长，植株高大，茎粗壮，小叶大，结荚节位较高，鲜草产量高，但含氮量较低，种子产量不高。

新中国成立后，多次调查、收集、整理出一批地方品种资源。同时，通过系统选育、辐射育种和杂交育种等方式，选育出部分紫云英新品种。20 世纪 80 年代，征集到 100 份紫云英种质资源材料，其中地方种 53 份、育成品种 6 份、未定名但性状表现较好的材料 39 份、野生种 2 份，来源于 13 个省（区、市）和日本。通过鉴定，归并为 90 份材料，其中 75 份材料编入内部资料《中国绿肥品种资源名录》。目前，国家农作物种质资源库长期保存的紫云英种质资源有 112 份，其中，地方品种有 64 份、引进品种 1 份、育成品种 18 份、品系材料 29 份。

一、紫云英地方品种

我国紫云英地方品种多样，引进品种仅有日本兵库紫云英一种。本书选择有关省份的代表性地方品种予以介绍（表 1-1）。在紫云英地方品种的命名方面，一直难以统一，有的在地方名后加上种，如宁波大桥种；有的则在地方名后加上籽，如余江大叶籽。

由于紫云英地方品种的原产地不同，物候期的变化受原产地气候影响较大。原产于气温较高、纬度较低地区的紫云英品种，北移表现为开花、成熟延迟；原产于气温较低、纬度较高地区的品种，南移则表现为开花提早，但熟期变化较小。

紫云英品种的盛花期在地区之间差异较大，例如，早、中、迟熟类型品种在广西和安徽之间分别相距 54d、40d 和 33d。在同一地区，紫云英不同熟期类型之间的盛花期间隔仅为 3d 左右。据 20 世纪 80 年代中期在浙江杭州观测，特早熟类型平均盛花期为 4 月 5 日，早熟类型平均盛花期为 4 月 8 日，中熟品种平均盛花期为 4 月 11 日，迟熟品种平均盛花期为 4 月 14 日。同一熟期内不同品种之间盛花期，特早熟类型中的最早与最迟品种之间相距 3 ~ 4d，早熟类型中最早与最迟品种之间相距 4 ~ 5d，中熟类型中的最早与最迟品种之间相距 2 ~ 3d，迟熟类型中最早与最迟品种之间相距 3 ~ 4d。同一紫云英品种的盛花期，年度之间的变异与年度间早春气温回升迟早关系较大，年度之间的盛花期可相差 5 ~ 7d。

紫云英抗寒性强弱因原产地的气候条件而异。原产地纬度偏高的紫云英品种，抗寒性相对较强，而原产于粤、闽、桂等省区的品种抗寒性较弱。抗寒性也受栽培地区环境的影响，抗寒性较弱的品种在较寒冷的地区经过 2 ~ 3 年的抗寒性锻炼，抗寒能力也有所增强。

表 1-1　国家农作物种质资源库保存的紫云英地方品种

国家库编号	品种名称	来源地	熟期类型
I7A00001	吉田紫云英	广东省连山壮族瑶族自治县吉田镇	特早熟
I7A00002	光泽紫云英	福建省光泽县	特早熟
I7A00004	马溪紫云英	广东省广州市花都区	特早熟
I7A00006	醴陵紫云英	湖南省醴陵市	早熟
I7A00007	岳阳紫云英	湖南省岳阳县	早熟
I7A00008	大悟紫云英	湖北省大悟县	早熟
I7A00009	信阳紫云英	河南省信阳市	早熟
I7A00010	咸宁紫云英	湖北省咸宁市咸安区	早熟
I7A00013	崇仁紫云英	江西省崇仁县	早熟
I7A00014	石首紫云英	湖北省石首市	早熟
I7A00015	温江紫云英	四川省成都市温江区	早熟
I7A00016	湘乡紫云英	湖南省湘乡市	早熟
I7A00018	永新紫云英	江西省永新县	早熟
I7A00019	修水紫云英	江西省修水县	早熟
I7A00020	临川紫云英	江西省抚州市临川区	早熟
I7A00021	宜都紫云英	湖北省宜都市	早熟

（续表）

国家库编号	品种名称	来源地	熟期类型
I7A00022	清江紫云英	江西省樟树市	中熟
I7A00029	萍乡紫云英	江西省萍乡市	中熟
I7A00031	宁乡紫云英	湖南省宁乡市	中熟
I7A00032	宜春紫云英	江西省宜春市袁州区	中熟
I7A00033	余干紫云英	江西省余干县	中熟
I7A00035	青浦紫云英	上海市青浦区	中熟
I7A00037	南京芦庄紫云英	江苏省南京市浦口区	中熟
I7A00038	南桥紫云英	上海市奉贤区南桥镇	中熟
I7A00039	南充紫云英	四川省南充市高坪区	中熟
I7A00042	金沙紫云英	贵州省金沙县	中熟
I7A00043	常山紫云英	浙江省常山县	中熟
I7A00044	株良紫云英	江西省南城县株良镇	中熟
I7A00045	澧县紫云英	湖南省常德市澧县	中熟
I7A00330	永修紫云英	江西省永修县马口镇	中熟
I7A00331	全洲紫云英	广西壮族自治区全州县	中熟
I7A00046	余江紫云英	江西省鹰潭市余江区	中熟
I7A00051	弋江紫云英	安徽省南陵县弋江镇	中熟
I7A00052	苏州紫云英	江苏省苏州市	中熟
I7A00053	乐平紫云英	江西省乐平市	中熟
I7A00060	宁波大桥紫云英	浙江省宁波市鄞州区	迟熟
I7A00061	斜塘紫云英	江苏省苏州市斜塘	迟熟
I7A00062	南昌紫云英	江西省南昌县八一乡	迟熟
I7A00063	茅山紫云英	浙江省宁波市鄞州区茅山	迟熟
I7A00065	茜墩紫云英	江苏省昆山市千灯镇	迟熟
I7A00066	当涂紫云英	安徽省当涂县	迟熟
I7A00067	平湖紫云英	浙江省平湖市	迟熟
I7A00069	长沙紫云英	湖南省长沙市雨花区黎托乡	迟熟
I7A00553	昆阳紫云英	江苏省昆山市	—
I7A00527	隆西紫云英	湖南省华容县注滋口镇	—
I7A00528	华容紫云英	湖南省华容县	—
I7A00529	川西紫云英	四川省成都市温江区	早熟
I7A00036	兵库紫云英	日本国兵库县	中熟
—	丰城青秆紫云英	江西省丰城市	中熟
—	寻乌野生紫云英	江西省寻乌县	迟熟

二、紫云英育成品种

目前，国家农作物种质资源库长期保存的紫云英育成品种有 18 份（表 1-2），也有少部分新品种后期通过审定（认定）而尚未进入国家资源库保存。2008 年以来，随着公益性行业（农业）科研专项的实施以及国家绿肥产业技术体系的成立，又有部分新品种通过审定（认定）。表中未进行库编号和国家统一编号的紫云英新品种均是未进入国家资源库长期保存的品种。

表 1-2　国家农作物种质资源库保存的紫云英育成品种名录

国家库编号	品种名称	育种单位
I7A00003	连选 2 号	广东省农业科学院
I7A00005	广绿	广东省农业科学院
I7A00017	系选 17	广西壮族自治区农业科学院
I7A00028	湘肥 2 号	湖南省农业科学院
I7A00030	萍宁 4 号	广西壮族自治区农业科学院
I7A00040	萍宁 72 号	广西壮族自治区农业科学院
I7A00041	萍宁 3 号	广西壮族自治区农业科学院
I7A00047	湘肥 3 号	湖南省农业科学院
I7A00048	湘肥 1 号	湖南省农业科学院
I7A00362	赣紫 2 号	江西省农业科学院
I7A00268	闽紫 1 号	福建省农业科学院
I7A00057	宁绿 2 号	浙江省宁波市农业科学研究院
I7A00064	宁绿 1 号	浙江省宁波市农业科学研究院
I7A00068	浙紫 5 号	浙江省农业科学院
I7A00554	闽紫 6 号	福建省农业科学院
I7A00561	闽紫 2 号	福建省农业科学院
I7A00562	闽紫 3 号	福建省农业科学院
I7A00535	闽紫 4 号	福建省农业科学院
—	赣紫 1 号	江西省鹰潭市余江区农业农村局
—	信紫 1 号	河南省农业科学院、信阳市农业科学院、中国农业科学院农业资源与农业区划研究所
—	信白 1 号	河南省农业科学院、信阳市农业科学院、中国农业科学院农业资源与农业区划研究所
—	湘紫 1 号	湖南省土壤肥料研究所
—	湘紫 2 号	湖南省土壤肥料研究所
—	湘紫 3 号	湖南省土壤肥料研究所
—	湘紫 4 号	湖南省土壤肥料研究所
—	闽紫 5 号	福建省农业科学院
—	闽紫 7 号	福建省农业科学院
—	闽紫 8 号	福建省农业科学院
—	皖紫 1 号	安徽省农业科学院
—	皖紫 2 号	安徽省农业科学院
—	皖紫 3 号	安徽省农业科学院
—	皖紫 4 号	安徽省农业科学院

三、紫云英品系材料

目前，国家农作物种质资源库长期保存的紫云英品系有 28 份（表 1-3）。

表 1-3 国家农作物种质资源库长期保存的紫云英中间材料名录

国家库编号	材料名称	提供单位
I7A00011	乐紫 75-8-2	四川省乐山市农业科学研究院
I7A00012	乐紫 75-2-2	四川省乐山市农业科学研究院
I7A00023	73-129	江西省农业科学院
I7A00024	78-18	江西省抚州市农业科学研究所
I7A00025	72-24	河南省信阳市农业科学院
I7A00026	78-7	江西省抚州市农业科学研究所
I7A00027	78-1-1	江西省抚州市农业科学研究所
I7A00034	75-3-88	江西省农业科学院
I7A00387	浙紫 71-107	浙江省农业科学院
I7A00329	浙紫 62-18	浙江省农业科学院
I7A00049	湘肥 72-2	湖南省农业科学院
I7A00050	湘肥 70-1-3	湖南省农业科学院
I7A00054	75-110	江西省农业科学院
I7A00055	余浅紫 26	原江西上饶农业学校
I7A00056	70-3	湖南省农业科学院
I7A00058	72-554	浙江省宁波市农业科学研究院
I7A00059	67-237	浙江省农业科学院
I7A00530	湘肥 73-1	湖南省农业科学院
I7A00555	浙 5-12A	福建省农业科学院
I7A00531	浙紫 73-724	浙江省农业科学院
I7A00532	浙紫 71-318	浙江省农业科学院
I7A00533	闽紫 82	福建省农业科学院
I7A00534	闽紫 83（4）	福建省农业科学院
I7A00556	闽紫 84（54）	福建省农业科学院
I7A00557	闽紫 84（10）	福建省农业科学院
I7A00558	闽紫 84（34）	福建省农业科学院
I7A00559	闽紫 84（28）	福建省农业科学院
I7A00560	闽紫 84（13）	福建省农业科学院

第五节　紫云英优良品种

一、紫云英地方品种

（一）河南信阳种（图 1-12）

地方品种，原产河南省信阳市。

【特征特性】早熟类型。冬前生长缓慢，叶色紫或有较多紫色斑点，植株较矮。茎细软，分枝能力强，在茎腋生花序处上部有紫红色斑。奇数羽状复叶，对生，小叶叶背有稀疏茸毛，小叶较小（2.5cm×1.8cm），全缘，倒卵形，叶尖稍凹，叶基楔形，色绿。花冠粉红色，花期较长。种子千粒重3.2g左右。苗期抗寒耐湿性强，不耐盐碱。

【生产表现】适宜河南至长江流域地区，是我国最常用的紫云英地方种之一。河南信阳地区8月下旬至9月下旬播种，11月上旬开始分枝，12月中旬进入越冬期，翌年2月中下旬开始返青，3月下旬开始现蕾，4月初始花，4月中旬盛花并结荚，5月中旬种子成熟，全生育期225～255d。南移种植，则生育期大幅缩短。种子产量600～750kg/hm²，高的可达1 000kg/hm²以上。花期长，利于养蜂。盛花期鲜草产量平均25～40t/hm²，植株干物质含氮（N）3.25%、磷（P）0.36%、钾（K）2.80%。

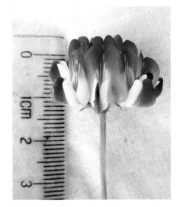

茎 　　　　　　　　　复叶 　　　　　　　　　花序

种子

图 1-12 河南信阳种紫云英

（二）安徽弋江籽（图 1-13）

地方品种，原产安徽省南陵县弋江镇，也称南陵种，栽培历史悠久。

【特征特性】中熟偏早品种。幼苗冬前生长缓慢，有红叶，株型较矮。茎细软弯曲多，分枝较多。奇数羽状复叶，对生。小叶较小（2.2cm×2cm），全缘，倒卵形，叶尖稍凹，叶基楔形，色绿。花冠粉红色。结荚性较好。种皮黄绿色，千粒重3.2g左右。苗期耐湿性强，抗旱和抗寒能力强，耐阴及耐盐性弱，较抗菌核病。

【生产表现】适宜长江中下游稻区及相近气候区种植，是目前利用最广泛的地方种之一。在安徽沿江地区，9月下旬至10月上中旬播种，4月上中旬盛花，5月中旬成熟，全生育期225～235d。鲜草产量平均30～45t/hm²，种子产量600～800kg/hm²。盛花期植株干物质含氮（N）3.55%、磷（P）0.44%、钾（K）2.88%。

茎　　　　　　　　　　　　　　复叶　　　　　　　　　　　　花序

种子

图1-13　安徽弋江籽紫云英

（三）四川温江种（图1-14）

地方品种，原产四川省成都市温江区。

【特征特性】早熟类型。茎较粗，圆柱形，有疏茸毛。奇数羽状复叶，对生。小叶中等，全缘，倒卵形，叶尖稍凹，叶基楔形，色绿。花序总梗基部有紫红色斑，花冠粉红色。种皮黄绿色，千粒重3.5g左右。耐湿性强，苗期耐寒、耐瘠性中等，不耐盐碱，不耐阴。抗虫性弱。

【生产表现】适宜四川、重庆稻区及相近气候区种植。沿江一带9月下旬至10月上旬播种，3月下旬初花，4月上旬盛花，5月中旬初成熟，全生育期220～225d。种子产量450～600kg/hm²，盛花期鲜草产量30～50t/hm²，植株干物质含氮（N）3.05%、磷（P）0.33%、钾（K）2.10%。

（四）四川南充种（图1-15）

地方品种，原产地四川省南充市高坪区。

【特征特性】中熟品种。株型较高。奇数羽状复叶，对生。小叶较小，全缘，倒卵形，叶尖稍凹，叶基楔形，色绿。花冠粉红色。种皮黄绿色有少量褐色，千粒重3.6g。苗期耐瘠性中等，耐湿性强，抗寒性较差，不耐盐碱，不耐阴。抗病性和抗虫害中等。

【生产表现】适宜南充等四川东北部稻区及相近气候区种植。沿江一带9月下旬至10月上中旬播种，翌年3月底始花，4月10日左右盛花，5月20日左右成熟，全生育期225～230d。种子产量550～750kg/hm²，盛花期鲜草产量40～60t/hm²，干物质含氮（N）2.48%、磷（P）0.21%、钾（K）3.73%。

茎　　　　　　　　　　　　复叶　　　　　　　　　　　　花序

种子

图 1-14　四川温江种紫云英

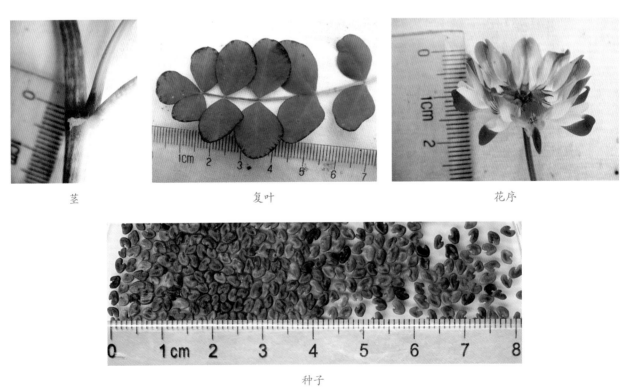

茎　　　　　　　　　　　　复叶　　　　　　　　　　　　花序

种子

图 1-15　四川南充种紫云英

（五）湖北咸宁种（图1-16）

地方品种，原产湖北省咸宁市咸安区。

【特征特性】早熟类型。茎呈圆柱形，有棱，较粗壮，在总花梗处有紫红色斑。奇数羽状复叶，对生。小叶全缘，倒卵形，叶尖稍凹，叶基楔形，色绿。花冠粉红色。种皮黄绿色，千粒重3.5g左右。耐湿性强，抗寒性强，耐瘠性中等，不耐盐碱，不耐阴。抗病性和抗虫害中等。

【生产表现】适宜湖北和安徽等长江以北稻区及相近气候区种植。沿江江北一带9月下旬至10月上中旬播种，翌年3月下旬初花，4月中旬初盛花，5月中旬成熟，全生育期218～223d。种子产量450～600kg/hm²。盛花期鲜草产量30～40t/hm²，植株干物质含氮（N）3.28%、磷（P）0.36%、钾（K）2.97%。

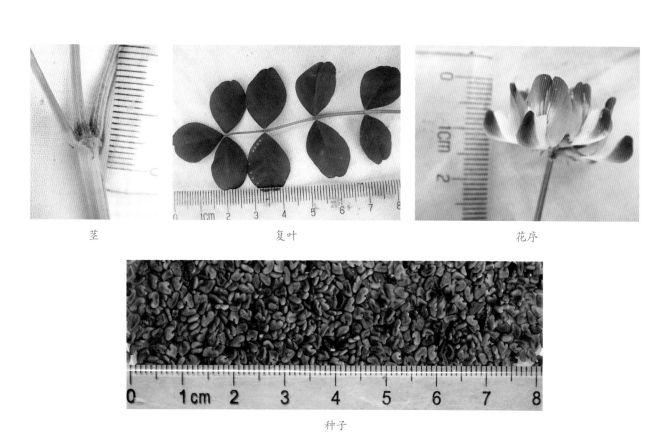

茎　　　　　　　　　　复叶　　　　　　　　　　花序

种子

图1-16　湖北咸宁种紫云英

（六）湖北石首种（图1-17）

地方品种，原产湖北省石首县（现石首市）。

【特征特性】早熟类型。茎呈圆柱形，在茎腋生花序处有紫红色斑，遇旱时茎呈紫红色。奇数羽状复叶，对生。小叶较大，全缘，倒卵形，叶尖稍凹，叶基楔形，颜色为绿色。花冠粉红色。种皮黄绿色，千粒重3.6g左右。耐湿性强，耐寒、耐瘠性中等，不耐盐碱，不耐阴。抗病性中等，抗虫害弱。

【生产表现】适宜湖北长江以北稻区及相近气候区种植。湖北地区9月下旬至10月上中旬播种，3月下旬现蕾，4月中旬盛花，5月中旬末成熟，全生育期213～235d。种子产量500～700kg/hm²。盛花期鲜草产量35～50t/hm²，植株干物质含氮（N）3.26%、磷（P）0.33%、钾（K）2.80%。

茎　　　　　　　　复叶　　　　　　　　花序

种子

图 1-17　湖北石首种紫云英

（七）湖北宜都种（图 1-18）

地方品种，原产湖北省宜都市。

【特征特性】早熟类型。茎较细，青绿色，半匍匐生长。奇数羽状复叶，对生。小叶较小，全缘，倒卵形，叶尖稍凹，叶基楔形，色绿。花序腋生，总花梗较长。花冠粉红色。种皮黄绿夹杂有深绿及黄褐色，千粒重 3.7g 左右。抗寒和耐湿性强，耐瘠性中等，不耐盐碱，不耐阴。

【生产表现】适宜湖北西南部、江汉平原及相近气候区种植。沿江一带 9 月下旬至 10 月上中旬播种，3 月下旬始花，4 月初盛花，5 月中旬初成熟，全生育期 211 ～ 223d。鲜草产量 25 ～ 35t/hm²，种子产量 450 ～ 650kg/hm²。盛花期植株干物质含氮（N）3.53%、磷（P）0.37%、钾（K）3.11%。

（八）湖南岳阳种（图 1-19）

地方品种，原产湖南省岳阳县。

【特征特性】早熟类型。株型高大。茎圆柱形，有紫色斑。奇数羽状复叶，对生，小叶肥大。花冠粉红色。种皮黄绿色带有褐色，千粒重 3.6 g 左右。耐湿性强，苗期耐寒、耐瘠性中等，不耐阴，不耐盐碱。抗病和抗虫能力弱。

【生产表现】适宜湖南洞庭湖东北部稻区及相近气候区种植。在湖南湘北地区 9 月下旬至 10 月上中旬播种，3 月下旬末始花，4 月初盛花，5 月上中旬成熟，全生育期 218 ～ 226d。种子产量 600 ～ 750kg/hm²。盛花期鲜草产量 45 ～ 60t/hm²，植株干物质含氮（N）3.24%、磷（P）0.36%、钾（K）2.91%。

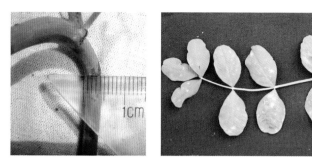
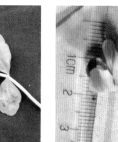

茎　　　　　　　　　　　　　　　　　复叶　　　　　　　　　　　　　　　　　花序

种子

图 1-18　湖北宜都种紫云英

茎　　　　　　　　　　　　　　　　　复叶　　　　　　　　　　　　　　　　　花序

种子

图 1-19　湖南岳阳种紫云英

（九）湖南长沙种（图1-20）

地方品种，原产于湖南省长沙县黎托乡（现长沙市雨花区黎托乡）。

【特征特性】迟熟品种。株型高大。茎圆柱形，苗期茎略带紫红色。分枝能力强，但生长不够繁茂。奇数羽状复叶，对生，小叶较大。花冠粉红色。种皮黄绿色带有褐色，千粒重3.6g左右。耐湿性强，苗期耐寒、耐瘠性中等，不耐阴，不耐盐碱。抗病和抗虫能力中等。

【生产表现】适宜湖南及相近气候区单、双季稻区种植。在湖南长沙9月下旬播种，4月中旬盛花，5月中旬成熟，全生育期225～230d。在浙江杭州9月下旬播种，全生育期230～235d。种子产量450～600kg/hm²。盛花期鲜草产量45～60t/hm²，植株干物质含氮（N）3.08%、磷（P）0.32%、钾（K）2.32%。

茎

复叶

花序

种子

图1-20　湖南长沙种紫云英

（十）江西永修种（图1-21）

地方品种，原产地江西省永修县马口镇。

【特征特性】中熟品种。株高70cm以上，茎粗0.53cm左右。奇数羽状复叶，对生，有稀疏茸毛。叶片全缘，倒卵形，叶尖稍凹，叶基楔形，颜色为绿色。花冠粉红色。荚果大而长。种皮黄绿色，千粒重3.6g左右。苗期耐湿、耐寒性中等，耐旱、耐阴及耐盐性弱。抗病虫能力强。

【生产表现】适宜江西中、北部双季稻区及相近气候区种植。在江西南昌9月下旬至10月上中旬播种，翌年3月下旬现蕾，4月中旬初盛花，5月中旬成熟，全生育期220～225d。种子产量较高，平均540kg/hm²左右。盛花期鲜草产量平均30t/hm²左右，高的可达60t/hm²；植株干物质含氮（N）3.25%、磷（P）0.34%、钾（K）2.96%。

茎

复叶

荚果（膨大期）

种子

图1-21 江西永修种紫云英

（十一）江西南城株良种（图1-22）

地方品种，原产地江西省南城县株良镇。

【特征特性】中熟品种。株型高。茎粗壮，呈圆柱形，有疏茸毛。奇数羽状复叶，对生。小叶大，叶片全缘，倒卵形，叶尖稍凹，叶基楔形，颜色为绿色。花冠粉红色。种皮黄绿杂有深绿，千粒重3.8g。耐湿性强，耐寒、耐瘠性中等。

【生产表现】适宜江西单、双季稻区及相近气候区种植。在江西南昌9月下旬至10月上中旬播种，3月下旬现蕾，4月中旬盛花，5月下旬成熟，全生育期223～228d。种子产量较高，平均产量600kg/hm²左右。盛花期鲜草产量平均45t/hm²左右，高的可达70t/hm²；植株干物质含氮（N）2.97%、磷（P）0.34%、钾（K）2.40%。

（十二）江西南昌种（图1-23）

地方品种，原产江西省南昌县八一乡。

【特征特性】迟熟品种。冬前生长缓慢，春后生长旺盛，株高90cm以上。茎粗0.5cm左右，粗壮，圆柱形，有紫红色斑点，分枝力强。奇数羽状复叶，对生，叶片肥大，绿色；全缘，倒卵形，叶尖稍凹，叶基楔形。花冠粉红色。荚果大且长。种子千粒重3.6g左右。苗期耐湿性强，耐寒、耐瘠性中等，耐旱、耐阴、耐盐性弱。

【生产表现】适宜江西单、双季稻区及相近气候区种植。在江西南昌9月下旬至10月上中旬播种，翌年3月下旬现蕾，4月中旬盛花，5月下旬成熟，生育期230～235d。种子产量570kg/hm²左右。中等再生能力，每年可刈割1～2次。盛花期鲜草产量平均为45t/hm²左右，植株干物质含氮（N）2.82%、磷（P）0.29%、钾（K）2.23%。

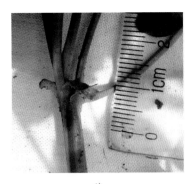

茎 复叶 花序

种子

图 1-22 江西南城株良种紫云英

茎 复叶 花序

种子

图 1-23 江西南昌种紫云英

（十三）浙江宁波大桥种（图1-24）

地方品种，原产浙江省宁波市鄞州区姜山镇，也称姜山种或鄞县种，种植历史悠久。

【特征特性】迟熟品种。植株高大，一般盛花期株高70～90cm，终花期株高110～150cm。茎粗0.5cm左右，粗壮，色较青，节数多，呈圆柱形，有疏茸毛，半匍匐生长。近地表茎基部有3～5个分枝。羽状复叶，对生。小叶较大（2.6cm×2.1cm），色青绿，全缘，倒卵形，叶尖稍凹，叶基楔形。花冠粉红色。种子千粒重3.2～3.5g。早发性差。耐湿性强，耐寒、耐瘠性中等，不耐阴。抗菌核病能力中等。

【生产表现】适宜长江以南单、双季稻区种植。在浙江杭州9月下旬至10月上中旬播种，翌年4月中旬初花期，4月下旬盛花期，5月底种子成熟，全生育期235～240d。种子产量450～600kg/hm²。盛花期鲜草产量平均为50t/hm²，高的可达80t/hm²；植株干物质含氮（N）3.09%、磷（P）0.28%、钾（K）2.46%。

茎及托叶　　　　　　　　　　复叶　　　　　　　　　　花序

种子

图1-24 浙江宁波大桥种紫云英

（十四）浙江平湖大叶种（图1-25）

地方品种，也称平湖种，原产地为浙江省平湖市西门外和虎哨桥镇。

【特征特性】迟熟品种。冬性强，通过春化要35d以上，苗期生长缓慢，植株高大，茎较粗，较匍匐，分枝能力强。叶片紧密；小叶面积较大，全缘，倒卵形，叶尖稍凹，叶基楔形，绿色。花冠粉红色。种皮黄绿色，种子千粒重3.9g。抗寒能力强，耐湿性强，不耐阴，不耐盐碱。

【生产表现】适宜长江流域单季稻区种植。在浙江杭州9月下旬至10月上中旬播种，翌年3月底现蕾，4月中旬盛花，5月底成熟，生育期235～240d。种子产量450～650kg/hm²。盛花期鲜草产量

45～75t/hm²，植株干物质含氮（N）3.10%、磷（P）0.34%、钾（K）2.31%。

茎　　　　　　　　　　　复叶　　　　　　　　　　　花序

种子

图 1-25　浙江平湖大叶种紫云英

（十五）福建光泽种（图 1-26）

地方品种，原产福建省光泽县。

【特征特性】特早熟类型。茎圆柱形，有疏茸毛，半匍匐生长，株高 70cm 左右，茎较细，茎粗 0.4cm。奇数羽状复叶；小叶对生，全缘，倒卵形，叶尖稍凹，叶基楔形，叶色青绿。花冠粉红色。种皮黄绿色有部分褐色，种子千粒重 3.6g 左右。苗期早发，开花特早。耐湿性强，不耐旱，耐阴性弱，不耐寒，耐瘠性中等，不耐盐碱，抗病虫害能力中等。

【生产表现】适宜福建北部山区及相近气候区稻田种植。在湖南长沙 9 月下旬至 10 月上中旬播种，3 月上旬初花，3 月中旬盛花，5 月初种子成熟，全生育期 215～220d。种子产量 325kg/hm² 左右。盛花期鲜草产量 35t/hm² 左右，植株干物质含氮（N）3.06%、磷（P）0.37%、钾（K）2.95%。

（十六）广东吉田种（图 1-27）

地方品种，原产广东省连县吉田镇（今连山壮族瑶族自治县吉田镇）。

【特征特性】特早熟类型。茎呈圆柱形，有疏茸毛，半匍匐生长；株高 70cm 左右，茎较细、粗约 0.4cm。奇数羽状复叶，小叶全缘，倒卵形，叶尖稍凹，叶色青绿。花冠粉红色。每荚有种子 6～7 粒；种子千粒重约 3.7g。苗期及冬后早发。耐湿性强，不耐寒，耐旱性和耐阴性弱，耐瘠性中等，抗病性强，抗虫害中等，不耐盐碱。

【生产表现】适宜广东和广西北部及相近气候区稻区种植。在湖南长沙，9 月下旬至 10 月上中旬播种，翌年 3 月上旬初花，3 月中旬初盛花，5 月初种子成熟，全生育期 215～220d。种子产量

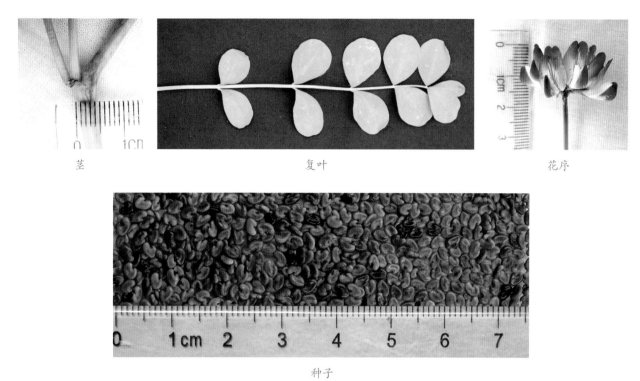

茎　　　　　　　　　　　复叶　　　　　　　　　　花序

种子

图 1-26　福建光泽种紫云英

茎　　　　　　　　　　　复叶　　　　　　　　　　花序

种子

图 1-27　广东吉田种紫云英

325kg/hm² 左右。盛花期鲜草产量 38t/hm² 左右，高的可达 60t/hm²；植株干物质含氮（N）3.18%、磷（P）0.28%、钾（K）3.11%。

（十七）广东马溪种（图 1-28）

地方品种，原产广东省花县马溪乡（今广州市花都区马溪村）。

【特征特性】特早熟类型。茎呈圆柱形，有疏茸毛，半匍匐生长。奇数羽状复叶，托叶较小；小叶全缘，倒卵形，叶尖稍凹，叶基楔形，颜色为绿色。花冠粉红色。种皮褐黄色，种子千粒重 3.7g 左右。苗期早发。耐湿性较强，抗寒性弱，不耐盐碱，不耐阴。

【生产表现】适宜广东和广西北部及相近气候区稻区种植。在湖南长沙，9 月下旬至 10 月上中旬播种，翌年 3 月初始花，3 月中旬盛花，5 月初种子成熟，全生育期 210 ～ 215d。种子产量 350kg/hm² 左右。盛花期鲜草产量 30t/hm² 左右，植株干物质含氮（N）3.65%、磷（P）0.41%、钾（K）3.24%。

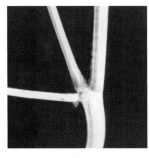  

茎　　　　　　　　　　　　复叶　　　　　　　　　　　　花序

种子

图 1-28　广东马溪种紫云英

二、紫云英主要育成种

（一）信紫 1 号（图 1-29）

由河南省农业科学院植物营养与资源环境研究所与河南省信阳市农业科学院等单位合作，以信阳地方品种信阳种紫云英为基础群体，通过系统选育法于 2005 年育成。2009 年 11 月获得河南省种子管理站鉴定登记，证书号：豫品鉴紫云英 2009001。

【特征特性】平均株高 78.8cm，单株分枝 5 个。苗期茎叶均为紫红色；奇数羽状复叶，叶片宽大。总状花序，花浅紫色，每花序有 7 ～ 11 朵小花，顶生的最多可达 30 朵，排列成伞形；花萼 5 片，平均每株荚数 59 个，荚长 2.7cm；平均每荚有种子 4.7 粒。种子千粒重 3.2g。苗期生长势强，抗寒、抗旱及抗病力强。

【生产表现】适合河南省南部稻区种植。在信阳市 8 月底稻田套播，翌年 2 月初开始返青，3 月上旬现蕾，4 月中旬达到盛花期，5 月中旬种子成熟，全生育期 250d 左右。种子产量 750kg/hm² 左右。盛花期平均鲜草产量 42t/hm²，植株干物质含粗蛋白质 20.11%、粗脂肪 4.14%、粗灰分 13.89%、粗纤维 12.65%、钾（K）1.18%、磷（P）0.26%。

| 茎 | 复叶 | 花序 |

成熟荚果　　　　　　　　　　　种子

图 1-29　信紫 1 号紫云英

（二）信白 1 号（图 1-30）

由河南省农业科学院植物营养与资源环境研究所与河南省信阳市农业科学院等单位合作，以信阳种为基础群体，从自然变异群体中选择白花植株，经多年纯化去杂，于 2005 年选育而成。2009 年 11 月通过河南省种子管理站鉴定登记，证书号：豫品鉴紫云英 2009002。

【特征特性】株高 70～85cm，单株分枝 5～9 个。茎直立或匍匐。奇数羽状复叶，小叶 7～13 片，倒卵形或椭圆形，长 5～20mm、宽 5～12mm，顶端凹或圆形，基部楔形；托叶卵形。总状花序，花纯白色，每花序有 7～11 朵小花，顶生的最多可达 30 朵；花萼 5 片，荚长 3cm 左右，每荚粒数 5～8 粒。种子黄绿色，千粒重 3.1g。抗寒、抗旱及抗病力强。

【生产表现】适合河南省南部稻区种植。在河南省信阳市 8 月底至 9 月上旬稻底套播，全生育期 240～250d。种子产量 675kg/hm² 左右。盛花期平均鲜草产量 37.5t/hm²，植株干物质含粗蛋白质 18.58%、粗脂肪 4.24%、粗灰分 9.62%、粗纤维 15.68%、钾（K）1.48%、磷（P）0.32%。

茎　　　　　　　　　　　　　　复叶　　　　　　　　　　　　　　花序

幼荚　　　　　　　　　　　　　　　　种子

图 1-30　信白 1 号紫云英

（三）皖紫 1 号（图 1-31）

由安徽省农业科学院土壤肥料研究所与舒城县农业科学研究所合作，采用系谱法从粤肥二号紫云英品种中选育而成，2010 年 7 月经安徽省非主要农作物品种鉴定登记委员会鉴定登记，证书号：皖品鉴登字第 1008001。

【特征特性】早熟类型。株高 78.8cm，茎粗 0.41cm，单株分枝 3 ~ 5 个。部分茎叶为红色，小叶较小。花冠粉红色。平均每株荚数 59 个，荚长 2.7cm，每荚粒数 4 ~ 6 个。种子黄绿色，千粒重 3.2g。苗期生长势强，抗寒、抗旱，产草量适中，感病率低。

【生产表现】皖紫 1 号适合安徽省双季稻区的种植利用。在安徽舒城 9 月下旬播种，翌年 4 月上旬末初花，4 月中旬末盛花，5 月中旬种子成熟，全生育期 220 ~ 230d。鲜草产量 30 ~ 40t/hm²。品质优，盛花期植株干物质含氮（N）2.13%、磷（P）0.29%、钾（K）1.27%。

（四）皖紫 2 号（图 1-32）

由安徽省农业科学院土壤肥料研究所以安徽地方紫云英品种弋江籽为母本、浙江宁波大桥种为父本杂交选育而成。2010 年 7 月经安徽省非主要农作物品种鉴定登记委员会鉴定登记，证书号：皖品鉴登字第 1008002。

【特征特性】中熟偏迟品种。据在安徽舒城观察，盛花期株高 70cm 左右，茎粗 0.43cm，单株平均分枝 2.8 个，茎枝青紫色；小叶大小约 2.2cm×1.6cm。花冠粉红色。单株结荚数平均 40 个左右，种子千粒重 3.5g。

【生产表现】适合安徽江淮间早稻移栽区及沿江江南单季稻区。安徽秋季播种，盛花期在翌年 4 月中旬至下旬初，全生育期230d。种子产量500kg/hm² 左右。盛花期鲜草产量40t/hm² 左右，植株干物质含氮（N）2.29%、磷（P）0.21%、钾（K）1.10%。

图1-31 皖紫1号紫云英

图1-32 皖紫2号紫云英

（五）皖紫 3 号（图 1-33）

由安徽省农业科学院土壤肥料研究所以浙江宁波大桥种为母本，浙紫 5 号紫云英为父本杂交选育而成。2011 年 8 月经安徽省非主要农作物品种鉴定登记委员会鉴定登记，证书号：皖品鉴登字第 1108001。

【特征特性】迟熟品种。主根粗壮、侧根发达，根瘤多。盛花期株高 65 ～ 80cm。茎为圆柱形，分枝能力较强。奇数羽状复叶，有小叶 11 片，对生。苗期叶色深绿，小叶倒卵形、大小约 2.0cm×1.5cm；托叶长 0.7cm、宽 0.4cm。每花序有小花 6 ～ 8 朵，花冠粉红色。每荚有种子 6 ～ 8 粒；种子深褐色，千粒重 3.2g。耐寒性和抗病力较强。

【生产表现】适合安徽江淮沿江单季稻区。在安徽舒城 9 月中下旬播种，4 月上中旬进入初花期，4 月中下旬盛花期，5 月下旬种子成熟，全生育期 230 ～ 238d。种子产量 600kg/hm² 左右。盛花期鲜草产量 40t/hm² 左右，干物质含氮（N）2.62%、磷（P）0.35%、钾（K）1.28%。

盛花期根系　　　　　　盛花期茎　　　　　　　　　复叶

花序　　　　　　　　　　　　　成熟荚果

种子

图 1-33　皖紫 3 号紫云英

（六）皖紫 4 号（图 1-34）

由安徽省农业科学院土壤肥料研究所以浙江宁波大桥种为母本、浙江平湖大叶紫云英为父本杂交选育而成。2011 年 8 月经安徽省非主要农作物品种鉴定登记委员会鉴定登记，证书号：皖品鉴登字第 1108002。

【特征特性】中熟偏迟品种。盛花期株高 70 ～ 95cm。茎圆柱形，绿色；单株分枝数 2 ～ 4 个。奇数羽状复叶，有小叶 11 ～ 13 片，对生，倒卵形，小叶较大（2.1cm×1.6cm），苗期叶色深绿。托叶上有茸毛，长 0.8cm、宽 0.5cm。花冠粉红色。每荚含有种子 6 ～ 8 粒；种子黄绿色夹有黑色，千粒重 3.3g。耐寒性、抗病力较强。对硒及钾的富集能力较强。

盛花期根系　　　　　　　茎及托叶　　　　　　　　复叶

花序　　　　　　　　　　　成熟荚果

种子

图 1-34　皖紫 4 号紫云英

【生产表现】适合安徽江淮间早稻移栽区及沿江江南中稻区。在安徽舒城9月中下旬播种，4月上旬进入初花期，盛花期在4月中下旬，5月中下旬种子成熟，全生育期在230 d左右。种子产量550kg/hm²左右。盛花期鲜草39t/hm²左右，植株干物质含氮（N）1.96%、磷（P）0.32%、钾（K）2.12%。

（七）湘肥1号（图1-35）

由湖南省土壤肥料研究所于1962—1966年从长沙紫云英中单株系统选育而成。1966年通过湖南省认定。

【特征特性】中熟品种。分枝能力强，茎粗0.5cm，多呈淡绿或红紫色，有茸毛。叶色绿。每花序小花数较多，花冠粉红色。果荚细长，每荚含种子4～6粒。种子黄绿杂有褐色，千粒重3.4g左右。早发性较弱，中后期枝叶繁茂。耐湿性强，较耐寒，不耐阴、不耐盐碱，抗病性弱。

【生产表现】适宜长江以南双季稻区种植。在湖南长沙9月下旬至10月上中旬播种，播种后30～40d出现分枝。4月初始花，4月上旬盛花始荚，5月上旬种子成熟，全生育期230～235d。种子产量为600～750kg/hm²。盛花期鲜草平均产量一般为50t/hm²，植株干物质含氮（N）3.16%、磷（P）0.39%、钾（K）2.22%。

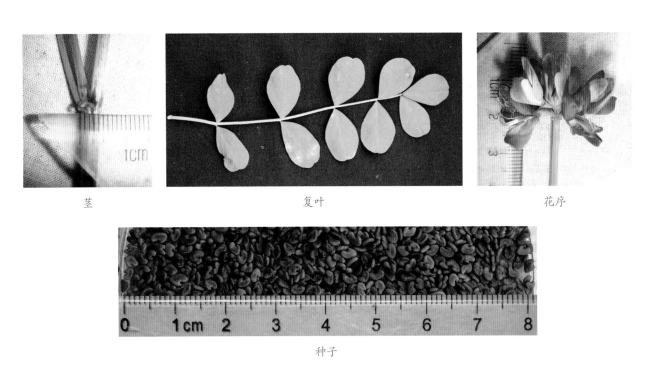

茎　　　　　　　　　复叶　　　　　　　　　花序

种子

图1-35　湘肥1号紫云英

（八）湘肥2号（图1-36）

由湖南省土壤肥料研究所从原长沙县春华公社的紫云英留种田优选单株培育而成，系原70-17定名。1973年通过湖南省认定。

【特征特性】早熟类型。植株较矮，茎较粗，偶见红色，分枝较早。奇数羽状复叶，对生。小叶较大，色绿，全缘，倒卵形，叶尖稍凹，叶基楔形。每花序结荚数较多，花冠粉红色。种皮黄绿色，种子千粒重3.6g。耐湿性强，苗期耐寒、耐瘠性中等，不耐旱、不耐盐碱。

【生产表现】适宜长江以南双季稻区种植。在湖南长沙9月下旬至10月上中旬播种，13d左右出苗，43d左右齐苗，翌年3月下旬达初花期，4月初达盛花期，5月10日左右成熟。全生育期220～227d。种子产量450～750kg/hm^2。盛花期鲜草产量30～45t/hm^2，高的可达75t/hm^2，植株干物质含氮（N）3.17%、磷（P）0.37%、钾（K）2.34%。

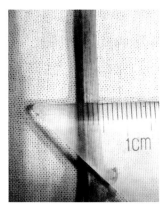  

茎　　　　　　　　　　　　　　复叶　　　　　　　　　　　　　　花序

种子

图1-36　湘肥2号紫云英

（九）湘肥3号（图1-37）

由湖南省土壤肥料研究所于1970年以浙紫62-18为母本、江苏早苕为父本杂交后，经多代选育而成。1976年6月通过湖南省认定。

【特征特性】中熟品种。植株较高大，茎较粗。奇数羽状复叶，对生。小叶面积较大，全缘，倒卵形，叶尖稍凹，叶基楔形，色绿。花冠粉红色。种皮黄绿杂有深绿色，种子千粒重3.5g。耐湿性强，苗期耐寒及耐瘠性中等，耐旱、耐阴能力弱。

【生产表现】适宜长江以南双季稻区种植。在湖南长沙9月下旬至10月上中旬套播于晚稻田中，播种后13d左右出苗，43d左右齐苗，翌年3月底达初花期，4月上旬达盛花期，5月中旬种子成熟，全生育期225～230d。种子产量450～675kg/hm^2。盛花期鲜草产量37.5～45t/hm^2，干物质含氮（N）3.22%、磷（P）0.36%、钾（K）2.04%。

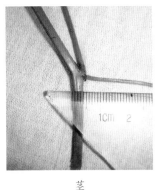

茎　　　　　　　　　　　复叶　　　　　　　　　　　花序

种子

图 1-37　湘肥 3 号紫云英

（十）湘紫 1 号（图 1-38）

原名湘肥 4 号，由湖南省农业科学院土壤肥料研究所从长沙春华紫云英地方品种中经系统选育而成。2014 年 7 月通过湖南省农作物品种审定委员会认定，证书号 XPD008-2014。

【特征特性】早熟类型。成熟期株高 121.4cm，平均单株分枝 5.6 个。幼时茎叶均为紫红色。小叶宽大。花冠粉红色。单株荚果数 17.0 个，成熟荚果长 2.7cm，平均每荚粒数 5.5 个。种子黄绿色，千粒重 3.6g。苗期生长势强。

【生产表现】适宜湖南、江西、安徽、湖北、浙江、广东、广西、贵州等省（区）。在湖南长沙地区 10 月中下旬晚稻收获后播种，翌年 3 月上旬现蕾，4 月初达到盛花期，5 月中旬种子成熟，全生育期 210d 左右。鲜草产量 30t/hm² 左右，为适产适期的优质品种。

（十一）湘紫 2 号（图 1-39）

原名湘肥 5 号，由湖南省农业科学院土壤肥料研究所从湖南省长沙市望城区逸生的紫云英中经系统选育而成。2014 年 7 月通过湖南省农作物品种审定委员会认定，证书号：XPD009-2014。

【特征特性】早熟类型。成熟期株高 102.5cm，平均单株分枝 5.1 个。茎叶均为绿色，叶片宽大。花冠粉红色。每株荚果数 19.0 个，荚果长 3.1cm，平均每荚粒数 5.7 个。种子黄绿色，千粒重 3.1g。苗期生长势强。

【生产表现】适宜湖南、江西、安徽等沿江及江南各省份。在湖南长沙地区 10 月中下旬晚稻收获后播种，翌年 3 月上旬现蕾，盛花期为 3 月底至 4 月初，5 月中旬种子成熟，全生育期 205d 左右。鲜草产量 20t/hm² 左右，为适产适期的优质品种。

根瘤

花序及幼荚果

种子

图 1-38　湘紫 1 号紫云英

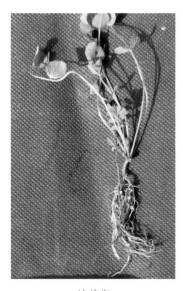

幼苗期

盛花期

复叶

种子

图 1-39　湘紫 2 号紫云英

（十二）湘紫 3 号（图 1-40）

由湖南省农业科学院土壤肥料研究所和中国农业科学院农业资源与农业区划研究所从湖南省浏阳市逸生的紫云英中经系统选育而成。2015 年 6 月通过湖南省农作物品种审定委员会认定，证书号：XPD014-2015。

【特征特性】早熟类型。盛花期株高 93.5cm，茎粗在 0.6cm 左右，平均单株分枝 4.4 个。茎叶均为绿色，叶片宽大，奇数羽状复叶。花浅紫色，每花序有 7 ～ 11 朵小花，顶生的最多可达 29 朵。成熟期每株荚果数 17.0 个，荚果长 2.9cm，平均每荚粒数 5.8 个。种子黄绿色，千粒重 3.3g。苗期生长势强，抗寒、耐渍性及抗病力强。

【生产表现】适宜湖南、江西、安徽等沿江及江南各省份。在湖南长沙地区 9 月底或 10 月上中旬播种，盛花期为 3 月 24 日左右，成熟期为 5 月 10 日左右，全生育期为 203d 左右。盛花期植株干物质含氮（N）3.65%、磷（P）0.41%、钾（K）3.19%。

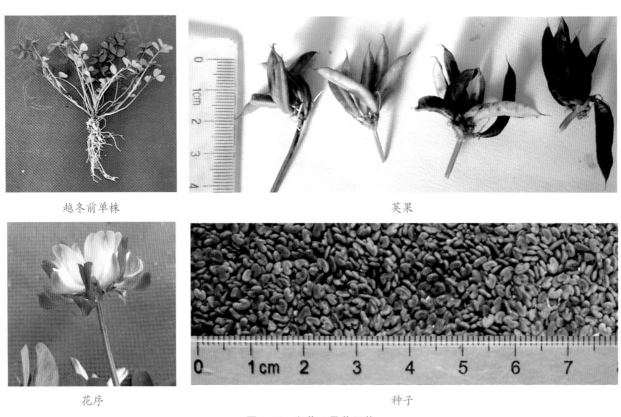

越冬前单株

荚果

花序

种子

图 1-40　湘紫 3 号紫云英

（十三）湘紫 4 号（图 1-41）

由湖南省农业科学院土壤肥料研究所和中国农业科学院农业资源与农业区划研究所从湖南省洞庭湖君山逸生的紫云英中经系统选育而成。2015 年 6 月通过湖南省农作物品种审定委员会认定，证书号 XPD015-2015。

【特征特性】早熟类型。盛花期株高 74.1cm，茎粗 0.55cm 左右，平均单株分枝 4.8 个。茎叶均为绿色，叶片宽大。花浅紫色，总状花序，每花序有 7 ～ 13 朵小花，顶生的最多可达 31 朵，排列成伞形，花萼 5 片，每株荚果数 19.3 个，平均每荚粒数 5.8 个。种子黄绿色，千粒重 3.2g。苗期生长势强、抗寒、耐渍及抗病力强。

【生产表现】适宜湖南、江西、安徽、湖北、浙江、广东、广西、贵州等省（区）。在湖南长沙地区 9 月底或 10 月中上旬播种，盛花期为 3 月 26 日左右，成熟期为 5 月 10 日左右，全生育期为 204d 左右。盛花期植株干物质氮（N）含量 3.70%、磷（P）0.42%、钾（K）3.21%。

越冬前单株及根瘤

种子

图 1-41 湘紫 4 号紫云英

（十四）赣紫 1 号（图 1-42）

原名余江大叶种紫云英，由江西省鹰潭市余江区农业农村局于 1975 年从余江区地方紫云英品种余江青秆种中经"三选""三圃"系统选育而成。1991 年通过江西省农作物品种审定委员会认定，定名为赣紫 1 号。

【特征特性】中熟偏早品种。茎较粗，株高在 100cm 左右。奇数羽状复叶，对生，有稀疏茸毛。小叶面积大（2.8cm×2.1cm），全缘，倒卵形，叶尖稍凹，叶基楔形，色绿。托叶上部及茎节处有明显的淡红色斑点。花冠粉红色。每荚含种子数较多。种皮黄绿色，种子千粒重 3.4g 左右。耐寒及耐瘠性中等，耐阴性强，耐旱性强。

【生产表现】适宜在我国南方单双季稻区种植。在江西南昌 9 月下旬至 10 月上中旬播种，翌年 3 月上旬现蕾，4 月上旬盛花，5 月上旬种子成熟，全生育期 210～215d。种子产量 450～600kg/hm²。盛花期鲜草产量 37.5～45t/hm²，植株干物质含氮（N）3.10%、磷（P）0.32%、钾（K）2.80%。

（十五）赣紫 2 号（图 1-43）

原名 75-3-51，由江西省农业科学院土壤肥料与资源环境研究所于 1975 年从湘肥 1 号选择优良单株，经系统选育而成。1991 年通过江西省农作物品种审定委员会认定，定名为赣紫 2 号。

【特征特性】早熟偏迟品种。植株高大，茎粗壮。茎上部略有淡紫红色斑。叶片较大，叶色深绿。花冠粉红色。种皮黄绿色。抗旱能力和抗病能力较强，抗寒能力中等，耐湿性强，耐阴性强，不耐盐碱。

茎及托叶　　　　　　　　　　复叶　　　　　　　　　　花序

种子

图 1-42　赣紫 1 号紫云英

茎　　　　　　　　　　　复叶　　　　　　　　　　花序

种子

图 1-43　赣紫 2 号紫云英

【生产表现】适宜在长江以南双季稻区种植。在江西南昌9月下旬至10月上旬播种,翌年4月上旬末盛花,5月上中旬成熟,全生育期215～220d。种子产量450～600kg/hm²。盛花期鲜草产量35～45t/hm²,植株干物质含氮(N)3.62%、磷(P)0.31%、钾(K)3.75%。

（十六）浙紫5号（图1-44）

由浙江省农业科学院土壤肥料研究所以宁波大桥种株系66-140为母本,日本种为父本进行杂交,经杂交后代系统选育而成,由原72-555定名。1985年通过浙江省科委绿肥新品种选育项目鉴定而命名。

【特征特性】迟熟品种。一般盛花期株高80～90cm,终花期株高110～140cm。茎粗壮,分枝发达。小叶面积大,有稀疏茸毛,色绿。花冠粉红色。结荚部位较高,始荚花序离地60～70cm。花期较集中,成熟较一致。种皮黄绿色,种子千粒重3.8g左右。抗寒能力强,较抗菌核病。

【生产表现】适宜长江流域单季稻区种植。在浙江杭州9月中下旬至10月上中旬播种,播种后13d左右出苗,22d左右全苗,翌年2月初开始分枝,4月上旬始花,4月中旬盛花,5月底成熟,全生育期236～240d。种子产量450～600kg/hm²。盛花期鲜草产量40～50t/hm²,植株干物质含氮(N)2.92%、磷(P)0.40%、钾(K)2.74%。

茎　　　　　　　　　复叶　　　　　　　　　花序

种子

图1-44 浙紫5号紫云英

（十七）闽紫1号（图1-45）

由福建省农业科学院土壤肥料研究所从四川南充地区农业科学研究所的74(3)104-1(浙紫67-119×上海种)材料中经系统选育而成,原名74(3)104-1(80)-2。1992年经福建省农作物品种审定委员会认定，定名为闽紫1号。

【特征特性】早熟偏迟品种。植株较高大，茎粗壮。一般盛花期株高65～85cm，终花期株高90～120cm，茎粗0.45～0.50cm。小叶面积较大（2.9cm×2.3cm），叶色黄绿。每分枝花序数和结荚数较多。花冠粉红色。每荚有种子数6粒左右。种皮黄绿色，种子千粒重3.3～3.6g。苗期生长快，抗旱能力强，抗寒性中等，耐湿性中等，较易感菌核病。

【生产表现】适宜长江以南双季稻区种植。在福建9月下旬至10月上中旬播种，3月中旬初花，3月下旬盛花，4月底成熟，全生育期215～220d。在江西南昌，其全生育期225～230d。种子产量550kg/hm²左右。盛花期鲜草产量平均为35～45kg/hm²，植株干物质含氮（N）3.26%、磷（P）0.81%、钾（K）2.68%。

茎　　　　　　　　复叶　　　　　　　　花序

种子

图1-45　闽紫1号紫云英

（十八）闽紫2号（图1-46）

由福建省农业科学院土壤肥料研究所从浙紫5号中通过单株选育而成，由原浙紫5号-36定名。1992年2月通过福建省农作物品种审定委员会认定。

【特征特性】迟熟品种。株型高大，苗期生长匍匐。一般盛花期株高70～100cm。茎粗壮，茎粗0.5cm左右。叶色深绿，小叶面积较大。结荚部位高，每分枝有结荚花序数5～8个，每花序小花较少。花冠粉红色。每荚有种子6～7粒，种子千粒重3.3～3.5g。苗期早发性中等，抗旱和抗寒能力强，较抗菌核病。

【生产表现】适宜长江流域单季稻区种植。在福建福州 9 月下旬播种，3 月下旬初花，4 月上旬盛花，5 月中旬种子成熟，全生育期 225 ～ 230d。在江西南昌，其全生育期 235 ～ 240d。种子产量 600kg/hm^2 左右。盛花期鲜草产量平均在 45t/hm^2 左右，植株干物质含氮（N）3.03%、磷（P）0.39%、钾（K）1.10%。

茎　　　　　　　　　　复叶　　　　　　　　　　花序

种子

图 1-46　闽紫 2 号紫云英

（十九）闽紫 3 号（图 1-47）

由福建省农业科学院土壤肥料研究所从万紫 9 号紫云英优良单株中系统选育而成的新品种，由原万紫 9 号（80）-7 定名。

【特征特性】早熟偏迟品种。一般盛花期株高 60 ～ 85cm。每分枝有结荚花序 5 ～ 7 个，花冠粉红色。每花序结荚 4.5 ～ 5.5 个，每荚含种子 6 ～ 7 粒，种子千粒重 3.4g 左右。早发性好。苗期抗寒性中等，抗旱性较强，耐湿性中等，抗病性强。

【生产表现】适宜长江以南双季稻区种植。在福建 9 月下旬种植，全生育期 211 ～ 224d。鲜草产量一般 30 ～ 45t/hm^2，种子产量 450 ～ 600kg/hm^2。盛花期植株干物质含氮（N）3.35%、磷（P）0.81%、钾（K）3.01%。

茎　　　　　　　　　　　　　　复叶　　　　　　　　　　　　　花序

种子

图 1-47　闽紫 3 号紫云英

（二十）闽紫 4 号（图 1-48）

由福建省农业科学院土壤肥料研究所以宁波大桥种的优良选系 67-232 为母本、福建紫云英地方品种光泽种为父本，采用多次集团和单株选种的方法选育而成。

【特征特性】迟熟类型。植株高大，茎粗壮，叶色深绿，小叶较大。一般盛花期株高 70～110cm。每分枝有结荚花序 5～6 个，每花序结荚 5～6 个，每荚平均有种子 6 粒左右。抗寒力和耐渍力较强，较抗菌核病。

【生产表现】适宜福建省及南方单季稻田种植。在福建闽北地区单季稻田 9 月上中旬播种，翌年 4 月中旬末盛花，5 月中旬种子成熟，全生育期 235～240d。种子产量 450～525kg/hm²。盛花期鲜草量可达 45t/hm² 左右，植株干物质含氮（N）2.67%～3.80%、磷（P）0.29%～0.43%、钾（K）2.71%～3.96%。

（二十一）闽紫 5 号（图 1-49）

由福建省农业科学院土壤肥料研究所以母本 70-3 与父本浙紫 67-232（或光泽种）杂交获得杂种第 6 代（F_6），后经过单株选育而成。2011 年 3 月通过福建省第六届农作物品种审定委员会认定，证书号：闽认肥 2011001。

【特征特性】中熟类型。株高 140～180cm，茎粗 4.5～6.5mm，叶色淡绿。一般分枝 2～3 个，每分枝结荚花序数 8～10 个。花冠粉红色。每花序结荚数 4～6 个，每荚粒数 5～8 粒。种子黄绿色，千粒重 3.3～3.5g。

茎　　　　　　　　　复叶　　　　　　　　　花序

种子

图 1-48　闽紫 4 号紫云英

茎及托叶　　　　　　　复叶　　　　　　　　　花序

种子

图 1-49　闽紫 5 号紫云英

【生产表现】适宜福建省种植。在福建省三明地区一般 3 月中旬达初花期，3 月下旬达盛花期，4 月底到 5 月上旬种子成熟，全生育期 220～230d。经福建多年多点试种，盛花期鲜草产量可达 48t/hm² 以上，种子产量 750～825kg/hm²。盛花期地上部植株干物质含氮（N）2.52%、磷（P）0.23%、钾（K）2.70%。

（二十二）闽紫 6 号（图 1-50）

由福建省农业科学院土壤肥料研究所以江西南城县株良种为母本、浙紫 5 号 -13 为父本杂交后经系统选育而成。2012 年 4 月通过福建省第六届农作物品种审定委员会认定，证书号：闽认肥 2012001。

【特征特性】中熟偏迟类型。株高 90～110cm，分枝力中等；叶色较浓绿。总状花序，花序多数互生，少数轮生或对生，花紫色、较浅，并有少数粉白色；每分枝结荚花序数 5～12 个，每花序结荚数 4～5 个，每荚粒数 6～7 个。种子黄绿色，千粒重 3.3～3.4g。早发性较好，适应性广。

【生产表现】适宜福建省及南方稻区种植。在福建一般 3 月中旬初花，3 月下旬盛花，4 月底到 5 月上旬种子成熟，全生育期 220～225d。经福建多年多点试种，鲜草产量可达 52.5t/hm² 以上，种子产量 600～675kg/hm²。盛花期植株干物质含氮（N）2.93%、磷（P）0.26%、钾（K）2.0%。

茎

花序

种子

图 1-50　闽紫 6 号紫云英

（二十三）闽紫 7 号（图 1-51）

由福建省农业科学院土壤肥料研究所以 78-1543（80）4-2-2 为母本、广西萍宁 72 紫云英为父本进行杂交后，经过单株选育而成。2012 年 4 月通过福建省第六届农作物品种审定委员会认定，证书号：闽认肥 2012002。

【特征特性】中熟偏迟类型。株高 110～140cm。叶片较大，叶色淡绿。一般分枝 2～5 个。总状花序，每分枝结荚花序数 5～9 个，花紫色。每花序结荚数 4～6 个，每荚实粒数 4～7 粒。种子黄绿色，千粒重 3.6～3.9g。耐阴性较好。

【生产表现】适宜福建全省及南方稻区种植。在福建三明地区一般 3 月中旬初花，3 月下旬盛花，4 月下旬到 5 月上旬种子成熟，全生育期 220～225d。经福建多年多点试种，盛花期鲜草产量 52.5t/hm² 以上，种子产量 675～750kg/hm²。盛花期植株干物质含氮（N）3.15%、磷（P）0.28%、钾（K）2.0%。

图 1-51 闽紫 7 号紫云英

（二十四）闽紫 8 号（图 1-52）

由福建省农业科学院土壤肥料研究所以湖南省土壤肥料研究所选育的紫云英品系 70-3 和四川早熟紫云英品种万紫 9 号杂交后代为母本，以浙紫 5 号优良选系浙紫 5 号 -12 为父本，经杂交选育而成，已入选国家林草局的草品种区试。

【特征特性】中熟类型。株高 100 ～ 140cm，叶色淡绿。一般分枝 2 ～ 5 个。总状花序，每个分枝有花序 5 ～ 9 个。花冠粉红色。每个花序结荚 4 ～ 6 个，每荚粒数 5 ～ 7 粒。种子黄绿色，千粒重 3.6 ～ 4.0g。耐阴性较好。

图 1-52 闽紫 8 号紫云英

【生产表现】适宜福建全省及我国南方水田地区种植。在福建三明地区一般3月中上旬初花，3月下旬盛花，4月下旬到5月上旬种子成熟，全生育期220d左右。经福建多年多点试种，鲜草产量54t/hm²，种子产量750kg/hm²左右。盛花期植株干物质含氮（N）3.91%、磷（P）0.43%、钾（K）3.28%。

（二十五）萍宁3号（图1-53）

由广西壮族自治区农业科学院原土壤肥料研究所1974年以江西萍乡种为母本、浙江宁波大桥种为父本杂交，F₁杂种又经辐射，再通过多次混合选择于1979年育成，原名杂74-3。

【特征特性】中熟品种。苗期生长快，植株高大，茎粗壮，直立，略带紫红色，分枝能力强。小叶面积较大（2.6cm×2.1cm）。花冠粉红色。每荚种子数较少，种皮黄绿色，种子千粒重3.6g。抗寒能力较差，较抗白粉病，耐湿性强，较耐旱。

【生产表现】适合在广西中南部稻区种植。在广西南宁10月中下旬播种，3月上旬末至中旬初盛花，4月上旬末至中旬初种子成熟，全生育期170～180d。在湖南长沙，其全生育期平均220d左右。盛花期鲜草产量37～45t/hm²，种子产量为300～450kg/hm²。盛花期植株干物质含氮（N）2.80%、磷（P）0.24%、钾（K）2.98%。

茎　　　　　　　　　　复叶　　　　　　　　　　花序

种子

图1-53　萍宁3号紫云英

（二十六）萍宁72号（图1-54）

由广西壮族自治区农业科学院原土壤肥料研究所在1975年以萍乡种×宁波大桥种的杂交F₁代为母本，以经过辐射的2代宁波大桥种为父本杂交后，再通过单株和混合选择于1979年育成。

【特征特性】中熟类型。幼苗期生长较快。植株高大，茎粗壮。小叶面积较大（2.2cm×2.0cm），全缘，倒卵形，叶尖稍凹，叶基楔形，色绿。花冠粉红色。每荚种子数较少，种皮黄绿色。抗寒能力弱，较抗白粉病。

【生产表现】适宜在华南稻区种植。在广西南宁9月下旬至10月上中旬播种，3月上旬末至中旬盛花，4月中旬初成熟，全生育期170～180d。在湖南长沙，其全生育期平均222d左右。种子产量450～900kg/hm²。盛花期鲜草产量40～45t/hm²，植株干物质含氮（N）2.95%、磷（P）0.30%、钾（K）2.37%。

茎　　　　　　　　　　复叶　　　　　　　　　　花序

种子

图1-54　萍宁72号紫云英

（二十七）连选二号（图1-55）

由原广东省农业科学院土壤肥料研究所通过集团系统选育而成。

【特征特性】特早熟类型。苗期早发，株型高大，茎粗壮。奇数羽状复叶，对生。小叶较大，全缘，倒卵形，叶尖稍凹，叶基楔形，色绿。花冠粉红色。每荚种子数少。种皮褐黄色，种子千粒重3.6g左右。抗寒性弱，耐湿性强，耐瘠性中等，不耐阴，抗病虫能力中等。

【生产表现】适宜广东及广西稻区。在广东北部9月下旬至10月上旬播种，翌年2月上旬盛花，3月中旬成熟，全生育期170～180d。在湖南长沙，3月中旬盛花，5月中旬初种子成熟，全生育期220～225d。种子产量为400～450kg/hm²。盛花期鲜草产量约30t/hm²，植株干物质含氮（N）3.65%、磷（P）0.41%、钾（K）3.24%。

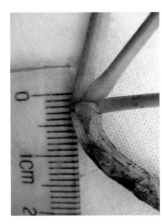

茎　　　　　　　　　　　　　　　复叶　　　　　　　　　　　　　　　花序

种子

图 1-55　连选二号紫云英

（二十八）广绿种（图 1-56）

由原广东省农业科学院土壤肥料研究所通过系统选育而成。

【特征特性】早熟类型。苗期早发，茎圆柱形，有疏茸毛，半匍匐生长。奇数羽状复叶，对生。小叶较大，全缘，倒卵形，叶尖稍凹，叶基楔形，颜色为绿色。花期较早，花冠粉红色。每荚种子数较多。种皮黄绿色，种子千粒重 3.6g 左右。苗期耐湿性强，耐瘠性中等，耐寒、耐旱、耐阴及耐盐性弱。抗病性强，抗虫害中等。

【生产表现】广绿种紫云英适宜广东北部种植。该地区 9 月下旬至 10 月上旬播种，翌年 2 月底至 3 月初盛花，3 月下旬至 4 月初成熟，全生育期 190～200d。种子产量 450～550kg/hm²。盛花期鲜草产量约 35t/hm²，植株干物质含氮（N）3.79%、磷（P）0.36%、钾（K）2.80%。

茎 复叶 花序

种子

图 1-56 广绿种紫云英

第二章

苕 子

　　苕子，豆科（Fabaceae）野豌豆属（*Vicia*）草本植物。全世界野豌豆属的植物约有 200 种，为一年生、越年生或多年生，我国包括原产和引进的约 40 种。苕子栽培种被广泛用于绿肥、饲草或覆盖作物。

　　我国种植利用苕子历史悠久。目前，用作绿肥栽培的苕子种类有毛叶苕子（*Vicia villosa*）、光叶苕子（*Vicia villosa* var.）和蓝花苕子（*Vicia cracca*），其特征特性存在较大差异（表 2-1）。此外，有一定应用价值的苕子种类还有毛荚苕子（*Vicia villosa* subsp. *varia*）、深紫花苕子（*Vicia atropurpurea*）、苦苕子（*Vicia ervilia*）、大马野豌豆（*Vicia dalmalica*）、匈牙利苕子（*Vicia pannonica*）和山黧豆苕子（*Vicia unijuga*）等。

表 2-1　3 种主要栽培苕子的特征比较

种类	根	茎	分枝	叶	花	荚果	种子
毛叶苕子	根系很发达，主根粗壮，侧支根多，入土深，根瘤姜块状或扇状	粗壮，茸毛明显，生长点茸毛密集呈灰白色	分枝力强，一级分枝 15～25 个，二级分枝 10～100 个	小叶有茸毛，背面多于正面，叶色深绿，托叶戟形，有卷须 5 枚	花梗长 10～18cm，每花序着小花 10～35 朵，蓝紫色，萼有茸毛	荚长 2.5～3.0cm，宽 0.8～1.0cm，扁圆	粒大，千粒重 25～40g，每荚有种子 2～5 粒
光叶苕子	根系发达，主根粗壮，侧支根多，入土较深，根瘤椭圆或姜状	粗壮，有稀疏短茸毛	分枝力强，一级分枝 20～30 个，二级分枝 10～100 个	小叶茸毛稀疏，叶色绿，托叶戟形，有卷须 4～5 枚	花梗长 8～16cm，每花序着小花 20～40 朵，红紫色，萼有茸毛	荚长 2.3～2.8cm，宽 0.7～1.0cm，扁圆	粒较大，千粒重 20～35g，每荚有种子 2～4 粒
蓝花苕子	根系不够发达，主根细，入土较浅，侧支根较少，根瘤椭圆	较细，有很稀疏的短茸毛	分枝能力稍弱，一级分枝 1～10 个，二级分枝较少	小叶叶背有短茸毛，色绿略淡，托叶戟形，有卷须 3 枚	花梗长 10～16cm，每花序着小花 10～20 朵，蓝紫色，萼有稀短茸毛	荚长 2.0～2.5cm，宽 0.4～0.6cm，扁圆	粒小，千粒重 15～20g，每荚有种子 3～8 粒

第一节　毛叶苕子

毛叶苕子（*Vicia villosa*），豆科（Fabaceae）野豌豆属（*Vicia*）一年生或越年生草本植物，又称长柔毛野豌豆、毛叶紫花苕子、茸毛苕子、毛巢菜、假扁豆等。原产欧洲、中亚、伊朗，是欧洲主要的牧草及填闲作物。我国于 20 世纪 40 年代从美国引进，60 年代又陆续从苏联和罗马尼亚引种。毛叶苕子抗寒性强、尤喜凉爽气候，能在西北、华北地区春季及秋季种植利用，也可在黄淮之间及南方秋季种植利用，目前主要分布在我国除华南以外的大多数地区。

一、植物学特征

（一）根、茎、叶（图 2-1）

根系发达，主根粗壮，入土 1 ～ 2m 甚至更深，侧根较多；根部多姜块状或扇状根瘤。茎方形、有棱，柔软中空，生长后期上部直立而下部平卧，攀缘或蔓生，长可达 2.5 ～ 3m。茎上茸毛明显，在生长点位置密集灰白色茸毛。分枝能力强，在地表 10cm 左右的一级分枝 15 ～ 25 个，二级分枝可达 10 ～ 100 个。叶为偶数羽状复叶，每一复叶有小叶 5 ～ 10 对；小叶先端渐尖、基部楔形，长 2 ～ 2.5cm、宽 0.8 ～ 1.2cm，有茸毛，叶背面多于叶表面，叶色深绿；复叶顶端有卷须 5 枚。托叶戟形，叶缘有茸毛。

根系　　　　　　茎及托叶　　　　　复叶及卷须　　　　小叶（左：正面；右：背面）

图 2-1　毛叶苕子根、茎、叶

（二）花（图 2-2）

总状花序，由叶腋抽生花梗，花梗长 10 ～ 18cm，每一花序有小花 10 ～ 35 朵，着生于花轴一侧。花萼斜钟形，有茸毛，长约 0.7cm；萼齿 5 个，近锥形，长约 0.4cm，下面 3 枚稍长。花冠紫色、淡紫色、蓝紫色或白色；旗瓣长圆形，长约 0.5cm，先端微凹；翼瓣短于旗瓣，龙骨瓣短于翼瓣。

图 2-2　毛叶苕子花序及小花

（三）荚果及种子（图 2-3）

荚果长圆状菱形，长 2.5～3cm、宽 0.7～1.2cm，侧扁，先端具喙。成熟后荚果淡黄色，易爆裂。每荚有种子 2～5 粒；种子球形，直径约 0.3cm，表皮黄褐色至黑褐色，一般千粒重 25～40g。

图 2-3　毛叶苕子荚果及种子

二、生物学特性

毛叶苕子耐寒性较强。一般能耐短时间 -20℃ 的低温。在山西北部地区，秋季 -5℃ 的霜冻下仍能正常生长。在晋北右玉一带 4 月上旬播种，5 月下旬分枝，6 月下旬现蕾，7 月上旬开花、下旬结实，8

月上旬荚果成熟，从播种到荚果成熟约需 140d。华北南部至长江中下游地区，秋播可越冬，且生物量大、覆盖度高。

对土壤要求不严，适宜土壤 pH 值 5 ~ 8.5，砂土、壤土和黏土均可种植，在红壤及含盐 0.15% 以下的轻盐化土壤均可正常生长。耐旱不耐渍，在年降雨量不少于 350mm 地区均可栽培。耐瘠性很强，在较瘠薄的土壤上一般也有较高的鲜草和种子产量，适应性较广，是改良南方红壤、西北砂土的良好绿肥种类。再生能力强，生长期能分次刈割。

三、利用价值

（一）肥料、饲料

毛叶苕子是优良的绿肥作物。一般用于稻田复种或麦田套种，也可以在玉米生长前期或林果园间种植。苕子养分含量高，例如，苏南地区稻田种植毛叶苕子，盛花期干物质含氮（N）3.29%、磷（P）0.26%、钾（K）3.61%。根系和根瘤能给土壤提供大量的有机质和氮素肥料，改土肥田、增产效果明显。毛叶苕子是重要的饲草作物之一，干草的干物质含量达 88.0%，含粗蛋白 19.3%、粗纤维 24.5%。

（二）蜜源植物（图 2-4）

毛叶苕子花期长，是优良的蜜源植物，泌蜜量为 300 ~ 375kg/hm²。苕子蜜为优质蜜，果糖及葡萄糖含量达 70%；淀粉酶活性 17.6mL/（g·h），高于国标与欧盟标准。

图 2-4　苕子田放养蜜蜂及苕子蜜

四、毛叶苕子主要品种

我国引种的毛叶苕子种质资源较多，经过多年的示范推广及优化，已筛选出了适合我国种植的优良品种，也选育出部分新品种，如土库曼毛叶苕子、罗马尼亚毛叶苕子、葡萄牙毛叶苕子、早熟毛苕、徐苕 1 号、徐苕 3 号、鲁苕系列、皖苕系列等。

（一）土库曼毛叶苕子（图2-5）

原产地土库曼斯坦，系20世纪60年代江苏省农业科学院从苏联引进的品种。20世纪80年代中期成为甘肃河西内陆灌区的主栽苕子品种。

【特征特性】根系发达，主根粗壮，入土深度1～1.2m，侧根数50～80条。茎方形中空，匍匐生长，茎基部有4～6个分枝，每个分枝节产生二级分枝3～5个，茎长2～3m。偶数羽状复叶，叶形肥大，每个复叶上有小叶5～10对，叶长3～4.5cm、宽0.8～1.0cm，叶片有浓密的茸毛。总状花序，由叶腋间长出花梗，每梗上开10～30朵小花为一花序，每枝有花序5～15个，单株花序数达150～200个，花冠呈蓝紫色。荚果呈短矩形，两侧稍高，长2～3cm、宽0.5～1.5cm。成熟后荚壳呈浅褐黄色，易爆裂。每荚有种子2～5粒，种子圆形，呈浅灰褐色，种脐略淡，千粒重30～40g。适应性广，抗旱、耐寒，较耐盐碱，耐阴性好，再生力强，抗病虫能力较强。

【生产表现】中熟偏晚类型。适宜西北及华北地区间套种或麦后复种，是果园覆盖的优良用种，也适合华北及以南地区冬季种植利用。在甘肃河西地区，3月下旬春播、4月中旬分枝期、6月下旬盛花期、8月上中旬荚果成熟期，全生育期120～125d。种子产量1.2～1.8t/hm²，高者可达2.25t/hm²，

茎及托叶

复叶及卷须

花序

荚果

种子

图2-5　土库曼毛叶苕子

是国内种子高产苕子品种。盛花期鲜草产量 37.5 ~ 60t/hm², 高者达 75t/hm², 植株干物质含氮（N）3.59%、磷（P）0.40%、钾（K）2.44%。

（二）罗马尼亚毛叶苕子（图 2-6）

原产地罗马尼亚, 系 20 世纪 60 年代由江苏省农业科学院从苏联引入我国。该品种 70 年代中期后在甘肃河西地区种植范围较广。

【特征特性】根系发达, 主根入土深度 0.8 ~ 1.2m, 侧根支根数达 50 ~ 80 条。茎方形中空, 茎基部有 6 ~ 8 个分枝；苗期生长势弱, 以基部分枝为主, 每个分枝节产生分枝 3 ~ 5 个；匍匐茎长达 1.5 ~ 3m。羽状复叶, 叶长 3.5 ~ 4.5cm, 叶宽 1.0 ~ 1.2cm, 叶色淡绿, 每个复叶上有小叶 6 ~ 12 对。总状花序, 由叶腋间长出花梗, 每梗上开 15 ~ 40 朵小花为一花序, 每枝有花序 8 ~ 12 个, 单株花序数 160 ~ 200 个, 花冠蓝紫色。荚果呈短矩形, 长 2 ~ 3cm、宽 0.3 ~ 1.2cm, 成熟荚果浅灰褐色, 每荚有种子 2 ~ 4 粒。种子圆形, 呈褐黄色, 种脐淡黄, 千粒重 37g 左右。刈割再生性强, 耐瘠性强, 耐寒性、耐旱性、耐渍性及耐盐碱能力中等。

茎及托叶

小叶正背面

复叶及卷须

花序

荚果

图 2-6 罗马尼亚毛叶苕子

【生产表现】中熟类型。适宜西北及华北地区间套种或麦后复种，是果园覆盖的优良用种，也适合华北及以南地区冬季种植利用。在甘肃河西地区 3 月下旬春播、4 月中旬分枝期、6 月下旬盛花期、8 月上中旬荚果成熟期，全生育期 118～125 d。在西北地区种子产量能达 2.0t/hm²。盛花期鲜草产量 37.5～60t/hm²，植株干物质含氮（N）3.53%、磷（P）0.15%、钾（K）1.65%；干物质粗蛋白 23.18%、粗脂肪 1.40%、粗纤维 30.85%。

（三）葡萄牙毛叶苕子（图 2-7）

原产地葡萄牙，由江苏南京中山植物园引入我国。

【特征特性】株型稍直立，上部松散，形似"扁豆"。主根入土深度 0.8～1m，多侧根。茎长 1.5～3m，茎棱柱状，浅绿色，多茸毛。羽状复叶，每复叶有小叶 7～9 对，叶色浅绿。总状花序，花蓝紫色。荚果短矩形，成熟时荚果浅黄色，每荚有种子 4～7 粒。种皮浅灰绿色，种子千粒重 30～40g。耐寒性、耐旱性、耐瘠性强，耐盐碱能力中等。刈割再生性强。

【生产表现】早熟类型。适宜西北及华北地区间套种或麦后复种，是果园覆盖的优良用种，也适合华北及以南地区冬季种植利用。在甘肃河西地区，3 月下旬春播、4 月中旬分枝期、6 月中旬盛花期、8 月上中旬荚果成熟，全生育期 110～120d。种子产量 2.25t/hm²。盛花期鲜草产量 27～33t/hm²，干物

茎及托叶　　　　　　　　复叶及卷须　　　　　　　　花序

荚果　　　　　　　　　　　　　　种子

图 2-7　葡萄牙毛叶苕子

质含氮（N）3.15%、磷（P）0.12%、钾（K）1.60%；干物质含粗蛋白20.96%、粗脂肪1.57%、粗纤维28.82%、无氮浸出物38.24%。

（四）郑州7408毛叶苕子（图2-8）

由原河南省农业科学院土壤肥料研究所通过系统选育而成的苕子新品系。

【特征特性】根系发达，主根入土深度0.7～1m，侧根支根数达50～80条。茎棱形中空，茎基部有4～7个分枝节，每个分枝节产生分枝4～6个，茎长2～3m，匍匐性较强。羽状复叶，每个复叶上有小叶4～8对，小叶长2.4～3.2cm，叶宽0.6～0.9cm。总状花序，由叶腋间长出花梗，每梗上开15～45朵小花组成一花序，花冠呈蓝紫色。荚果短矩形，长3～4.5cm、宽0.4～0.6cm，成熟后荚果灰黄色。每荚有种子2～7粒，种子圆形，浅黑褐色，种脐淡黄，千粒重30～40g。刈割再生性强、耐旱、耐瘠，耐寒性、耐渍性、耐盐碱能力中等。

【生产表现】中晚熟类型。适宜黄土高原及江淮地区种植。在甘肃河西地区3月下旬播种、4月中旬分枝期、6月下旬盛花期、8月中旬荚果成熟期，全生育期118～125d。种子产量2.0t/hm²左右。盛花期鲜草产量45t/hm²左右，干物质含氮（N）3.15%、磷（P）0.15%、钾（K）1.77%。

茎及托叶　　　　　　　　　复叶及卷须　　　　　　　　　荚果

种子

图2-8　郑州7408毛叶苕子

（五）青苔1号毛叶苕子（图2-9）

由青海省农林科学院从引进的"苏联毛苕"中以种子产量和鲜草产量为目标通过多因素综合评判后选出的优良品系。2015年通过青海省农作物品种审定委员会认定，定名为青苔1号，证书号：青审苕2015001。

【特征特性】茎四棱中空，匍匐蔓生。在青海地区茎长多为1.6～2m，分枝数多，单株分枝数平均4.2个。偶数羽状复叶，叶色较淡。总状花序、花紫色。荚果短矩形。在青海地区平均单株有效荚果数为345个、每荚粒数3.6粒。种子圆形、黑褐色，千粒重约36g。

【生产表现】适宜青海省及北方冷凉区种植。青苔1号田间生长旺盛，在不同区域均表现高产、稳产等优良性状。青海地区三年区域验证试验表明，春播全生育期约130d。种子产量0.9～1.25t/hm²。盛花期鲜草产量24～62t/hm²，干物质含氮（N）4.18%、磷（P）0.30%、钾（K）2.44%；干物质粗蛋白22.69%、粗脂肪1.36%、中性洗涤纤维36.85%、无氮浸出物35.68%。

复叶及卷须　　　　　　　　　　　　　　花序

种子

图2-9　青苔1号毛叶苕子

（六）鲁苔1号毛叶苕子（图2-10）

由山东省农作物种质资源中心通过"混合选育法"选育而成的毛叶苕子新品种，亲本为越冬能力强、长势健壮、鲜草产量高的5个毛叶苕子品种（品系）。

【特征特性】直根系，主根粗壮、侧根多、须根发达；主根入土深达 0.5～1.2m。茎细长，攀缘，长 2～3m；多分枝，一株可达 20～30 个分枝。偶数羽状复叶，具小叶 10～16 片，叶轴顶端有分枝的卷须；托叶戟形；小叶长圆形，长 1～3cm，宽 0.4～0.9cm，先端钝，有细尖，基部圆形。总状花序腋生，总花梗长，具花 10～30 朵，排列于序轴的一侧；花萼斜圆筒形，花冠蝶形，紫红色。荚果长圆形，长约 3cm，内含种子 3～5 粒，种子球形黑色。

【生产表现】晚熟类型，花紫红色，半直立蔓生，耐寒性和耐热性强、返青早、花期长、鲜草产量高且品质好。含盐量 0.3% 以下的滨海盐碱地可正常生长。适宜华北及南方旱地秋播、西北及东北春播或部分地区秋播。草层高度 0.7～0.9m，初花期生物产量 40t/hm²，盛花期鲜草产量可达 45t/hm²。种子产量 0.75～0.9t/hm²。干草粗蛋白含量 21.77%。山东东营 9 月中下旬播种，7d 左右出苗，翌年 2 月中下旬返青，4 月下旬始花，5 月中旬盛花，6 月上中旬荚果成熟，全生育期 230～240d。

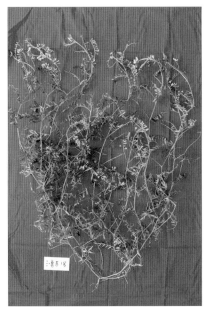

盛花期单株

花、茎、叶

荚果

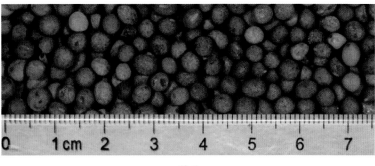

种子

图 2-10　鲁苕 1 号毛叶苕子

（七）鲁苕2号毛叶苕子（图2-11）

由山东省农作物种质资源中心通过"多次单株选育法"选育而成，亲本为"鲁苕1号"白花突变单株。

【特征特性】根系发达，根瘤多。茎细长，攀缘，匍匐蔓生，长2～3m；多分枝，一株可达15～25个分枝。偶数羽状复叶，具小叶10～16片，叶轴顶端有分枝的卷须；托叶戟形；小叶长圆形，长1～3cm，宽0.3～0.6cm，先端钝，有细尖，基部圆形。总状花序腋生，总花梗长，每花梗具花10～30朵，排列于序轴的一侧；花萼斜圆筒形，花冠蝶形，白色。荚果长圆形，长约3cm，内含种子3～5粒，种子球形黑褐色。

【生产表现】晚熟类型，花白色，耐寒性和耐热性强、返青早、花期长、鲜草产量高且品质好。含盐量0.3%以下的滨海盐碱地可正常生长。适宜华北及南方旱地秋播、西北及东北春播或部分地区秋播。草层高度0.6～0.8m，初花期生物产量39t/hm²，盛花期鲜草产量可达45t/hm²。种子产量0.6～0.75t/hm²。干草粗蛋白含量22.43%。山东东营9月中下旬播种，7d左右出苗，翌年2月中下旬返青，

花、茎、叶

盛花期群体

荚果

种子

图2-11 鲁苕2号毛叶苕子

4月下旬始花，5月中旬盛花，6月中旬荚果成熟，全生育期240～250d。

（八）皖苕1号毛叶苕子（图2-12）

系安徽省农业科学院土壤肥料研究所从安徽肥东县野生苕子中选择自然变异优良单株，经系统选育而成。2015年通过安徽省非主要农作物品种鉴定登记委员会鉴定登记，证书号：皖品鉴登字第1408003。

【特征特性】抗寒、耐旱、耐瘠，不耐涝、不耐高温；能耐短暂的–20℃低温，温度高于30℃时生长受阻。对土壤酸碱性要求不高，酸性土、中性土和碱性土均可种植，适宜土壤pH值5.0～8.5。在江淮地区及华北均可种植并繁殖，长江以南可种植但不能结籽。种子千粒重40.5g。

【生产表现】适宜江淮及华北地区种植。在安徽及以北省份，9月中下旬至10月中旬均可播种，全生育期252d。南方可稍迟，北方宜稍早。盛花期鲜草产量平均40t/hm²左右，种子产量平均0.95t/hm²。鲜草含水分82%，干物质含碳（C）46.5%、氮（N）2.35%、磷（P）0.24%、钾（K）2.38%。鲜草可做绿肥，也可做饲草。

叶片

盛花期

种子

图2-12 皖苕1号毛叶苕子

（九）皖苕2号毛叶苕子（图2-13）

系安徽科技学院从皖北固镇县野生苕子的自然变异优良单株，经系统选育而成。2015年通过安徽省非主要农作物品种鉴定登记委员会鉴定登记，证书号：皖品鉴登字第1408004。

【特征特性】抗寒、耐旱、耐瘠，不耐涝、怕高温。能耐短暂的 −20℃ 低温，温度高于 30℃ 时生长受阻。对土壤酸碱性要求不高，适宜 pH 值 5.0～8.5，在 pH 值 4.0～9.0 范围内可种植。江淮地区及华北秋播可产种，长江以南不能结籽。种子千粒重 32.6g。

【生产表现】毛叶苕子适宜江淮及华北地区种植。在安徽凤阳，全生育期 249d。在安徽及以北省份，9 月中下旬至 10 月中旬均可播种，适当早播有利于高产。盛花期鲜草产量 40t/hm² 左右，平均种子产量 1.04t/hm²。干草含水分 18%、碳（C）45.6%、氮（N）2.46%、磷（P）0.26%、钾（K）2.51%。

茎及托叶

盛花期

种子

图 2-13 皖苕 2 号毛叶苕子

第二节　光叶苕子

光叶苕子（*Vicia villosa* var.），豆科（Fabaceae）野豌豆属（*Vicia*）一年生或越年生草本植物，也称光叶紫花苕子、稀毛苕子、野豌豆、肥田草等，是毛叶苕子的变种，由美国俄勒冈州州立试验站从毛叶苕子选育而成，是一种稍耐热、茸毛稀疏的生态类型。于 1946 年引种我国。后经前华东农业科学研究所试验示范后，在江苏、安徽、山东、河南、湖北、云南等地种植。20 世纪 70 年代后，由于光叶苕子抗性较弱，在淮河以北地区逐渐被毛叶苕子替代，现在主要分布在长江流域及西南云贵川等省区。近些年来，在北方各地有良好表现。

一、植物学特征（图 2-14）

根系发达，主根粗壮，入土深 1 ～ 1.5m，侧根较多。茎方形中空、有棱，长 1.5 ～ 2.5m，较粗，有稀疏短茸毛。分枝能力较强，距离地表 10cm 左右有一级分枝 20 ～ 30 个，二级分枝可达 10 ～ 100 个。偶数羽状复叶，每一复叶有小叶 5 ～ 10 对，小叶长 2 ～ 3cm、宽 0.6 ～ 1.0cm，叶上茸毛稀疏，叶色深绿，复叶顶端有卷须 4 ～ 5 枚。托叶戟形。

茎、托叶

花序

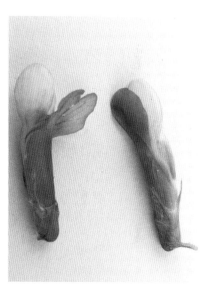
花萼及小花

荚果

种子

图 2-14 光叶苕子

总状花序，花梗自叶腋间抽出，花梗长 8 ～ 16cm，每一花序有小花 20 ～ 40 朵，花色红紫，萼斜钟状有茸毛。荚果短矩形，长 2.3 ～ 2.8cm、宽 0.7 ～ 1.0cm；成熟后荚果淡黄色，较易爆裂。每荚有种子 2 ～ 8 粒，一般为 2 ～ 4 粒。种子圆形，多为黑褐色，千粒重 20 ～ 35g。

二、生物学特性

在江淮之间秋播的，全生育期为 250 ～ 260d，早熟类型为 235 ～ 245d。在南京，播种后 5 ～ 6d 出苗，再经 10 ～ 15d 后开始分枝，分枝盛期在 2 月，3 月上旬伸长，初花期前后伸长最快。花期早晚受春季温度所影响，一般初花在 5 月上旬，盛花在 5 月中旬，种子成熟在 6 月 10—16 日。

种子发芽适温为 20 ～ 25℃，气温 3 ～ 5℃时地上部停止生长，20℃左右生长最快，也最有利于开花、结荚，阴雨会影响开花授粉。耐寒性较强，在山东南部能安全越冬。耐旱性强，但不及毛叶苕子，现蕾期之前较耐湿，故在江淮间产量往往超过毛叶苕子。适应性广，自平原至海拔 2 000m 的山区均可种植，在红壤坡地以及黄淮间的碱砂土均生长良好。耐瘠性及抑制杂草的能力均强，可以在 pH 值 4.5 ～ 8.5、质地为砂土至重黏土、含盐量低于 0.2% 的各种土壤上种植。

三、利用方式

（一）绿 肥

光叶苕子是良好的绿肥与覆盖作物。据测定，光叶苕子枝茎伸长期鲜草含氮（N）0.58%、磷（P）0.06%、钾（K）0.42%；初花期鲜草含氮（N）0.50%、磷（P）0.18%、钾（K）0.35%。在农田作绿肥时，是水稻、棉花、玉米等的前茬作物，适时耕翻，增产效果显著。在果园可实现落籽再生、一次播种多年利用。可用作开垦生荒地的先锋作物，有良好的压制杂草及改良土壤效果。

（二）饲 草

光叶苕子饲用价值较高，饲草品质以现蕾期之前较高。据四川凉山州草原工作站分析，分枝期全草干物质含粗蛋白质 30.69%、粗脂肪 9.70%、粗纤维 22.82%、无氮浸出物 28.05%、粗灰分 8.74%、钙 1.48%、磷 0.24%。在现蕾期收割，鲜草产量 30 ～ 47.5t/hm^2。分次刈割可避免因草层过厚而导致下部叶片黄化或霉腐。在江淮地区 9 月播种，可在翌年 3 月下旬及 5 月上旬各刈割 1 次；8 月中下旬播种且生长良好的，可于临冬、翌年早春及初夏各刈割 1 次。

（三）蜜源植物

光叶苕子是良好的蜜源植物，花期长达 1 个月，蜜质好，每公顷可产蜜 375kg 左右。著名的"雪脂莲蜜"就是产自西南地区的苕子蜜。

四、光叶苕子主要品种

由于引种时间较长，自然选择形成了一些地方品种和早发、早熟高产的光叶苕子新品种，如浙江东阳苕子、广西南宁苕子、河南泌阳苕子等。此外，江苏省农业科学院选育出早熟光苕、广西壮族自治区农业科学院选育出桂苕 6 号、云南省农业科学院选育出的云光早苕等。

（一）云光早苕 79-13（图 2-15）

云南省农业科学院于 1979 年从江苏省农业科学院从美国引种的光叶紫花苕子中经单株系统选育出的早熟品系，编号 79-13。

【特征特性】直根系，主根粗壮，侧根多、须根发达，根瘤较多。茎四棱形，中空，有稀疏茸毛，中下部绿中泛紫，上部绿色，茎长1.2～2.3m。羽状复叶，叶柄上有稀疏茸毛。小叶互生、19～20片，大小约0.3cm×1.5cm，正面、背面有稀疏茸毛。叶柄梢部异化为卷须3～4枚。叶柄基部两侧着生戟形托叶，上有茸毛。花轴腋生，被稀疏茸毛，一侧着生20～25朵小花。花冠蝶形，旗瓣基部红紫

茎梢　　　　　　　　　　复叶及卷须　　　　　　　　　花序

花荚期　　　　　　　　　　　　　　　　　　荚果

种子

图2-15　云光早苕79-13 光叶苕子

色，上部蓝紫色，翼瓣基部淡紫色、中上部白里透紫，龙骨瓣白里透紫，靠顶端有 2 个深紫色斑。花萼向阳面紫红色，背阴面淡紫绿色，基部合生，上部分为 5 瓣。成熟荚果浅褐色，矩圆形，每荚含有种子 1 ～ 4 粒。种子千粒重约 33.9g。

【生产表现】早生快发，早熟高产，适宜西南旱地、果园、茶园种植，在全国旱地均可正常生长。在云南昆明，全生育期 177 ～ 208d，抗寒、抗旱、耐瘠能力较强，鲜草产量 18 ～ 45t/hm²，种子产量 0.90 ～ 1.5t/hm²。盛花期茎叶干物质含氮（N）3.21%、磷（P）0.10%、钾（K）1.54%。

（二）小凉山光叶苕子（云光早苕 74-2）（图 2-16）

由云南省农业科学院于 1974 年由自江苏引种的普通光叶紫花苕子经多年自然筛选后单株系统选育而成，编号云光早苕 74-2。

盛花期

结荚期

荚果成熟期

图 2-16　小凉山光叶苕子

【特征特性】直根系，主根粗壮，侧根多、须根发达。茎四棱形，中空，有稀疏茸毛，中下部绿中泛紫，茎长 1～2.2m。羽状复叶，叶柄上有稀疏茸毛。小叶互生、12～17 片，大小为 0.3cm×1.5cm，正面、背面有稀疏茸毛。叶柄梢部异化为卷须 3～4 枚。复叶柄基部两侧着生戟形托叶，托叶上有茸毛。花轴腋生，上被稀疏茸毛，一侧着生 30～40 朵小花。花冠蝶形，旗瓣基部红紫色，上部蓝紫色，翼瓣基部淡紫色、中上部白里透紫，龙骨瓣白里透紫，靠顶端有 2 个深紫色斑；花萼向阳面紫红色，背阴面淡紫绿色，基部合生，上部分为 5 瓣。成熟荚果浅褐色，矩圆形，每荚含种子 1～7 粒。种子千粒重 28g。

【生产表现】适宜西南高海拔冷凉地区旱地、果园种植，在云南温暖地区均可正常生长。全生育期 220～250d，抗寒、抗旱、耐瘠能力强，鲜草产量 15～20t/hm²，种子产量 1.05～1.65t/hm²。盛花期干物质含氮（N）3.09%、磷（P）0.09%、钾（K）1.71%。

（三）九叶光苕（图 2-17）

来源于湖北省农业科学院。

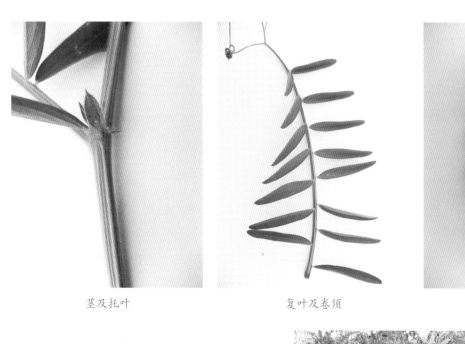

茎及托叶　　　　　复叶及卷须　　　　　花序

荚果　　　　　盛花期

图 2-17　九叶光苕光叶苕子

【特征特性】根系较发达，多侧根，主根入土深度 0.5 ～ 0.9m，根瘤多着生于主根上，呈扁圆状，色粉红；根瘤数达 60 ～ 80 个，茎圆、绿色，茎长 1.4 ～ 2m，偶数羽状复叶，无茸毛，每复叶有小叶 6 ～ 10 对，茎基部分枝 5 ～ 10 个，无茸毛，单株有效分枝 10 ～ 12 个；花系总状花序，由叶腹间抽生花梗，每梗上开 15 ～ 20 朵花，每枝有花序 5 ～ 10 枚，单株花序数达 110 ～ 160 个，荚果呈短矩形，长 2 ～ 3.5cm，宽 0.3 ～ 0.5cm，每荚有种子 2 ～ 3 粒，种子呈扁圆形，灰褐色。千粒重 25 ～ 35g。性喜温润气候，耐湿、耐阴，再生性好。

【生产表现】中晚熟类型。适宜中南及西南旱地种植，也适宜果园覆盖种植。在甘肃河西地区春播，全生育期 115d，盛花期鲜草产量 25t/hm^2 左右，种子产量 0.75 ～ 1.5t/hm^2。盛花期干物质含氮（N）3.08%、磷（P）0.11%、钾（K）1.49%；干物质含粗蛋白 16.06%，粗脂肪 2.14%，粗纤维 32.43%，无氮浸出物 41.84%。

第三节　蓝花苕子

蓝花苕子（*Vicia cracca*），豆科（Fabaceae）野豌豆属（*Vicia*）越年生或一年生草本植物。湖南称之蓝花草，湖北称草藤，广西称肥田草，江西称苕豆，四川称其苕子或大苕。广泛分布于中国各地，欧洲和北美也有分布。中国栽培利用蓝花苕子历史悠久。《诗经·陈风·防有鹊巢》："邛有旨苕。"邛为高丘，苕即蓝花苕子。作为绿肥栽培始见于北魏《广志》："苕，草色青黄，紫华（花），十二月稻下种之，蔓延殷盛，可以美田，叶可食。"亦为南方稻田冬季绿肥栽培之源。

一、特征特性（图 2-18）

根系不发达，主根较浅，入土深 0.3 ～ 0.4m，侧根、支根较少。茎方形中空较细，有稀疏茸毛，半匍匐生长，茎长 1.5 ～ 2m。茎分枝能力不强，基部一级分枝 1 ～ 10 个，二级分枝较少。偶数羽状复叶，有 5 ～ 10 对小叶，小叶长 2 ～ 3cm、宽 0.5 ～ 1.0cm，叶色淡绿，叶背面有短茸毛，托叶戟形，叶柄顶端有卷须 3 枚。

总状花序，由叶腋间抽出花梗，花梗长 10 ～ 16cm，每一花序有小花 10 ～ 20 朵，花色蓝紫。萼斜钟状，有稀短茸毛，雄蕊二体，一枚单生，九枚合生。雌蕊一枚，柱头周缘长有茸毛。荚果短矩形，两侧稍扁，荚长 2 ～ 2.5cm、宽 0.4 ～ 0.6cm。每荚有种子 3 ～ 8 粒；种子圆形，种皮深褐色，有光泽，千粒重 15 ～ 20g。

蓝花苕子耐湿性强，生育期短。在江南、华南、西南等地有较高的鲜草产量，但在长江以北因抗寒性较弱而不容易越冬。

茎　　　　　　　　复叶及卷须　　　　　　　　花序

盛花期群体　　　　　　　　种子

图 2-18　蓝花苕子

二、利用方式

蓝花苕子营养丰富，可以做蔬菜、绿肥、饲草和蜜源植物。

（一）蔬　菜

蓝花苕子苗期或枝茎伸长期的幼嫩茎叶可作为时令蔬菜。宋代苏轼《元修菜》描述"彼美君家菜，铺田绿茸茸。豆荚圆且小，槐芽细而丰"。并序："菜之美者，有吾乡之巢，故人巢元修嗜之，余亦嗜之。"陆游《巢菜》诗序："蜀疏有两巢。大巢，豌豆之不实者。小巢生稻畦中，东坡所赋元修菜是也。吴中绝多，名漂摇草，一名野蚕豆，但人不知取食耳。"

（二）绿　肥

蓝花苕子用作绿肥历史早于紫云英。栽培记录最早见于北魏《广志》，苏轼《元修菜》："春尽苗叶老，耕翻烟雨丛。润随甘泽化，暖作青泥融。始终不我负，力与粪壤同。"既描述了翻压蓝花苕子做绿肥的时间，也指出了其肥效。在广西秋播蓝花苕子，鲜草产量可达 30 ～ 48t/hm²。蓝花苕子花期鲜草干物质含量 15% 左右。养分含量以现蕾期最高，现蕾期鲜草含氮（N）0.46% ～ 0.70%、磷（P）0.03% ～ 0.08%、钾（K）0.20% ～ 0.28%；花荚期鲜草含氮（N）0.39% ～ 0.42%、磷（P）0.03% ～ 0.06%、钾（K）0.14% ～ 0.16%。

（三）饲　料

蓝花苕子鲜草的饲用价值较高。四川农村在盛花期刈割中上部茎叶晒干粉碎后用于喂猪，留茬用作水稻基肥。蓝花苕子晒干后的干物质含量 86.5%、粗蛋白 22.5%、粗脂肪 1.9%、粗纤维 27.9%、无氮浸出物 27.3%、粗灰分 6.9%。实践中，常以 30% ～ 40% 蓝花苕子干草，掺加 30% 米糠喂猪，可节省精饲料 25% ～ 36%，降低饲料成本 30% 左右。

三、蓝花苕子主要品种

（一）四川夹江蓝花苕子（图 2-19）

原产于四川省夹江县。

茎　　　　　　　　　　复叶及卷须　　　　　　　　　　花序

种子

图 2-19　四川夹江蓝花苕子

【特征特性】茎匍匐生长，主茎明显，为多棱形，茎无茸毛。茎长 1.5～2.5m，单株分枝 2～8 个。秋播条件下，分枝前茎枝紫褐色，年后转绿。偶数羽状复叶，叶色绿，小叶椭圆形，无茸毛。总状花序，花蓝紫色，每花序有小花 20 朵。荚果短矩形；种子圆形，千粒重 18g。不耐旱、不抗虫。

【生产表现】适宜云贵川地区种植，旱地、稻田常用冬季绿肥品种。早熟类型。在四川成都，全生育期约 248d。在江苏南京，全生育期约 235d。平均鲜草产量约 30t/hm²，种子产量 0.8～1.45t/hm²。盛花期植株干物质含氮（N）3.11%、磷（P）0.63%、钾（K）1.27%。

（二）广西藤苕选蓝花苕子（图 2-20）

广西地方蓝花苕子品种。

【特征特性】茎方圆，色绿，长 2～2.5m。茎基部分枝 6～10 个，有 2～3 节的高部位分枝，茎叶披茸毛。羽状偶数复叶，每组复叶有小叶 6～8 对。总状花序，由复叶间生出花梗，每梗上开 16～32 朵小花为一花序，每枝有花序 6～12 个，单株花序数达 140～200 个，花梗呈蓝紫色。荚果呈短矩形，长 2～4cm、宽 0.3～0.7cm，每荚有种子 2～4 粒。种子扁圆形，呈暗褐色，千粒重 17g 左右。适应性较广，抗逆性较弱，耐阴性强，再生性好。

【生产表现】中熟类型。适宜广西及西南地区种植，在西北地区也能生长良好。在广西南宁秋播，3 月下旬盛花，4 月下旬成熟，全生育期 190～195d，鲜草产量平均 31.5t/hm²，种子产量平均 0.3t/hm²。在甘肃河西地区春播，鲜草产量 30～45t/hm²，种子产量 1.5～2.25t/hm²。盛花期植株干物质含氮

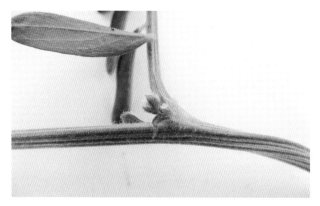
茎及托叶

花序

荚果

种子

图 2-20　广西藤苕选蓝花苕子

（N）3.69%、磷（P）0.36%、钾（K）1.04%，含粗蛋白21.38%，粗脂肪1.95%，粗纤维33.02%，无氮浸出物35.24%。

（三）广西全州蓝花苕子（图2-21）

地方品种，原产于广西壮族自治区桂林市全州县。

【特征特性】茎方形中空，长达1.5～2.5m，匍匐性较强。茎基部有5～7个一级分枝，每个一级分枝节产生二级分枝3～4个。羽状偶数复叶，复叶有小叶6～10片，小叶长3～4cm、宽0.6～0.8cm，无茸毛。总状花序，由叶腋间长出花梗，每梗上开10～35朵小花为一花序，每枝有花序6～12个，单株花序数达150～180个，花冠呈蓝紫色。荚果呈短矩形，长2～4cm、宽0.4～1.2cm，成熟荚果呈浅褐黄色，易爆裂，每荚有种子2～5粒。种子圆形，呈灰褐色，种脐淡黄，千粒重15～18g。抗旱性弱，耐阴，再生性好。

茎及托叶

复叶及卷须

花序

荚果

种子

图2-21　广西全州蓝花苕子

　　【生产表现】早熟类型。适宜广西及西南地区种植，在西北地区也能生长良好。在广西南宁秋播，3月下旬至4月初盛花，4月下旬至5月初成熟，全生育期195～200d。在甘肃河西地区3月下旬春播，4月中旬分枝期、6月中下旬盛花期、8月上中旬荚果成熟期，全生育期110～120d。在四川，盛花期鲜草产量20t/hm^{2}左右，种子产量0.9t/hm^{2}左右。盛花期植株干物质含氮（N）3.52%、磷（P）0.34%、钾（K）0.97%，含粗蛋白22.26%、粗脂肪1.20%、粗纤维30.9%、无氮浸出物34.0%。

第三章
箭筈豌豆

箭筈豌豆（*Vicia sativa*），中国植物分类名为救荒野豌豆，豆科（Fabaceae）野豌豆属（*Vicia*）一年生或越年生草本植物，又名大巢菜、春巢菜、普通巢菜、野豌豆等，是野豌豆属中主要栽培品种，也是我国栽培利用范围最广的绿肥饲草作物之一。

第一节　箭筈豌豆起源与分布

原产地中海沿岸和中东地区，种植历史悠久，适应性广，全世界各地普遍种植。约在公元前 60 年，欧洲就开始种植用作饲料，其中白色种皮的种子也可供食用。18 世纪末，美国开始应用，除用作饲料外，也用作改良瘠薄土壤的绿肥。

中国各地有野生种分布。箭筈豌豆栽培种于 20 世纪 40 年代中期引入我国甘肃，用作饲草种植，根茬用于肥田。20 世纪 60 年代中期，箭筈豌豆在甘肃省开始大面积应用于生产，而后在陕西、山西、河南、江苏以及南方一些省份推广；至 70 年代面积不断扩大，主要用于棉田、稻田及果林园的冬季覆盖绿肥；80 年代，西至新疆、青海，北至黑龙江，东至闽浙，南至五岭，均有箭筈豌豆种植。

第二节　箭筈豌豆植物学特征

一、根、茎（图 3-1）

箭筈豌豆主根明显，长 20～40cm，侧根不够发达，根幅 20～25cm，有根瘤，根瘤粉红色。茎柔嫩有棱，半攀缘性，茎长 80～150cm；当主茎有 3～4 片叶时即开始分枝，有一级分枝和二级分枝，单株分枝数 20～40 个。

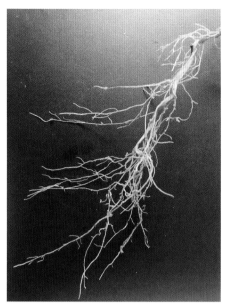

图 3-1　箭筈豌豆根（左）、茎及托叶（右）

二、叶（图 3-2）

羽状复叶，有小叶 6 ～ 10 对，对生、互生或二者并存，顶端有卷须。小叶椭圆形、长椭圆形、卵形或倒卵形，基部楔形。小叶前端中央有突尖，形似箭筈（箭之尾端），故而得名。托叶半箭形，有 1 ～ 3 枚披针形齿，具有一个腺点。箭筈豌豆原产地不同，品种之间的上部叶片存在明显差异，大致可

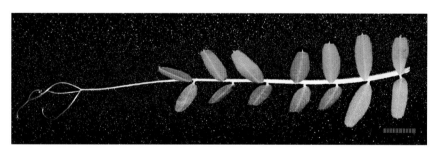

图 3-2　箭筈豌豆复叶（上）、不同形态小叶（下）

分为长阔叶型和窄叶型。长阔叶型品种，叶长 20 ～ 31mm、宽 8 ～ 12mm；窄叶型品种，叶长 31 ～ 37mm、宽 5 ～ 7mm。窄叶型品种早熟，有效分枝少。

三、花（图 3-3、图 3-4）

花序腋生，花梗短或无，每花序着生小花 2 ～ 4 朵。约 90% 的品种每花序着小花 2 朵，10% 的品种（主要是中、晚熟品种）着小花 3 ～ 4 朵。花冠紫红、粉白或白色，紫红色花冠品种约占 94%、粉红色花冠占 3%、白色花冠占 3%。旗瓣长倒卵形，先端圆、微凹，翼瓣短于旗瓣、长于龙骨瓣。

图 3-3　箭筈豌豆盛花期

图 3-4　箭筈豌豆花序、花冠颜色

四、荚果与种子（图 3-5、图 3-6、图 3-7）

果荚长扁圆形，长 4 ～ 6cm、宽 5 ～ 8mm。成熟荚色黄或褐，内含种子一般 3 ～ 9 粒。种子扁圆或钝圆形，种皮色粉红、灰、青、褐、暗红或有斑纹，千粒重 40 ～ 80g。

箭筈豌豆种皮颜色、斑纹大小及疏密等性状是鉴定品种的重要特征之一。根据种皮颜色分为麻斑型和单一色型；有的品种种皮颜色较一致，有的则颜色多样，为杂合体。麻斑型品种即种皮颜色以青灰、黄、棕、棕绿等为底色，其上有大小疏密不等的黑色、褐色和棕色斑纹；单一色型品种即种皮颜色为肉白、青灰、淡绿和纯黑等单一颜色，其上无斑纹。

图 3-5　箭筈豌豆结荚期（左）、成熟荚果（右）

图 3-6　箭筈豌豆种皮纯色（左）、杂色（右）

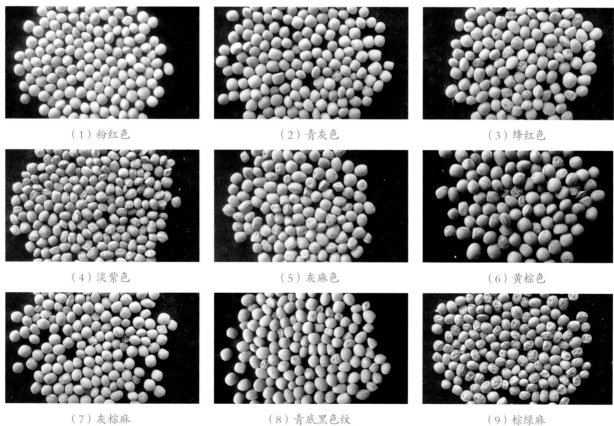

（1）粉红色　　　　　　　（2）青灰色　　　　　　　（3）绛红色

（4）淡紫色　　　　　　　（5）灰麻色　　　　　　　（6）黄棕色

（7）灰棕麻　　　　　　（8）青底黑色纹　　　　　　（9）棕绿麻

图 3-7　箭筈豌豆种皮颜色

第三节　箭筈豌豆生物学特性

适应性广，在土壤 pH 值 5.5 ～ 8.5 的砂土或黏土上均能生长，适合在我国北方瘠薄旱地、肥力较高的川水地以及南方稻田、旱坡地和果茶园种植。

喜凉、耐寒、怕热。在幼苗期，能耐受短期的霜冻，在 –6℃的低温下不受冻害，气温 3.5℃时仍然缓慢生长，当日平均温度 25℃以上时生长受到抑制。品种间的耐寒能力有差异，抗寒性强的品种能耐 –12℃的低温。从出苗至开花，对温度的要求也因品种而异，一般要求平均气温 15 ～ 17℃。开花至成熟，有随温度提高而熟期缩短的趋势。一般晚熟品种对温度反应敏感，温度低则成熟期明显延长。

抗旱、耐瘠薄。在西北干旱瘠薄地区，遇到干旱时，箭筈豌豆能保持生机，获水后又可抽生新枝继续生长。在新平整的瘠薄土壤上种植也可获得较好的生物产量。

不耐渍水。苗期渍水后苗弱发黄，生长停滞；现蕾开花期遇渍水，茎叶发黄枯萎，严重时出现根腐，造成减产或死亡。

不耐盐碱。在以氯盐为主的盐土上，当全盐含量达到 0.1% 时即受害死亡；在以硫酸盐为主的盐土上，0.09% ～ 0.16% 含盐量能正常生长，但当含盐量超过 0.3% 时植株死亡。

依据生育期表现，可分为早熟、中熟和晚熟品种。早熟品种，在南方秋播生育期在 230d 以内，在华北春播生育期在 75d 以内；中熟品种，在南方秋播生育期在 240d 以内，在华北春播生育期在 95d 以内；晚熟品种，在南方秋播生育期在 241d 以上，在华北春播生育期在 96d 以上。

第四节　箭筈豌豆利用方式

一、绿肥

在西北地区常采用麦后复种或早春顶凌播种。华北以南地区，秋播可越冬。在江淮地区，9 月下旬至 10 月上旬播种，至来年 4 月中旬测产，鲜草产量一般能达到 37.5t/hm²；在长江以南地区的冬闲田种植、三峡库区柑橘园套种，鲜草产量达 50t/hm²。

箭筈豌豆根系易结瘤且结瘤早，在苗期就有一定的固氮能力。鲜草养分含量随品种、生长环境和生育阶段的不同而有差异，尤其以氮素含量变幅较大。据测定，箭筈豌豆干草含氮（N）3.57%、磷（P）0.32%、钾（K）2.68%。在甘肃，翻压箭筈豌豆做绿肥后，小麦、玉米明显增产，土壤有机质、全氮和速效氮含量有所增加；麦后复种箭筈豌豆，刈割鲜草做饲草后，根茬还田也能增加后茬作物产量。

二、饲料

箭筈豌豆茎叶、种子营养丰富，是一种优质的饲料作物。在西北地区麦田套复种箭筈豌豆是重要的农牧结合措施，可收获一茬绿肥或饲草，既可做青饲料，也可晒制干草，同时可利用根茬肥田。甘肃河西灌区麦后复种箭筈豌豆，10月刈割，可产鲜草 22.5 ～ 52.5t/hm²。据江苏省农业科学院测定，鲜草水分含量 84.9% ～ 87.9%、含粗蛋白 3.31% ～ 3.80%、粗脂肪 0.83%、粗纤维 2.45% ～ 3.03%、灰分 0.94%；晒制干草后的含水量 16%、含粗蛋白 20%、粗脂肪 2.0%、粗纤维 19.0%、灰分 7.0%。

三、加工（图 3-8）

箭筈豌豆种子产量高且稳定。在西北地区，一般种子产量在 3t/hm² 左右，高的可达 4t/hm²。籽实中的淀粉和蛋白质含量高，淀粉中直链淀粉含量为 46.7%，高于普通豌豆淀粉；加工出粉率达 30%，比豌豆高出 6% ～ 7%，在西北等地常用其加工粉条、粉丝，或做成面条、馒头和烙饼。箭筈豌豆具有很好的加工前景，籽实脱皮后可以用作食品加工原料，其蛋白属于优质蛋白；膳食纤维能减少脂肪的堆积，适合用于特定人群的功能性食品加工。近年发现其淀粉中的抗性淀粉含量高，其加工产品升糖指数低，具有极大的功能性应用潜力。

脱皮全粒　　　　　　　　膳食纤维　　　　　　　　粉丝

图 3-8　箭筈豌豆加工产品

箭筈豌豆籽实含有氢氰酸（HCN），但容易随加工过程去除。不同品种籽实的 HCN 含量有很大差异，平均值为（10.96 ± 9.49）mg/kg，含量低的品种仅 1mg/kg，高的品种超过 38mg/kg。

第五节　箭筈豌豆种质资源

我国于 20 世纪 40 年代中期引种箭筈豌豆在西北地区试种。20 世纪 50 年代，中国农业科学院原西北畜牧兽医研究所从引进的箭筈豌豆品种中筛选出西牧 324、西牧 333、西牧 879、西牧 880、西牧 881

等优良品种。我国箭筈豌豆的新品种选育工作始于 20 世纪 60 年代中期。1964 年，中国农业科学院原西北畜牧兽医研究所从"西牧 333"发现变异单株，经混合选择育成新品种 333/A，于 1987 年通过鉴定。1966 年，江苏省农业科学院从澳大利亚 CSIRO 引种的箭筈豌豆中发现早熟单株，经混合选择，于 1970 年选育成新品种 66-25。20 世纪 80 年代中期，江苏省农业科学院从国内外征集、保存了 90 多份箭筈豌豆种质资源，主要引自澳大利亚、美国、伊朗、塞浦路斯、法国、土耳其、葡萄牙、保加利亚、德国、匈牙利、罗马尼亚等国，也有少部分引进地不详。

在种质命名方面，从国外直接引进的，有的只有学名，有的仅写引入国名，有的只有代号编码。国内收集的，因交互引种，统称春箭筈或箭豌，从而导致同种异名的情况较为突出。有代号编码的种质，是江苏省农业科学院统一按照"2 位引进年份 + 当年引进的次序"编码进行整理后给出的编号。目前通过引种和新品种选育，我国的箭筈豌豆种质资源有 100 多份。

箭筈豌豆为自花授粉二倍体植物，品种遗传性较为稳定。由于收集保存的种质较多，品种来源不同，各品种在叶片宽窄、叶尖性状、叶色深浅、花冠颜色、荚果长宽及硬度、每荚种子数、种子大小、种皮颜色及花纹等存在一定差异。不同品种之间的生育期也存在明显的差异。甘肃省农业科学院经过鉴定，将我国的箭筈豌豆种质资源按照种皮颜色分成 11 个类型（表 3-1）。

表 3-1　箭筈豌豆种质资源特征特性分类

种皮类型	代表性品种（品系）	株型	茎基部颜色	茎叶茸毛	花色	春播生育期 /d
粉红	西牧 881、粉红箭筈豌豆、波哥 880、白箭筈豌豆、新疆白箭筈豌豆、葡 2105-8	半直立	紫	无	深红	100 ～ 120
青灰	324、1740 箭筈豌豆、山西箭筈豌豆、冬箭筈豌豆、罗 135、青箭筈豌豆	半直立	紫红	叶面、叶背有茸毛	紫红	101 ～ 120
淡绿	白花箭筈豌豆、310 冬箭筈豌豆	直立	绿	茎有茸毛	白	106 ～ 120
纯墨	206 野豌豆	半直立	淡紫	无	紫红	120 ～ 123
绛红	新疆箭筈豌豆、喀什箭筈豌豆、882 箭筈豌豆、维卡豆	半直立	淡红	茎有茸毛	淡紫红	117 ～ 122
灰麻	苏联箭筈豌豆、哈尔柯夫箭筈豌豆、西牧 878	半直立	淡红	无	深紫红	118 ～ 123
麻灰	罗 24、西牧 325	半直立	紫红	叶背有茸毛	紫红	115 ～ 128
灰棕麻	791、879 箭筈豌豆	直立	紫红	茎有茸毛	紫红	90 ～ 95
淡紫	西牧 826、326、820 箭筈豌豆	直立	淡紫	茎、叶有茸毛	紫红	114 ～ 120
青底黑色斑纹	66-25 箭筈豌豆	直立	淡紫	无	紫红	87 ～ 100
棕绿麻	327 箭筈豌豆、罗 61	半直立	紫红	叶背有茸毛	紫红	120

第六节　箭筈豌豆主要品种

一、大荚箭筈豌豆（图 3-9）

是箭筈豌豆的一个亚种（*Vicia macrocarpa*）。原产中东地区，1974 年由南京中山植物园（江苏省植物研究所）从法国引进，1976 年在江苏省农业科学院种植，具有耐寒耐瘠性好、产草产种量高和根瘤固氮能力强等特点，1982 年由江苏省农作物品种审定委员会认定为推广品种。

【特征特性】直根系，主根长 25～40cm，主、侧根数 30～40 枝，根瘤多，返青期单株根瘤数达 80～90 个。幼茎深红色，成熟茎绿色，茎棱形，茎长 130～150cm，半匍匐状，茎粗 2.6～2.7mm。分枝能力强，苗期单株分枝数 30～35 个，翌年 3 月单株有效分枝数达 50～60 个。羽状复叶，叶长椭圆形，叶色深绿。茎无茸毛，叶、荚有茸毛。每一复叶有小叶 14～16 片，小叶长 2.8～3.5cm、宽

茎及托叶　　　　　复叶与卷须　　　　　小叶（正、背面）

花序　　　　　　　　种子

图 3-9　大荚箭筈豌豆

2.5～2.8mm。花冠浅紫红。果荚较大，弯马刀形，荚长6～8cm，单株荚数60～70个。种子扁圆，种皮黑褐色有花纹，千粒重60～70g。双蕾率、双花率和双荚率较高。刈割再生性强，耐旱、耐瘠、耐寒、耐迟播，耐盐碱能力中等，耐渍性弱。种子内HCN含量1.40～2.0mg/kg，属低毒品种。

【生产表现】中早熟品种。适宜西北、东北及华北偏北地区，春播、秋播利用；华北南部及以南地区，秋播、冬春季利用。速生早发，在江苏南京秋播，翌年6月上旬种子成熟，盛花期鲜草产量45t/hm²左右，生育期230d左右；2月春播，6月中旬成熟，盛花期鲜草产量25t/hm²左右，生育期100～110d。在甘肃河西地区3月下旬春播，全生育期105～115d，盛花期鲜草产量22.5～37.5t/hm²，种子产量1.8～3.3t/hm²。盛花期植株干物质含氮（N）3.67%、磷（P）0.32%、钾（K）2.78%、有机碳44.56%。干物质含粗蛋白22.94%、粗脂肪1.24%、粗纤维素23.04%、无氮浸出物31.31%、粗灰分13.44%。

二、333/A 箭筈豌豆（图3-10）

是由中国农业科学院兰州兽医研究所于1964年从引种筛选的西牧333箭筈豌豆（原产日本，引种编号日本333）选择变异株，采用混合选择法选育而成。1987年通过原国家农牧渔业部组织的成果鉴定。

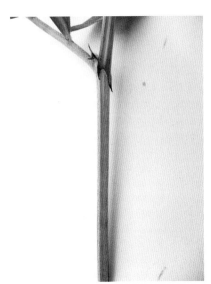  

茎及托叶　　　　　　　复叶及卷须　　　　　　　小叶（正、背面）

 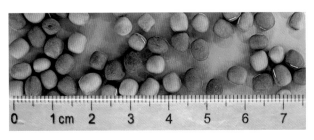

花序　　　　　　　　　　　　　种子

图3-10　333/A 箭筈豌豆

【特征特性】主根明显，根长 25 ~ 30cm，侧根较多，根瘤多且大。茎四棱形、有茸毛、略带紫红，长 50 ~ 102cm，直立性强。幼苗叶全紫色，是区别于其他品种的主要形态特征。羽状复叶、每一复叶有小叶 14 ~ 16 片。幼苗叶片狭长，出苗后 5 天的叶宽 1mm、叶长 2.4cm。花腋生，1 ~ 2 朵，色紫红。荚果狭长 5 ~ 7cm，成熟为浅褐色，每荚有种子 5 ~ 10 粒。种子灰褐色，无斑纹，长圆形，千粒重 55 ~ 75g，属于大粒型品种。刈割再生性强，耐瘠、耐旱及耐寒性强，耐渍性及耐盐碱能力中等。籽实内含 HCN 0.9 ~ 1.8mg/kg，系低毒品种。

【生产表现】中熟品种。适宜西北、东北及华北偏北地区，春播、秋播利用；华北南部及以南地区，秋播、冬春季利用。在河西走廊平川灌区的张掖、武威麦田套种或麦收后复种，鲜草产量 30 ~ 45t/hm²。在甘肃河西地区 3 月下旬春播条件下，生育期 103 ~ 115d，种子产量 2.25 ~ 3t/hm²，最高者可达 4.5t/hm²。盛花期植株干物质含氮（N）2.98%、磷（P）0.67%、钾（K）3.78%；植株干物质含粗蛋白 22.78%、粗脂肪 3.02%、淀粉 8.99%；籽实含粗蛋白 32.40%、粗脂肪 1.34%、淀粉 30.07%。

三、波哥 800 箭筈豌豆（图 3-11）

原产于苏联，由中国农业科学院原西北畜牧兽医研究所引进，原名波高拉津 800。

茎及托叶

复叶及卷须

小叶（正、背面）

花序

种子

图 3-11　波哥 800 箭筈豌豆

【特征特性】主根长 23～35cm。多侧根，主侧根数 30～35 枝。茎紫色，茎长 105～150cm，粗2.4～2.6mm，分枝 12.6～13.0 枝。羽状复叶，每一复叶有小叶 10～14 片，叶长 2.8～3.0cm，叶宽 1.05～1.2cm，叶椭圆形，叶色深绿。茎叶无茸毛，花紫红色。种荚灰褐色，荚果直马刀形，荚长4.5～6cm，单株粒数 45～60 粒。种子褐色有斑纹，脐色乳白，千粒重 57～65g。刈割再生性强，耐寒、耐旱、耐瘠，耐盐碱能力中等，耐渍性弱。

【生产表现】中晚熟品种。适宜西北、东北及华北偏北地区，春播、秋播利用；华北南部及以南地区，秋播、冬春季利用。在南京秋播，全生育期 257 d。在甘肃河西地区 3 月下旬春播条件下，全生育期 105～120d，盛花期鲜草产量 22.5～33t/hm²，种子产量 1.8～3.0t/hm²。盛花期植株干物质含氮（N）3.05%、磷（P）0.22%、钾（K）1.95%；干物质含粗蛋白 19.06%、粗脂肪 2.88%、粗纤维26.57%、无氮浸出物 26.15%、粗灰分 10.34%、有机碳 45.07%。

四、匈牙利箭筈豌豆（图 3-12）

原产于匈牙利，系原陕西省农业科学院引进品种，为 20 世纪 50 年代我国引进较早的箭筈豌豆品种之一。适应性广，抗逆性强，丰产性好。

【特征特性】主根明显，侧根发达，根深 40～45cm，侧根数 40～48 枝。茎呈棱形，略紫红，长

茎及托叶　　　　　　　　　复叶及卷须　　　　　　　　　小叶（背、正面）

花序　　　　　　　　　　　　　种子

图 3-12　匈牙利箭筈豌豆

100～150cm，茎粗 3～3.5mm，匍匐性强，分枝 2.5～5 枝。羽状复叶，叶色深绿，每一复叶有小叶 8～9 对，顶端有卷须。花腋生，每花序 1～2 朵小花，花色紫红。果荚马刀形，长 5～7cm，成熟呈褐黄色，单株荚数 12～25 个，每荚有种子 5～8 粒。种皮灰褐色有斑纹，粒形钝圆，种子千粒重 35～40g。刈割再生性强，耐旱、耐瘠、耐寒性、耐盐碱能力中等，耐渍性弱。

【生产表现】中早熟品种。适宜西北、东北及华北偏北地区，春播、秋播利用；华北南部及以南地区，秋播、冬春季利用。根系发达，苗期早发，茎叶量大。在甘肃河西地区 3 月下旬春播，全生育期 105～110d，盛花期鲜草产量 25～37.5t/hm²，种子产量 1.5～2.25t/hm²。盛花期植株干物质含氮（N）2.61%、磷（P）0.23%、钾（K）1.95%；干物质含粗蛋白 16.30%、粗纤维 32.08%、粗脂肪 1.07%、无氮浸出物 33.19%、粗灰分 8.90%、有机碳 40.69%。

五、春箭筈豌豆（图 3-13）

来源于山西省农业科学院。

【特征特性】主根入土不深，侧根数 25～40 枝。茎呈棱形，长 120～190cm，粗 2～3mm，半匍匐，分枝多。羽状复叶，每一复叶有小叶 4～8 对，盛花期小叶宽大，顶端有卷须。总状花序、蝶形花冠、花粉红色；腋生花，每花序 1～2 朵花，双花率高。果荚较大，扁长，荚长 6～7cm，成熟呈褐黄

茎及托叶　　　复叶及卷须　　　小叶（背、正面）

花序　　　种子

图 3-13　春箭筈豌豆

色，单株荚数 12 ～ 15 个，每荚内含种子 3 ～ 5 粒。种皮黑褐色或浅灰有斑纹，粒形圆，千粒重 40 ～ 60g。早发性好，苗期刈割再生性强，抗寒、抗旱、耐瘠，耐渍性及耐盐碱能力中等，抗虫能力强。

【生产表现】早中熟品种。适宜西北、东北及华北偏北地区，春季利用；华北南部及以南地区，秋播、冬春季利用。在山西春播，出苗后 60 ～ 70d 即进入盛花期，鲜草产量一般在 7.5 ～ 22.5t/hm²，高者能达 37.5t/hm²，全生育期 120 ～ 130 d。在甘肃河西地区 3 月下旬春播，全生育期 100 ～ 105d，盛花期鲜草产量 22.5 ～ 34.5t/hm²，种子产量 1.65 ～ 3t/hm²。盛花期植株干物质含氮（N）2.56%、磷（P）0.23%、钾（K）2.42%，有机碳 42.89%；含粗蛋白 16.00%、粗脂肪 1.19%、粗纤维 31.80%、粗灰分 10.39%。籽实含粗蛋白 30% 以上，出粉率 31% ～ 33%，高于普通豌豆。籽实含 HCN 17.8 ～ 30.4mg/kg，茎叶 HCN 含量低。

六、102 箭筈豌豆（图 3-14）

原产山西省雁北地区，于 20 世纪 60 年代由山西省右玉水土保持试验站引入甘肃种植。

【特征特性】根系发达，主根长 60 ～ 80cm，侧根 20 ～ 25 枝。茎长 90 ～ 110cm，茎粗 2.5 ～

茎及托叶　　　　　　　复叶及卷须　　　　　　　小叶（正、背面）

花序　　　　　　　　　　　　　种子

图 3-14　102 箭筈豌豆

3mm，半匍匐状，分枝 2 ～ 3 个。羽状复叶，每一复叶有小叶 6 ～ 7 对，顶端有卷须，小叶片大。花腋生，花色淡紫红。单株荚数 20 ～ 28 个，每荚有种子 4 ～ 6 粒。果荚扁长，长 4 ～ 5cm，成熟呈灰褐色。种子扁圆形，种皮黄棕色，千粒重约 47g。刈割再生性强、抗旱、耐瘠、耐寒性中等、抗蚜虫能力强。籽实 HCN 约 14mg/kg，宜取其茎叶作绿肥或饲料。

【生产表现】中熟偏迟品种。适宜西北、东北及华北偏北地区，春播、秋播利用；华北南部及以南地区，秋播、冬春季利用。在甘肃河西地区 3 月下旬春播，全生育期为 105 ～ 115d，种子产量 1.5 ～ 2.4t/hm²。麦田套种，9 月下旬鲜草产量 22.5 ～ 42t/hm²。盛花期植株干物质含氮（N）3.08%、磷（P）0.27%、钾（K）2.48%、有机碳 42.23%；含粗蛋白 19.25%、粗脂肪 1.48%、无氮浸出物 30.97%、粗灰分 10.88%。

七、104 野豌豆（图 3-15）

由山西省右玉水土保持试验站引入甘肃河西地区种植。

【特征特性】主根长 33 ～ 40cm，侧根数 37 ～ 42 条。幼苗茎色呈深紫红，成株茎浅绿色，平均

茎及托叶　　　　　　　复叶及卷须　　　　　　　小叶（正、背面）

花序　　　　　　　　　　种子

图 3-15　104 野豌豆

茎长 137.6cm，半匍匐状，分枝 7 ～ 11 个，茎上无茸毛。偶数羽状复叶，复叶有小叶 12 ～ 14 片。叶浅绿色，叶呈长椭圆形，叶长 2.3cm、宽 0.98cm，叶上着生茸毛。花色浅紫红色。单株平均有效荚数 15.8 ～ 20.4 个，单株粒数 45 ～ 60 粒。荚果灰黄色，呈弯马刀形，荚长 4.66cm。种子扁圆，种皮灰色或具黑色斑纹，脐色淡黄，千粒重 55g，刈割再生性强，耐寒、耐旱、耐瘠，耐渍性及耐盐碱能力中等。

【生产表现】中晚熟品种。适宜西北、东北及华北偏北地区，春播、秋播利用；华北南部及以南地区，秋播、冬春季利用。在甘肃河西地区 3 月下旬春播，全生育期 110d 左右，盛花期鲜草产量 35.5 ～ 50.9t/hm²，种子产量 1.5 ～ 2.1t/hm²。盛花期植株干物质含氮（N）3.35%、磷（P）0.42%、钾（K）2.50%，有机碳 49.87%；含粗蛋白 20.94%、粗脂肪 1.69%、粗纤维 26.17%、无氮浸出物 30.19%、粗灰分 10.78%。

八、66-25 箭筈豌豆（图 3-16）

由江苏省农业科学院于 1966 年从南京中山植物园自澳大利亚 CSIRO 引进的箭筈豌豆品种中发现早熟单株，1967 年和 1969 年两年进行混合选择培育，1970 年育成，1972 年以当时引进品种编号定名为 66-25。

【特征特性】主根明显，较粗壮，主根长 30 ～ 50cm；主要侧根有 15 ～ 23 条，侧根长达 22cm，有根瘤。茎有条棱，半匍匐状、易攀缘，深绿色，盛花期茎长 80 ～ 120cm，茎粗 2.7mm；茎基部分枝 5 ～ 10 个，多的达 20 多个。羽状复叶，每一复叶有 8 对左右小叶，小叶宽 7.2mm，叶长是叶宽的 5.9 倍，叶型倒卵形，叶片顶端有卷须。花腋生 1 ～ 2 朵，花冠紫红色。成熟后荚果黑黄色扁长型，荚长 4 ～ 6cm，单株结荚 12 个，每荚有种子 5 ～ 9 粒。种皮青底黑色有粗花纹，千粒重 67 ～ 75g。该品种适应性广，喜温暖，春性较强，在平均气温 6℃ 以上也能通过春化阶段。能耐 –10℃ 低温。耐旱不耐渍，耐瘠性中等，不耐盐碱。

【生产表现】早熟品种。适宜西北、东北及华北偏北地区，春播、秋播利用；华北南部及以南地区，秋播、冬春季利用。在江苏南京秋播，翌年 4 月中旬开花，5 月底至 6 月初种子成熟，盛花期鲜

结荚期　　　　　　　　　　　　　　　种子

图 3-16　66-25 箭筈豌豆

草产量 30t/hm² 以上，种子产量 1.5 ～ 2.25t/hm²，全生育期 230 ～ 240d；2 月中旬春播，5 月上旬盛花，6 月 20 日前后种子成熟，全生育期 90 d。在甘肃省河西绿洲灌区 3 月下旬至 4 月上旬播种，全生育期 98d 左右。盛花期鲜草产量 33.5t/hm²，种子产量 2.8t/hm²；在南方地区秋播，盛花期鲜草产量平均 24.9t/hm²，种子产量平均 2.5t/hm²。干草含氮（N）2.65%、磷（P）0.49%、钾（K）2.27%、粗蛋白 17.0%。籽实 HCN 含量 60mg/kg 以上，高于一般箭筈豌豆品种，需浸泡和蒸煮去除后作饲料或粉丝原料。

九、陇箭 1 号箭筈豌豆（图 3-17）

由原甘肃省农业科学院土壤肥料研究所于 1975 年从新疆箭筈豌豆优良变异株系中选育而成。原系号"75-04"，1985 年经甘肃省认定，定名陇箭 1 号。

【特征特性】根系发达，主根深达 40 ～ 80cm，侧根发达。茎棱形，茎长 80 ～ 130cm，茎粗 3 ～ 4mm，茎基绿紫色，直立性较强。羽状复叶，叶色深绿，每一复叶有小叶 6 ～ 7 对，顶端有卷须；分枝 2 ～ 10 枝。无限花序，腋生，每花序 1 ～ 2 朵花，花色紫红。果荚弯马刀形，长 4 ～ 5cm，成熟后呈黄褐色，单株结荚 20 ～ 102 个，每荚有种子 4 ～ 8 粒。种子粒形钝圆或扁圆，种皮灰麻色，种脐淡

茎及托叶

复叶及卷须

小叶（正、背面）

花序

种子

图 3-17 陇箭 1 号箭筈豌豆

白色，千粒重 46 ～ 75g。刈割再生性强，耐寒性强、耐旱性强、耐渍性中等、耐瘠性强、耐盐碱能力中等。

【生产表现】中早熟品种。适宜西北、东北及华北偏北地区，春播、秋播利用；华北南部及以南地区，秋播、冬春季利用。在甘肃河西地区 3 月下旬春播，全生育期 100d 左右，平均种子产量 2.0t/hm²，比当地品种增产 46.2%；青干草产量 6.0t/hm²，比当地品种增产 34.9%。盛花期植株干物质含氮（N）3.69%、磷（P）0.70%、钾（K）3.03%；含粗蛋白 21.02%、粗脂肪 1.78%、粗纤维 36.43%、无氮浸出物 26.53%。籽实 IICN 含量 33.4mg/kg，茎叶中 HCN 含量仅为 0.335mg/kg。

十、陇箭 2 号箭筈豌豆（图 3-18）

系甘肃省农业科学院土壤肥料与节水农业研究所和中国农业科学院农业资源与农业区划研究所合作，从苏箭 3 号的变异株中系统选育而成。原代号 85-142。2015 年 2 月通过甘肃省农作物品种审定委员会认定登记，证书号：甘认豆 2015002。

【特征特性】直立，近地面分枝。主根长 25 ～ 40cm，侧根较多，主侧根数 20 ～ 30 个。茎棱形，浅绿色，长 120 ～ 150cm，粗 2.5 ～ 3.0mm；分枝 5 ～ 10 枝。羽状复叶，每一复叶有小叶 6 ～ 7 对，

茎及托叶　　　　　　　复叶及卷须　　　　　　　花序

种子

图 3-18　陇箭 2 号箭筈豌豆

叶形椭圆，叶色绿，叶长 2.5 ~ 3.0cm、宽 4 ~ 6mm。花色紫红。种荚浅黄褐色，荚果扁长，荚果长 4.5 ~ 8.0cm，单株粒数 55 ~ 65 粒。种子钝圆，种皮灰褐色，千粒重 60 ~ 75g。

【生产表现】中熟品种。适宜西北、东北及华北偏北地区，春播、秋播利用；华北南部及以南地区，秋播、冬春季利用。甘肃春播，全生育期在 95 ~ 110d。甘肃地区平均种子产量 3.4t/hm²；鲜草产量平均 40.1t/hm²。盛花期茎叶干物质含粗蛋白质 17.93%、全氮 2.87%、粗脂肪 1.31%、粗纤维 31.6%。

十一、苏箭 3 号箭筈豌豆（图 3-19）

由江苏省农业科学院于 1980 年自澳大利亚 CSIRO 引入的 Languedoc 品种中发现早熟旺盛单株经系统选育而成，原代号 80-142，1985 年定名为苏箭 3 号。

【特征特性】根系发达，主根长 25 ~ 40cm，侧根较多，主侧根数 20 ~ 30 个。茎呈棱形，浅绿色，长 120 ~ 150cm，粗 2.5 ~ 3.0mm；分枝 5 ~ 10 枝。羽状复叶，每一复叶有小叶 6 ~ 7 对，叶形椭圆，叶色绿，叶长 2.5 ~ 3.0cm、宽 4 ~ 6mm。花色紫红。种荚浅黄褐色，荚果扁长，荚果长 4.5 ~ 8.0cm，单株粒数 55 ~ 65 粒。种子钝圆饱满，色黑褐有纹丝，脐灰褐色，粒型较小，千粒重 50 ~ 55g。春发早，刈割再生性强、耐寒性强、耐旱性强、耐渍性中等、耐瘠性强、耐盐碱能力中等、

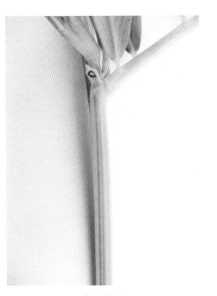

茎及托叶

复叶及卷须

小叶（背、正面）

花序

种子

图 3-19 苏箭 3 号箭筈豌豆

抗病性较好。

【生产表现】早熟品种。适宜西北、东北及华北偏北地区，春播、秋播利用；华北南部及以南地区，秋播、冬春季利用。在江苏南京区域性试验，鲜草产量 42～45t/hm²，种子产量 0.9～2.8t/hm²，鲜草产量和种子产量均高于 66-25 和大荚箭筈豌豆。在甘肃河西地区，3 月下旬春播，全生育期 90～100d，盛花期鲜草 45～60t/hm²，种子产量 2.25～3.9t/hm²。秋季麦田套种，9 月中下旬盛花，花期较其他品种早 5～10d。盛花期茎叶干物质含氮（N）3.39%、磷（P）0.25%、钾（K）2.16%，含粗蛋白 21.19%、粗脂肪 1.48%、淀粉 8.99%、水分 12.43%。籽实含蛋白质 23.85%、粗脂肪 1.34%、淀粉 30.07%。籽实 HCN 含量 31.6 mg/kg。

十二、苏箭 4 号箭筈豌豆（图 3-20）

是江苏省农业科学院从 333A 箭筈豌豆与大荚箭筈豌豆杂交后代中选育出的新品种，原编号 649。

【特征特性】主根长 25～35cm，多侧根，主侧根数 30～40 条。茎棱形，深绿色，茎长 85～130cm，半匍匐，分枝 10～15 枝。复叶有小叶 14～16 片；苗期叶型窄，紫色，后期生长旺；叶色淡绿，小叶长椭圆形，叶长 2.6～3.0cm、宽 2.5～2.8mm。花冠浅紫红色。荚果灰黄色，直马刀形，

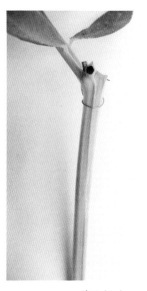

茎及托叶

复叶及卷须

小叶（背、正面）

花序

种子

图 3-20　苏箭 4 号箭筈豌豆

单株粒数 50 ～ 65 粒。种子扁圆，种皮深麻色有浅褐色斑纹，脐白色，有别于其他品种；种子千粒重 45 ～ 65g。抗旱、耐寒、耐瘠，耐盐碱能力中等，耐渍性弱。

【生产表现】早熟品种。适宜西北、东北及华北偏北地区，春播、秋播利用；华北南部及以南地区，秋播、冬春季利用。在江苏南京种植，鲜草产量平均 37t/hm²，6 月初种子成熟，种子产量 0.63t/hm²。在甘肃河西地区 3 月下旬春播，全生育期 95 ～ 105d，盛花期鲜草产量 30 ～ 50t/hm²，种子产量 2.1 ～ 3.15t/hm²。盛花期干物质含氮（N）3.93%、磷（P）0.33%、钾（K）2.70%，有机碳 45.54%；含粗蛋白 24.56%、粗脂肪 1.17%、粗纤维 23.80%、无氮浸出物 29.91%、粗灰分 12.14%。

十三、西牧 326 箭筈豌豆（图 3-21）

由中国农业科学院原西北畜牧兽医研究所从国外引进，20 世纪 60 年代引入甘肃种植。

【特征特性】根系较发达，主根入土深度 30 ～ 45cm，主侧根数 40 ～ 48 条。茎略呈棱形状，茎色浅紫红，长 120 ～ 160cm，茎粗 3 ～ 3.5mm。羽状复叶，每叶有小叶 6 ～ 8 对，小叶短宽，轴叶顶

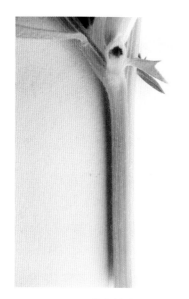
茎及托叶

复叶及卷须

小叶（正、背面）

腋生花序

种子

图 3-21　西牧 326 箭筈豌豆

端有卷须。花冠紫红，双花率高。荚扁长，长 5 ～ 8cm、宽 6 ～ 7mm，成熟荚灰褐色，每荚内含种子 5 ～ 8 粒。种子钝圆形，种皮褐色有斑纹，千粒重 60 ～ 65g。刈割再生性强，耐旱、耐瘠、耐寒性、耐盐碱能力中等，耐渍性弱。

【生产表现】迟熟品种。适宜西北、东北及华北偏北地区，春播、秋播利用；华北南部及以南地区，秋播、冬春季利用。在甘肃河西地区 3 月下旬春播，全生育期 100 ～ 110d，盛花期鲜草产量 22.5 ～ 27.0t/hm²，种子产量 1.44 ～ 1.80t/hm²。盛花期植株干物质含氮（N）2.70%、磷（P）0.28%、钾（K）2.14%；含粗蛋白 16.88%、粗脂肪 1.10%、粗纤维 29.71%、无氮浸出物 37.45%。籽实 HCN 含量 19.9 mg/kg。

十四、西牧 333 箭筈豌豆（图 3-22）

因引入单位不同，国内名称有 333、西牧 333、日本 333 等多种。原产地为日本，引种编号日本 333，系我国推广应用最早的箭筈豌豆品种之一。

【特征特性】主根明显，入土深度 40 ～ 50cm，主侧根数 40 ～ 60 条。茎圆柱形有棱，茎长 110 ～ 120cm，茎色浅紫红，单株分枝 3.0 ～ 5.0 个。羽状复叶，叶轴顶端有卷须，攀缘性强，每叶有小叶

| 茎及托叶 | 复叶及卷须 | 小叶（背、正面） |

花序　　　　　　　　　　种子

图 3-22　西牧 333 箭筈豌豆

6～8 对，叶色深绿，小叶长 2.5～3.5cm、宽 5～6mm。花冠紫红色，双花率高。荚扁长 5.0～6.5cm，成熟荚灰褐色，每荚内含种子 5～8 粒。种子钝圆形，种皮灰棕麻有斑纹，千粒重 50～60g。早发性、刈割再生性强、耐旱、耐瘠、耐寒性及耐盐碱能力中等。

【生产表现】中熟品种。适宜西北、东北及华北偏北地区，春播、秋播利用；华北南部及以南地区，秋播、冬春季利用。在甘肃河西地区 3 月下旬春播，全生育期 95～105d，盛花期鲜草产量 30～37.5t/hm²，种子产量 1.35～1.65t/hm²。盛花期植株干物质含氮（N）3.36%、磷（P）0.31%、钾（K）2.25%；饲料营养成分为：粗蛋白 21.00%、粗脂肪 1.17%、粗纤维 27.81%、无氮浸出物 33.08%。籽实 HCN 含量 18.2 mg/kg。

十五、兰箭 1 号箭筈豌豆（图 3-23）

原始材料由位于叙利亚的国际干旱农业研究中心（ICARDA）1994 年从葡萄牙引进并初步筛选，编号为 2556。1997 年兰州大学从 ICARDA 引进，采用单株选择与混合选择相结合的方法进行选育而成。2014 年通过甘肃省认定，登记证号 GCS011。

【特征特性】株高 90～120cm。主根发达，入土深 40～60cm，苗期侧根 20～35 条，根灰白色。茎圆柱形、有棱、中空，基部紫色。羽状对生复叶，小叶 5～6 对，条形、先端截形；盛花期叶的长、宽比约为 3:1，叶轴顶部具有分枝的卷须。蝶形花，紫红色。荚果条形，内含种子 3～5 粒。种子近扁圆形，黄绿色带褐色斑纹，千粒重约 75g。抗寒、耐瘠、耐旱，适生范围广，在 3 000m 以下的高山

茎及托叶

复叶

小花

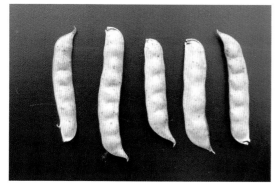
荚果

种子

图 3-23 兰箭 1 号箭筈豌豆

地区可以完成生育周期。

【生产表现】适宜西北、东北及华北偏北地区，春播、秋播利用；华北南部及以南地区，秋播、冬春季利用。甘肃地区全生育期 107～115d，平均鲜草产量 19.5t/hm²、种子产量 1.4t/hm²。尤其适合与燕麦混播，较单播可使干草总产量至少增产 18%。盛花期茎粗蛋白质 21.06%、粗脂肪 1.15%、磷（P）0.23%、钙（Ca）2.45%、粗纤维 17.86%、粗灰分 9.62%、无氮浸出物 50.32%。

十六、兰箭 2 号箭筈豌豆（图 3-24）

原始亲本由位于叙利亚的国际干旱农业研究中心（ICARDA）于 1994 年从西班牙引进并初步选育，命名品系为 2560。兰州大学 1997 年自 ICARDA 引进，单株选择与混合选择相结合进行选育。2015 年通过国家审定，登记证号：482。

【特征特性】株高 70～100cm。主根发达，深 30～50cm，苗期侧根 20～30 条，根灰白色。茎圆柱形、有棱、中空，基部紫色。羽状对生复叶，小叶 4～5 对，条形，先端截形；盛花期叶长、宽比约为 4:1，叶轴顶部具有分枝的卷须。蝶形花，紫红色。荚果条形，内含种子 3～5 粒，种子成熟后不开裂。种子近扁圆形，种子群体杂色，为灰绿色无斑纹，灰褐色带黑色斑纹和黑色无斑纹个体之混合，千粒重 75.5g。抗寒、耐瘠。

【生产表现】适宜西北、东北及华北偏北地区，春播、秋播利用；华北南部及以南地区，秋播、冬春季利用。甘肃地区全生育期 99～107d，平均鲜草产量为 16.5t/hm²、种子产量为 1.5t/hm²，可在青藏高原海拔 3 500m 及以下地区生产种子。盛花期干物质粗蛋白质 21.8%、粗脂肪 13%、粗纤维 20.6%、粗灰分 9.6%、钙（Ca）1.20%、磷（P）0.31%。

茎及托叶

复叶及卷须

小花

荚果

种子

图 3-24 兰箭 2 号箭筈豌豆

十七、兰箭 3 号箭筈豌豆（图 3-25）

原始亲本由位于叙利亚的国际干旱农业研究中心（ICARDA）于 1994 年从阿尔及利亚引进并初步选育，命名品系为 2505。1997 年兰州大学从 ICARDA 引进，单株选择与混合选择相结合进行选育。2011 年通过国家审定，登记证号：441。

【特征特性】株高 60 ～ 100cm，因气候而异。主根发达，入土深 40 ～ 60cm，苗期侧根 20 ～ 35 条，根灰白色。茎圆柱形、有棱、中空，基部紫色。羽状对生复叶，小叶 5 ～ 6 对，条形、先端截形；盛花期叶的长、宽比约为 4∶1，叶轴顶部具有分枝的卷须。蝶形花，紫红色。荚果条形，内含种子 3 ～ 5 粒。种子近扁圆形，灰褐色带黑色斑，千粒重 75.5g。早熟，耐旱、抗寒、耐瘠，适生范围广，在 3 100m 以下的草地和高原农区均能良好生长，并能完成生育周期。

【生产表现】早熟、种子产量高。适宜西北、东北及华北偏北地区，春播、秋播利用；华北南部及以南地区，秋播、冬春季利用。在海拔 3 000m 的甘肃省甘南藏族自治州夏河县，连续多年测定表明平均生育期为 92 ～ 100d，平均鲜草产量 14.1t/hm²、种子产量 2.0t/hm²。花期干草含粗蛋白质 21.47%、粗脂肪 0.94%、磷（P）0.28%、钙（Ca）2.50%、粗纤维 18.7%、粗灰分 10.47%、无氮浸出物 48.43%。

小花　　　　　　　　　　荚果　　　　　　　　　　种子

图 3-25　兰箭 3 号箭筈豌豆

第四章
夏季及热带豆科绿肥

第一节 田 菁

　　田菁，豆科（Fabaceae）田菁属（*Sesbania*），多为草本、灌木，少有小乔木，一年生或多年生植物，又称碱菁、涝豆等，是典型的传统夏季绿肥和改良盐碱地的先锋绿肥作物。全世界的田菁属植物约有 50 种，其中最主要的种类有 20 余种，广泛分布于东半球的热带至亚热带地区。我国引种栽培田菁以福建、台湾、广东最早，后发展到江苏、山东、河北、山西、河南和辽宁等地，分布最为广泛的田菁栽培种是普通田菁。

一、田菁特征特性

（一）植物学特征

1. 根、茎、叶（图 4-1、图 4-2）

　　一年生或多年生草本、灌木或小乔木状草本，株高 1 ～ 4.5m，株高与种类及熟期有关。根系发达，侧根多且发达；结瘤多，一般着生在主根和侧根交界处。茎直立，圆柱形，绿色，有时带褐色或红色，微披白粉，有不明显淡绿色线纹。幼枝疏被白色茸毛，后秃净平滑，部分种类有细弱刺。茎基部有多数不定根。淹水后茎基部形成通气的海绵组织，在接近水面出现水生根，并能结瘤和固氮。

　　偶数羽状复叶，叶轴长 15 ～ 25cm，叶柄及叶轴上面具沟槽，幼时疏被茸毛，后几无毛。小叶 10 ～ 40 对，对生或近对生，不同的种类差异较大；线状矩圆形，全缘，长 10 ～ 50mm、宽 2 ～ 10mm，位于叶轴两端者较短小；叶面无毛，叶背幼时疏被茸毛，后秃净，两面被紫色小腺点，下面尤密。小叶柄长约 1mm，疏被毛。托叶钻形，短于或几等于小叶柄。

图 4-1　田菁根系

图 4-2　田菁茎（青茎、红茎）、复叶

2. 花、荚果与种子（图 4-3）

总状花序，腋生或顶生，长 3 ～ 10cm，具 2 ～ 6 朵花，疏松排列。花梗纤细，下垂，疏被茸毛。苞片线状披针形，小苞片 2 枚。花萼斜钟状，长 3 ～ 4mm，无毛；萼齿短三角形，先端锐齿。花冠黄色。旗瓣横椭圆形至近圆形，长 9 ～ 10mm，先端微凹至圆形，基部近圆形，上有紫斑或无，瓣柄长约 2mm。翼瓣倒卵状长圆形，与旗瓣近等长，宽约 3.5mm，基部具短耳，中部具较深色的斑块。龙骨瓣较翼瓣短，三角状阔卵形，长宽近相等，瓣柄长约 4.5mm。

荚果圆柱形，细长，长 10 ～ 20cm、直径 2.5 ～ 3.5mm，微弯，外面具黑褐色斑纹，喙尖、长 5 ～ 10mm。每荚有种子 20 ～ 35 粒。种子短圆矩形、近方形或近球形，长约 4mm、直径 2 ～ 3mm，种皮绿褐色、褐色、淡青色或上有黑色斑纹，种子千粒重 12 ～ 18g。

花序   结荚期

荚果   种子

图 4-3 田菁花序、荚果、种子

（二）生物学特性

1. 光照、温度需求

田菁为短日照植物，对光照的反应较敏感。南方品种引入北方种植，表现为营养生长旺盛而生殖生长推迟。幼苗期耐阴性不强，如光照太弱，幼苗生长受到抑制，植株纤弱。随着生育期的推进，耐阴性逐渐增强。

种子发芽最适温度 15 ～ 25℃。当气温低于 12℃时，种子发芽缓慢。生长最适温度为 20 ～ 30℃，当气温在 25℃以上时，生长最为迅速；气温降至 12℃以下，则生长缓慢，遇霜冻则叶片凋萎而逐渐死亡。

2. 水分需求

种子发芽及生长期需要较多的水分，种子吸水量为其自身重量的 1.2 ～ 1.5 倍。生长过程的蒸腾耗水量大，据在山东禹城观察，生长 40d 左右的田菁，每天每株耗水约 21mL，高于玉米耗水 2 倍以上。幼苗期的抗旱能力较差，在干旱情况下，生长缓慢。当苗龄超过 40d 以上，根系深入土壤，则抗旱能力逐渐增强。田菁原产于低洼潮湿地区，耐涝性强。受淹茎部形成通气的海绵组织，在接近水面处长出水生根，以适应淹水环境。苗期受水淹时，只要不没过顶部，仍可成活；到生长后期，即使是淹水 1 个月以上，仍然正常生长。

3. 土壤条件要求

田菁根瘤多、固氮能力强，耐瘠薄。对土壤要求不严，在盐碱地、砂性土、黄泥土、河淤土或滨海滩地均能生长良好。适宜土壤 pH 值 5.8 ～ 7.5，在土壤 pH 值 5.5 ～ 9.0 范围内能正常生长。耐盐是田菁重要的特性。耐盐能力随着苗龄的增长而增强，苗期能耐 0.25% ～ 0.30% 的土壤全盐含量，40d 苗龄能耐 0.35%、花期能耐 0.4% 的全盐含量。一般情况下，土壤耕层全盐含量在 0.5% 左右时可以立苗，全盐含量在 0.3% 时生长良好。

二、田菁种植与利用

（一）种植模式

1. 麦后、菜后复种

夏播田菁，生长 70d 左右，鲜草产量能达 15 ～ 22.5t/hm²。在江苏北部、河南、河北、山东、天津和北京等地低洼盐碱地区，多采用麦后复种模式。蔬菜大棚夏休闲时，田菁是良好的复种作物。收麦、收菜后，提早播种是保证鲜草产量的有效措施。

2. 间作

玉米、棉花等作物，可套种或间作田菁。玉米、棉花可采用大宽窄行方式，大行距宜 1.0 ～ 1.2m。掌握好合理的田菁套播期，是提高玉米、棉花产量的关键。玉米间作田菁，7 月上中旬播种比较适宜，控制田菁植株高度在玉米授粉前低于玉米果穗；棉田应在田菁超过棉株高度时及时翻压。

3. 盐碱地种植

种植翻压田菁，是改良沿海滩涂及其他盐碱地区土壤的快速手段。田菁耐盐碱、生物量大，生长期间枝叶繁茂，能减少土壤水分蒸发，防止返盐；翻压田菁后，增加土壤有机物质投入量，在耕作层形成有机物隔离层，可有效阻滞盐分上移。

（二）利用方式

1. 绿肥

田菁固氮能力强，在其生长 40d 以后就开始大量固氮；速生性好，是优良的夏季绿肥种类。田菁器官以及生育期不同，其养分含量有明显的差异。据广东省农业科学院测定，叶片含氮磷量最高，根次之，茎秆含氮磷量最低但含钾量最高；盛花期全株干物质含碳（C）44.39%、氮（N）2.23%、磷（P）0.21%。种植和利用田菁做绿肥，土壤有机质含量和品质得到提高，土壤团聚体含量和孔隙度增加。田菁有很强的耐盐、耐涝、耐瘠能力，生长迅速、适应性广、抗逆性强，是改良土壤的先锋作物，尤其是在滨海地区普遍应用。

2. 饲料

田菁幼嫩茎叶营养丰富，是优质的畜禽饲料。田菁用作饲料，有青贮或制作干草及草颗粒等形式，一般将其与玉米青茎秆混合进行。据日本研究，田菁作为饲料的营养价值，在播种后生长 70d 的植株，其蛋白质产量与紫花苜蓿第一茬盛花期相当；106d 的蛋白质产量同多花黑麦草第一茬抽穗期相当。

3. 蜜源及原料（图 4-4）

田菁花期长，可用作蜜源植物。20 世纪 70 年代中期，发现从田菁种子中可分离提取田菁胶。田菁胶是一种天然多糖类高分子植物胶，主要成分为 D- 半乳糖和 D- 甘露糖。田菁胶溶于水中形成水溶性亲水胶，可用做食品的乳化剂、增稠剂和稳定剂。替代瓜尔胶，配制成水基压裂液能增加含石油地层的渗透性，提高油井产油量。成熟后的田菁茎，木质化程度高，可用于加工生物炭。

图 4-4　田菁综合利用（左：蜂蜜；右：茎叶加工的草颗粒及生物炭）

三、田菁种质资源概况

《中国植物志》收录我国田菁属有 5 个种、1 个变种（元江田菁），其中 2 个种为引进栽培。《中国绿肥》记录田菁种类有：普通田菁（*Sesbania cannabina*）、多刺田菁（刺田菁）（*Sesbania bispinosa*）、埃及田菁（印度田菁）（*Sesbania sesban*）、沼生田菁（*Sesbania javanica*）、大花田菁（木田菁）（*Sesbania grandiflora*）、美丽田菁（*Sesbania speciosa*）。

在 20 世纪 80 年代后期，我国收集引进的田菁品种（系）有 56 个，经整理归并后有 47 个，其中以普通田菁最多（表 4-1）。依生育期长短和植株形态，普通田菁大致分为早、中、晚熟 3 种熟型，低、中、高 3 种株型；从茎皮、枝条颜色上区分为青茎（白茎）与红茎两类。

表 4-1　我国收集的田菁种质资源名录及分类种归类

生物种	熟期	株型	种质名录
普通田菁	早熟	中等偏矮	花籽田菁，泸早田菁，庆丰田菁，泸选田菁，丰收田菁，上海早熟田菁，京选 1 号，盐选 5 号，苏农 8 号，德农 9 号，山东惠民田菁，北农 9 号，淮阴田菁，宁河 1 号，辽宁 1 号，辽菁 2 号，淮北田菁，封丘田菁，阜城早田菁，河南田菁，盐城 73-36，豫 7701，鲁菁 6 号
	中晚熟	高大	海南田菁，台湾田菁，青茎田菁，中南田菁，湖北田菁，华东田菁，大膨青，江西白茎田菁，上海多枝田菁，溪泉头田菁，宁德 9 号，海南红茎田菁，阜城晚田菁，川 78-1，福清田菁，睢宁田菁，如东田菁，成胡 9 号，江 73-24，定海田菁，田选 10 号，鲁菁 1 号，鲁菁 2 号，鲁菁 5 号
刺田菁	中晚熟	高大	印尼多刺田菁，几内亚田菁，红秆有刺田菁，惠东野田菁，南宁田菁
美丽田菁	晚熟	高大	广西大田菁，印度大田菁
毛萼田菁	晚熟	高大	毛里塔尼亚田菁
沼生田菁	中熟偏晚	高大	三亚田菁，三亚野生田菁
大花田菁	晚熟、极晚熟	小乔木、灌木	海南大花田菁，海南木田菁，云南大花田菁

早熟矮株型（部分中株型）品种，生育期较短，开花早，花荚期长；一般在齐苗后 40 ～ 50 d 现蕾，45 ～ 55 d 始花，60 ～ 70 d 盛花，全生育期多为 100 ～ 130 d；株型矮小，主茎高度多在 200 cm 以

下，茎细弱，茎节和复叶柄数较少，叶片少而疏。

中熟高株型品种，熟期适中，齐苗后至现蕾需 70d 以上，至盛花需 100d 左右，全生育期多为 140～160d；营养生长期与生殖生长期在一段时间内重叠，因此株型高大，主茎高度在 300cm 以上，茎粗壮，茎节、分枝数及小叶柄数也较多，小叶较大。

晚熟高株型品种，生育期长，全生育期多在 200d 以上，较短的也在 180d 以上，开花晚、花期短；株型高大，主茎高度在 350cm 以上，个别品种能达 400cm，叶片厚大，分枝少；花荚期晚，种子产量较低，有的品种留种困难。

20 世纪 80 年代中期，广东省农业科学院通过 4 年的田菁种质资源田间观察和鉴定研究，综合供肥、改土、工业原料利用等方面的性状，提出适宜在国内各地推广应用的田菁优良品种 20 个（表 4-2）。

表 4-2　优良田菁品种及其性状优点

生物种	熟期与株型	品种名称	性状优点
普通田菁	早熟矮株型	泸早田菁，丰收田菁，庆丰田菁，京选 1 号，苏农 8 号	前期生长快，茎叶柔嫩，养分含量均衡
	早熟中矮株型	北农 9 号，德农 9 号，上海早熟田菁	鲜草产量和养分含量高，种子产量稳定，种子内胚乳比例及胶液黏度较高
	中熟高株型	大膨青，上海多枝田菁，海南田菁，台湾田菁，中南田菁，湖北田菁，宁德 9 号	鲜草产量高，熟期适中，种子产量较稳定，种子内胚乳比例及胶液黏度较高，经济价值高
沼生田菁	中熟高株型	三亚田菁	茎节数、小叶数和结荚数多，鲜草及种子产量高，质量好
刺田菁	中晚熟高株型	印尼多刺田菁，几内亚田菁，南宁田菁，惠东野田菁	茎粗、节密、分枝多、小叶多且大，结荚数多，绿肥鲜草产量高，肥效好，种子内胚乳比例及胶液黏度较高

四、田菁主要品种

（一）庆丰田菁（图 4-5）

普通田菁种类。北京市地方品种。

【特征特性】根系较发达。株型较矮，株高 180cm 左右，茎直立、青绿色、无茸毛。羽状复叶，小叶 30～60 片，呈条状矩圆形；叶色深绿，初生叶有茸毛，长大后无茸毛。总状花序，由 4～6 朵小花疏松构成，花冠浅黄色，上有紫褐色斑点。果荚圆柱形；种子圆形，种皮绿褐色或深褐色，千粒重 15g 左右。耐瘠，抗寒，耐盐碱，耐酸性较强。

【生产表现】早熟类型。在广东广州种植，一般鲜草产量为 22.5t/hm² 左右，种子产量为 930kg/hm² 左右。在安徽合肥观察，5 月上旬播种，分枝期在 6 月初，初花期在 7 月中下旬，盛花期在 8 月上旬，果荚成熟期在 9 月中下旬。据广东省农业科学院测定，盛花期植株干物质含氮（N）2.12%、磷（P）0.28%、钾（K）0.61%。

复叶　　　　　　　　　　茎　　　　　　　　　　花序

种子

图 4-5　庆丰田菁

（二）丰收田菁（图 4-6）

普通田菁种类。北京市地方品种。

【特征特性】根系较发达。株型较矮，一般株高 160cm 左右，茎直立、青绿色、无茸毛。羽状复叶，小叶 30 ～ 60 片，呈条状矩圆形，叶片光滑，叶色深绿。总状花序，由 3 ～ 6 朵小花疏松构成，花冠浅黄色、带少许紫色斑。果荚圆柱形；种子矩圆形，种皮深褐色，千粒重 15g 左右。耐瘠、耐湿、耐盐碱。

【生产表现】早熟类型，在广东广州种植，平均鲜草产量 16t/hm² 左右，种子产量为 990kg/hm² 左右。在安徽合肥观察，5 月上旬播种，分枝期在 6 月上旬，初花期在 6 月下旬，盛花期在 7 月下旬，果荚成熟期在 8 月底至 9 月初。据广东省农业科学院测定，盛花期植株干物质含氮（N）2.94%、磷（P）0.32%、钾（K）0.83%。

（三）花籽田菁（图 4-7）

普通田菁种类。福建省地方品种。

【特征特性】根系较发达。株型较矮，一般株高 150cm，茎直立粗壮、绿色、无茸毛，花期后茎颜色变紫红，分枝较少。羽状复叶，小叶 30 ～ 60 片，呈条状矩圆形，无茸毛，叶深绿色。总状花序，由 3 ～ 6 朵小花疏松构成，花冠浅黄色。果荚圆柱形；种子矩圆形，种皮深褐色，有明显花纹，千粒重 13g 左右。种子田菁胶含量高。耐瘠、耐湿、耐盐碱，抗病，再生能力弱。

【生产表现】早熟类型。在广东广州种植，平均鲜草产量 11.25t/hm² 左右，种子产量为 650kg/hm²

复叶　　　　　　　　　　茎　　　　　　　　　　花序

种子

图 4-6　丰收田菁

复叶　　　　　　　　　　茎　　　　　　　　　花荚期

种子

图 4-7　花籽田菁

左右。在安徽合肥观察，5月上旬播种，分枝期在6月上旬，分枝较多，初花期在8月中旬，盛花期在9月上中旬，果荚成熟期在10月上中旬。据广东省农业科学院测定，盛花期植株干物质含氮（N）2.08%、磷（P）0.30%、钾（K）0.74%。

（四）青茎田菁（图4-8）

普通田菁种类。广东省地方品种。

【特征特性】根系发达。株型高大，株高可达400cm。茎直立，有细密条纹，青绿色，有稀疏短茸毛，分枝多。羽状复叶，初生叶有茸毛，长大后无茸毛，有小叶40～80片，呈条状矩圆形，叶深绿色。总状花序，有3～6朵小花，花浅黄色。果荚圆柱形；种子扁矩形，种皮褐红色，种脐色较淡，千粒重15.0g左右。抗旱，耐阴，耐瘠，耐湿，耐酸，耐盐碱，再生性强。

【生产表现】中熟类型。苗期生长快。在广东广州种植，平均鲜草产量48t/hm^{2}左右，种子产量为2t/hm^{2}左右。在安徽合肥观察，5月上旬播种，分枝期在6月上旬，初花期在9月上旬，盛花期在9月下旬，果荚成熟期在11月初。据广东省农业科学院测定，盛花期植株干物质含氮（N）1.28%、磷（P）0.18%、钾（K）0.28%。

复叶	茎	花序

种子

图4-8　青茎田菁

（五）海南田菁（图4-9）

普通田菁种类。海南省地方品种。

【特征特性】株型高大，一般株高4m左右。茎圆柱形、青绿色、光滑；分枝较多。羽状复叶，小叶40～80片对生，小叶条状矩圆形，无茸毛，绿色。总状花序，由4～6朵小花疏松构成；花梗腋生，花色淡黄。荚果圆柱形，成熟时为褐色。种子矩圆形，种皮褐红色，千粒重为15g左右，硬籽率较高。苗期生长快，抗旱、耐瘠、耐湿、耐酸、耐阴，再生能力较强。

【生产表现】中熟类型。在广东广州种植，平均鲜草产量45t/hm²左右，种子产量为1.2t/hm²左右。在安徽合肥观察，5月上旬播种，6月上旬分枝期，9月中旬初花期，10月上旬盛花期，11月上旬果荚成熟。据广东省农业科学院测定，盛花期植株干物质含氮（N）1.95%、磷（P）0.26%、钾（K）0.37%。

复叶　　　　　　　　　　茎　　　　　　　　　　花序

种子

图4-9　海南田菁

（六）中南田菁（图4-10）

普通田菁种类。湖北省地方品种。

【特征特性】株型高大，株高 3.8m 左右。茎直立，青绿色，有细条纹，无茸毛；分枝多。羽状复叶，小叶 40～80 片，呈条状矩圆形；初生叶有茸毛，长大后无茸毛；叶色深绿。总状花序，每花序由 3～6 朵小花疏松构成，花冠黄色。果荚为圆柱形；种子矩圆形，种皮褐红色，千粒重 15g 左右，种子硬籽较高。苗期生长快，抗旱、耐瘠、耐酸、耐湿、耐阴、抗虫能力强，再生能力强。

【生产表现】晚熟类型。在广东广州种植，平均鲜草产量 52.5t/hm² 左右，种子产量 1.7t/hm² 左右。在安徽合肥观察，5 月上旬播种，分枝期在 6 月中旬，初花期在 9 月初，盛花期在 9 月中下旬，果荚成熟期在 10 月底。据广东省农业科学院测定，盛花期植株干物质含氮（N）1.63%、磷（P）0.24%、钾（K）0.45%。

| 复叶 | 茎 | 花序 |

种子

图 4-10 中南田菁

（七）大彭青田菁（图 4-11）

普通田菁种类。广东省地方品种。

【特征特性】株型高大，株高 3.9m 左右。茎直立，青绿色，无茸毛；分枝多。羽状复叶，小叶 40～80 片；初生叶有茸毛，长大后无茸毛，条状矩圆形，叶色深绿。总状花序，有 3～6 朵小花，花冠浅黄色。果荚圆柱形；种子扁矩形，种皮红褐色，千粒重 16g 左右，种子硬籽率较高，其田菁胶含量较高。抗旱、耐瘠、耐湿、耐阴、耐酸、耐盐碱，抗虫能力强，再生能力强。

【生产表现】晚熟类型，在广东广州种植，平均鲜草产量 55t/hm² 左右，种子产量为 1.2t/hm² 左右。在安徽合肥观察，5 月上旬播种，分枝期在 6 月上旬，初花期在 8 月末，盛花期在 9 月下旬，果荚成熟期在 10 月底。据广东省农业科学院测定，盛花期植株干物质含氮（N）2.83%、磷（P）0.24%、钾（K）0.66%。

| 茎 | 花序 | 种子 |

图 4-11　大彭青田菁

（八）红茎有刺田菁（图 4-12）

刺田菁种类。来源地不明。

【特征特性】株型高大，株高 2.5m 以上。茎粗壮，直立，紫红色。在分枝与叶轴间有短刺状的小突起。分枝节位较低，分枝数及茎节数较多。羽状复叶，深绿色，小叶数多，呈条状矩圆形，光滑，有长叶柄，叶柄基部带淡紫红色；小叶底部中脉有小突起。总状花序，有 3～6 朵小花、疏松排列，花深黄色，带有紫红色细斑点。果荚为圆柱形；种子扁矩圆形，种皮深褐色，千粒重 13.6g 左右。抗旱、耐瘠、耐酸，抗虫能力强。

【生产表现】晚熟类型，花荚期短，种子产量不高。在安徽合肥观察，5 月上旬播种，分枝期在 6 月上旬左右，初花期在 8 月中下旬，盛花期在 9 月底至 10 月初，果荚成熟期在 11 月初。生育期在 200d 以上，鲜草产量 35t/hm² 左右，种子产量为 1.3t/hm² 左右。

| 复叶 | 茎 | 花序 |

种子

图 4-12　红茎有刺田菁

（九）鲁菁1号田菁（图4-13）

普通田菁种类。由山东省农业科学院经系统选育法选育而成，亲本为山东东营野生居群，2014年通过山东省认定，证书号：030。

【特征特性】直根系，根系发达，固氮能力强。淹水情况下可形成海绵状组织和不定根，也可着生根瘤。茎直立，高2～2.5m，粗1～3cm，多分枝，茎基部常木质化。偶数羽状复叶，叶片长15～30cm；小叶20～40对，矩圆形，叶柄长7～12cm，小叶对光敏感，有昼开夜合和向光习性。总状花序腋生，着花2～6朵，黄色。荚果长15～20cm、宽3～4mm，成熟时易爆裂，每荚有种子18～30粒。种子矩圆形，青褐色或黄绿色，千粒重12.8g。

【生产表现】中熟类型。抗逆性强，特别是具有耐盐、耐涝、耐瘠等特性，含盐量0.6%以下的滨海盐碱地可正常生长。在黄淮地区生育期130～140d，山东6月上旬播种，5～10d出苗，7月上旬分枝期，8月下旬盛花期，10月中下旬成熟。盛花期生物产量71.2t/hm²，种子产量1.3～1.5t/hm²。

旺长期

花序

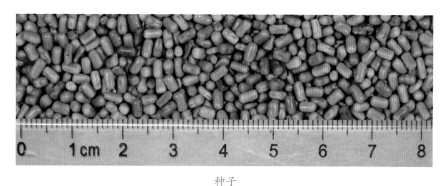

种子

图4-13 鲁菁1号田菁

（十）鲁菁2号田菁（图4-14）

普通田菁种类。由山东省农业科学院经系统选育法选育而成，亲本为山东东营野生居群，2014年通过山东省认定，证书号：040。

【特征特性】直根系，根系发达，固氮能力强。淹水情况下可形成海绵状组织和不定根，也可着生根瘤。茎直立，高3～4m，粗1～3cm，多分枝，茎基部常木质化。偶数羽状复叶，叶片长15～30cm；小叶20～40对，矩圆形，叶柄长7～12cm，小叶对光敏感，有昼开夜合和向光习性。总状花序腋生，着花2～6朵，黄色。荚果长15～22cm、宽3～4mm，成熟时易爆裂，每荚有种子18～30粒。种子矩圆形，青褐色或黄绿色，千粒重13.1g。

【生产表现】中晚熟类型，生长迅速，抗逆性强，特别是具有耐盐、耐涝、耐瘠等特性，含盐量0.6%以下的滨海盐碱地可正常生长。在黄淮地区生育期150～160d，山东6月上旬播种，5～10d出苗，7月上旬分枝期，9月上旬盛花期，10月下旬成熟。盛花期生物产量81.4t/hm^2，种子产量1.3～1.6t/hm^2。

（十一）鲁菁6号田菁（图4-15）

普通田菁种类。由山东省农业科学院经多次单株选育法选育而成，亲本为鲁菁1号的诱变单株。

【特征特性】直根系，根系发达，固氮能力强。茎直立，高2～2.5m，粗1～2cm，分枝少且以主茎与一级分枝为主，茎基部常木质化。偶数羽状复叶，叶片长15～30cm；小叶20～40对，矩圆形，叶柄长7～12cm，小叶对光敏感，有昼开夜合和向光习性。总状花序腋生，着花2～6朵，黄

旺长期

花序

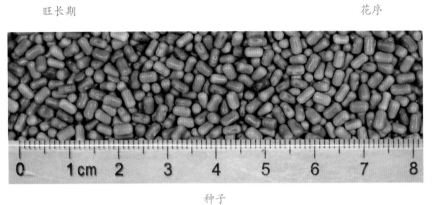

种子

图 4-14 鲁菁 2 号田菁

旺长期

机械收获种子

种子

图 4-15 鲁菁 6 号田菁

色。荚果长 13 ～ 18cm、宽 3 ～ 4mm，成熟时易爆裂，每荚有种子 15 ～ 30 粒。种子矩圆形，青褐色或黄绿色，千粒重 14.1g。

【生产表现】早熟类型，株型紧凑，主茎结荚为主。在黄淮地区生育期 120d 左右。山东 6 月上旬播种，8 月中旬开始现蕾，8 ～ 11d 后开花，幼荚到成熟 30 ～ 35d，至 10 月中上旬成熟。盛花期生物产量 58.5t/hm²，种子产量 1.05 ～ 1.35t/hm²，适合机械化收获。

（十二）辽菁 2 号田菁（图 4-16）

普通田菁种类。辽宁省农业科学院选育的品种。

【特征特性】株型矮，一般株高 1.8 ～ 2.2m。茎直立粗壮，青绿色，有细条纹，无茸毛。羽状复叶，小叶 40 ～ 80 片，呈条状矩圆形，无茸毛，深绿色。总状花序，有小花 3 ～ 8 朵。果荚圆柱形；种子矩圆形，种皮褐色，千粒重 14g 左右。苗期生长快，抗旱、耐瘠、耐盐碱。

【生产表现】早熟类型。在广东广州种植，平均鲜草产量 15t/hm² 左右，种子产量为 600kg/hm² 左右。在安徽合肥观察，5 月上旬播种，分枝期在 6 月上旬，初花期在 6 月下旬，盛花期在 7 月中旬，果荚成熟期在 8 月中旬。据广东省农业科学院测定，盛花期植株鲜体含氮（N）0.62%、磷（P）0.07%、钾（K）0.24%。

复叶　　　　　茎　　　　　花序

种子

图 4-16　辽菁 2 号田菁

第二节 柽 麻

柽麻（*Crotalaria juncea*），又名菽麻、印度麻、太阳麻，豆科（Fabaceae）猪屎豆属（*Crotalaria*）一年生草本。原产于印度和巴基斯坦，在马来西亚、缅甸、越南、澳大利亚北部、美国南部及非洲等地均有栽培。中国以台湾省引种栽培最早。福建省同安县于1940年从台湾引入，以后广东、广西和江苏相继引入栽培。1949年以后，浙江、安徽和湖南开始试种，20世纪60年代逐步扩大到山东、湖北和河南等省，70年代全国多数地区陆续种植和利用。

一、柽麻特征特性

（一）植物学特征（图4-17）

1. 根

根系发达，直根系，呈圆锥形，主根上部肥大，侧根较多；侧根从地表以下10～15cm处的主根膨大处呈四、五纵列横向生长，分布较广，根长100～130cm。在轻质砂壤土种植，出苗后5d，主根就长达14～15cm；出苗后60d，主根入土深达80～100cm。

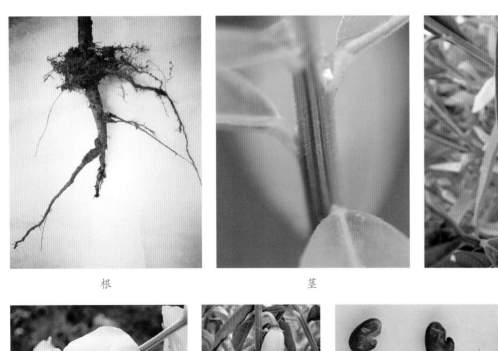

根	茎	单叶

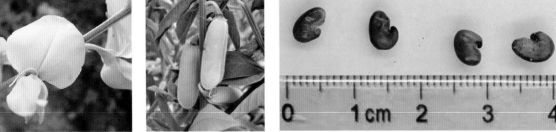

花	荚果	种子

图 4-17 柽麻

2. 茎与叶片

株型较高，直立，成熟株高 150～250cm。茎绿色，茎周自下而上有 13 条平行状的条沟纹；外皮纤维化组织发达，富有韧性，密生短茸毛，茎内中心组织为白色海绵状；生长约 30d 后，茎下端开始木质化。分枝较多，一般有 3～4 级分枝，多者达 5～6 级，分枝总数 5～25 个。单叶互生，近无叶柄，叶片矩圆形或披针形，长 5～15cm、宽 1～3cm，上部叶大、下部叶略小，叶正面、背面均密生短茸毛。托叶细小，呈刚毛状。

3. 花

总状花序，着生在主茎及分枝的上端部，花序长 40～60cm；每花序有小花 10～15 朵，互生，花冠黄色；花萼包住花瓣，萼 5 裂，萼长 1.2～2.0cm，密被淡褐色绢质短柔毛；旗瓣长圆形，长 1.5～2.5cm，翼瓣倒卵状长圆形，龙骨瓣与翼瓣近等长，中部以上变狭形成长喙，伸出萼外。柽麻为异花授粉植物，自花授粉率一般为 3% 左右。

4. 荚果与种子

无限结荚习性。荚果圆筒形，长 2～4cm，密被短茸毛。荚未成熟时淡绿色，成熟时灰黄色，内部光滑。每荚含种子 8～15 粒，多为 8～10 粒，无隔膜。种子扁肾形，黄褐色至深褐色，表面有光泽，种脐包藏在肾湾内而不易辨认，千粒重为 22～35g。

（二）生物学特性

柽麻是典型的夏季绿肥，生育期短，速生早发。播种至出苗最适温度为 20～30℃；营养期生长速率随气温高低而异，25～30℃时每日株高可伸长 5～10cm。现蕾、开花和结荚的适宜温度为 25～35℃。

柽麻具有较强的抗旱能力。在砂性土上种植，苗期 6～7 片真叶时，0～20cm 土层含水量为 3.4%～3.7% 时，生长受到抑制；当土壤含水量为 2.5% 时，植株凋萎。在黏土上生长近 30d，在土壤含水量 10%～11% 时植株凋萎，土壤含水量下降至 9.8% 时则植株濒临死亡。不耐渍，地面淹水 1d，叶片开始发黄脱落，淹水 3～4d 则植株死亡。

适宜土壤 pH 值 4.5～9.0。耐瘠薄，在瘠薄的土壤上只要播期适宜和增施磷肥，即可获得一定的生物产量。有一定的耐盐能力，表层土壤含盐量不超过 0.3% 时能正常生长。

二、柽麻种植与利用

（一）种植模式

1. 麦前麦后复种

在黄土高原和黄淮地区，小麦收获后及时播种柽麻，或春玉米、杂粮收获后至冬麦播种前空闲时间播种，生长 40～50d，能产鲜草 22.5t/hm² 左右，就地压青为后茬小麦提供养分。

2. 麦稻两熟区填闲

在无霜期较长的麦稻两熟期，利用麦稻接茬之间的间隙期，填闲种植柽麻。生长 35～45d，能产鲜草 15t/hm² 左右，就地压青做绿肥，对下茬水稻增产作用明显。

3. 玉米间套种

在小麦 - 玉米两熟区，将玉米宽窄行种植，在玉米宽行内间作柽麻，对当季玉米产量没有影响或影响甚微，但对下茬小麦有显著的增产作用。

（二）利用方式

1. 绿肥

柽麻是优质高产的夏季绿肥作物种类。根系发达，根瘤多，固氮能力强；生长迅速，能在短期内获得较高的鲜草产量，养分丰富。在江苏扬州，4 月底播种，生长 46d，鲜草产量达到 26.7t/hm²；生长 69d，能达 35.8t/hm²。在河南开封，7 月中旬播种，生长 54d，鲜草产量即达到 20t/hm²。据测定，生长 40 ～ 50d 的柽麻植株鲜体含氮（N）0.53%、磷（P）0.036%、钾（K）0.26%。另据河南省农业科学院测定，盛花期柽麻植株干物质含氮（N）1.61% ～ 2.18%、磷（P）0.18% ～ 0.27%、钾（K）0.87% ～ 1.45%，养分含量是迟熟类型 > 中熟类型 > 早熟类型。与其他夏季绿肥比较，柽麻压青后腐解相对较慢。柽麻枯萎病局部发病严重，要注意防控。

2. 饲料

柽麻是一种较好的饲草，以初花期刈割做饲草较为适宜，随着生长时间的延长，其蛋白质和脂肪含量逐渐下降。以柽麻茎叶作为猪、牛、羊饲草，营养成分与草木樨、紫花苜蓿相近。据河南省农业科学院测定，生长 30d 的柽麻干茎叶含水分 7.9%、粗蛋白 18.6%、粗脂肪 3.0%、粗纤维 28.0%、无氮浸出物 29.3%、灰分 13.2%。

三、柽麻主要品种

20 世纪 80 年代，我国征集到柽麻种质资源 39 份，整理后为 35 份。不同种质按照熟期划分为早熟、中熟和晚熟类型。同一品种，播种早生育期延长，播种晚则生育期缩短；种植地点南移生育期延长，北移则生育期缩短。各种质在形态上基本类似，无本质区别，仅在植株高低、茎粗细、叶片大小及厚薄等性状有所差异。

在安徽合肥观察，4 月下旬播种，早熟类型柽麻，70% 的荚果在 9 月底成熟，全生育期 140 ～ 160d，植株较矮、茎较细、叶片小，但叶密度较大；中熟类型柽麻，全生育期 160 ～ 170 d；晚熟类型柽麻，全生育期 170 ～ 190 d，植株高大，小叶大、叶量多，但叶密度较小。在河南郑州观察，5 月上旬播种，早熟类型柽麻全生育期 130 ～ 140 d，中熟类型柽麻全生育期 140 ～ 150 d，晚熟类型柽麻全生育期 160d 左右或者不能完成生育期。

（一）安徽柽麻（图 4–18）

地方品种。主要分布在安徽省。

【特征特性】株高 160 ～ 180cm，全株密生短柔毛。茎直立，有细条纹，绿色。分枝较少。单叶互生，矩圆形，先端渐尖，叶正面无茸毛，无叶柄，叶色深绿。总状花序，花黄色，每花序一般有 8 ～ 12 朵小花。果荚为圆棒形，幼嫩时密被短茸毛，成熟时荚果变浅黄，不易裂，每荚 6 ～ 10 粒种子。种子扁肾形，千粒重 30g 左右。苗期生长快，抗旱，耐瘠，再生能力中等，抗病能力较弱。

【生产表现】中熟类型。在安徽合肥观察，5 月上旬播种，分枝期在 6 月上中旬，初花期在 6 月下旬，盛花期在 7 月上中旬，荚果成熟期在 9 月下旬至 10 月上旬。在河南郑州，5 月上旬播种，生育期在 140 ～ 150d，平均鲜草产量 30t/hm² 左右，种子产量 600kg/hm² 左右。据河南省农业科学院测定，盛花期地上部干物质含氮（N）1.89%、磷（P）0.21%、钾（K）1.10%。

茎　　　　　　花序

单株　　　　　　　　　　　种子

图 4-18　安徽柽麻

（二）高州柽麻（图 4-19）

福建省地方品种，后传入广东省。

【特征特性】植株高大，株高 180 ～ 200cm，全株密生茸毛。茎圆形，粗 1.75cm。分枝数较多。叶量大，单叶互生，叶片矩圆形，全缘、叶尖渐尖，绿色；叶长 8.0cm、宽 1.6cm，叶基楔形。总状花序，花冠黄色。无限结荚习性，荚果幼嫩时密被茸毛，长 2.91cm；成熟荚果为黄色，不易裂，每荚有种子 6 ～ 10 粒。种子呈扁肾状，脐色为褐色，千粒重 30 g 左右。耐旱，耐瘠，再生能力中等；高抗病，易受虫害。

茎　　　　　　叶片　　　　　　花　　　　　　种子

图 4-19　高州柽麻

【生产表现】晚熟类型。在河南郑州，5月上旬播种，全生育期160d左右，鲜草产量26t/hm²左右，种子产量510kg/hm²左右。据河南省农业科学院测定，盛花期地上部干物质含氮（N）1.84%、磷（P）0.20%、钾（K）1.11%。

（三）山东柽麻（图4-20）

山东省地方品种。

【特征特性】株高170~190cm，全株密生茸毛。茎直立，圆形，茎粗1.37cm，有明显条沟纹。分枝较多。单叶互生，叶片矩圆形或披针形，全缘，先端渐尖，绿色，叶长8.1cm、宽1.5cm，叶基楔形。总状花序，花冠黄色。无限结荚习性，荚果幼嫩时密被茸毛，长3.1cm，成熟时荚果黄色，不易裂，每荚有种子6~11粒。种子呈扁肾状，脐色为褐色，千粒重31g左右。耐旱，耐瘠，再生能力中等。抗病能力较弱，易受虫害。

【生产表现】晚熟类型。在河南郑州，5月上旬播种，全生育期159d左右，鲜草产量24t/hm²左右，种子产量低。据河南省农业科学院测定，盛花期地上部干物质含氮（N）1.94%、磷（P）0.20%、钾（K）1.10%。

茎   叶片   花

种子

图4-20 山东柽麻

（四）单县柽麻（图4-21）

山东省地方品种。

【特征特性】株型高大，株高190～210cm，全株密生茸毛。茎圆形，直立，粗1.12cm，有明显条沟纹。单叶互生，叶片披针形，全缘，叶尖渐尖，绿色，叶长8.31cm、宽1.65cm，叶基楔形。总状花序，花冠黄色。无限结荚习性，荚果幼嫩时密被茸毛，长3.12cm，成熟荚果为黄色，不易裂，每荚有种子6～10粒。种子呈扁肾状，脐色为褐色，千粒重29g左右。苗期生长快，耐旱、耐瘠，再生能力中等。抗病能力较弱，易受虫害。

【生产表现】晚熟类型。在河南郑州，5月上旬播种，8月、9月开花，10月中下旬有少量的荚果成熟，全生育期约161d，鲜草产量40t/hm²左右，种子产量很低。据河南省农业科学院测定，盛花期地上部干物质含氮（N）2.18%、磷（P）0.23%、钾（K）0.99%。

茎　　　　　　　　　　叶片　　　　　　　　　　花

荚果　　　　　　　　　　　　　种子

图4-21　单县柽麻

（五）河南柽麻（图 4-22）

河南省地方品种。

【特征特性】植株较高，株高 180～200cm，全株密生茸毛。茎直立，圆形，有明显条沟纹。分枝较少。单叶互生，叶片披针形，全缘，叶尖渐尖，绿色，叶长 7.94cm、宽 1.45cm，叶基稍钝。总状花序，花冠黄色。无限结荚习性，荚果幼嫩时密被茸毛，长 3.37cm，成熟荚果为黄色，不易裂，每荚有种子 6～11 粒。种子呈扁肾状，脐色为褐色，千粒重 34 g 左右。耐旱，耐瘠，再生能力中等。抗病能力较弱，易受虫害。

【生产表现】中熟类型。在河南郑州，5 月上旬播种，7 月中下旬开花，9 月中下旬荚果成熟，全生育期 145d 左右，鲜草产量 30t/hm² 左右，种子产量 600kg/hm² 左右。据河南省农业科学院测定，盛花期地上部干物质含氮（N）1.84%、磷（P）0.20%、钾（K）0.94%。

茎　　　　　　　　　　叶片　　　　　　　　　　花

荚果　　　　　　　　　　种子

图 4-22　河南柽麻

（六）新疆 787 柽麻（图 4-23）

新疆农业科学院从陕西引进的柽麻品系。

【特征特性】植株繁茂，株高 170 ～ 190cm，全株密生茸毛。茎直立，圆形，茎粗 1.46cm，有明显条沟纹。分枝较多。叶片披针形，先端渐尖，全缘，绿色，叶长 8.63cm、宽 1.58cm。叶基稍钝。总状花序，花冠黄色。无限结荚习性，荚果幼嫩时密被茸毛，长 3.02cm，成熟荚果为黄色，不易裂，每荚有种子 6 ～ 10 粒。种子呈扁肾状，脐褐色，千粒重 27 g 左右。速生早发，耐旱，耐瘠，再生能力较强。

【生产表现】早熟类型。在河南郑州，5 月上旬播种，7 月中旬开花，9 月中下旬荚果成熟，全生育期 131d 左右，鲜草产量 35t/hm² 左右，种子产量 460kg/hm² 左右。据河南省农业科学院测定，盛花期地上部干物质含氮（N）1.70%、磷（P）0.20%、钾（K）0.87%。

茎　　　　　　　　　　叶片　　　　　　　　　　花序

成熟荚果　　　　　　　　　　种子

图 4-23　新疆 787 柽麻

（七）新疆 7801 柽麻（图 4-24）

新疆农业科学院从陕西引进的柽麻品系。

【特征特性】株高 170 ～ 190cm，全株密生短茸毛。主根粗壮，侧根较多，主侧根均着生根瘤。茎直立，绿色，有明显的条沟纹。单叶互生，深绿色，呈扁椭圆形，先端尖，叶基渐楔，叶的两面均密生短柔毛，无叶柄。总状花序，花黄色，每花序有 8～12 朵小花。果荚为圆棒形，幼嫩时密被短茸毛，成熟时荚果变浅黄，不易裂，每荚 8～10 粒种子。种子肾形，深褐色，千粒重 28g 左右。速生早发，耐旱，耐瘠，再生能力较强。

【生产表现】早熟类型。在河南郑州，5 月上旬播种，7 月中旬开花，9 月中旬荚果成熟，全生育期 133d 左右，平均鲜草产量 32t/hm² 左右，种子产量 400kg/hm² 左右。据河南省农业科学院测定，盛花期地上部干物质含氮（N）1.95%、磷（P）0.21%、钾（K）1.04%。

开花结荚期　　　　　　　　　　　　　茎　　　　　　　叶片

　　　　　　　　　　　　　　　　　　花序　　　　　　种子

图 4-24　新疆 7801 柽麻

（八）新疆 7815 柽麻（图 4-25）

新疆农业科学院从陕西引进的柽麻品系。

【特征特性】株高 180～200cm，全株密生茸毛。茎直立，圆形，粗 1.12cm。分枝数较少。单叶互生，叶片披针形，先端渐尖，全缘，绿色，叶长 8.11cm、宽 1.52cm，叶基稍钝。总状花序，花冠黄色。无限结荚习性，荚果幼嫩时密被茸毛，长 3.11cm，成熟荚果为黄色，不易裂，每荚有种子 6～10 粒。种子呈扁肾状，脐色为褐色，千粒重 29g 左右。耐旱，耐瘠，再生能力较强。抗病能力较弱，易受虫害。

【生产表现】早熟类型。在河南郑州，5 月上旬播种，7 月中旬开花，9 月中旬荚果成熟，全生育期

133d左右，鲜草产量33t/hm² 左右，种子产量435kg/hm² 左右。据河南省农业科学院测定，盛花期地上部干物质含氮（N）1.82%、磷（P）0.20%、钾（K）1.13%。

| 茎 | 叶片 | 花序 |

| 荚果 | 种子 |

图 4-25　新疆 7815 柽麻

（九）新疆 7821 柽麻（图 4-26）

新疆农业科学院从陕西引进的柽麻品系。

【特征特性】株高 160～180cm，全株密生茸毛。茎直立，圆形，有明显条沟纹，粗 0.96cm。分枝数较少。单叶互生，叶片矩圆形，叶尖及叶基较钝，全缘绿色，叶长 8.34cm、宽 1.60cm。总状花序，花冠黄色。无限结荚习性，荚果幼嫩时密被茸毛，长 2.81cm，成熟荚果为黄色，不易裂，每荚有种子 6～10 粒。种子呈扁肾状，脐色为褐色，千粒重 27g 左右。苗期生长较快，耐旱，耐瘠，再生能力较强。抗病性较弱，易受虫害。

【生产表现】早熟类型。在河南郑州，5月上旬播种，7月中旬开花，9月中旬荚果成熟，全生育期 133d 左右，鲜草产量 26t/hm² 左右，种子产量 210kg/hm² 左右。据河南省农业科学院测定，盛花期地上部干物质含氮（N）1.76%、磷（P）0.18%、钾（K）0.87%。

茎　　　　　　　　　　叶片　　　　　　　　　　花序

荚果　　　　　　　　　　　　　　种子

图 4-26　新疆 7821 柽麻

（十）江西早熟柽麻（图 4-27）

江西地方品种。

【特征特性】株型较矮，株高 150 ～ 170cm，全株密生长茸毛。茎直立，茎圆形，有明显条沟纹。分枝数较多。单叶互生，叶片矩圆形，先端渐尖，叶基稍钝，全缘，绿色，叶长 7.96cm、宽 1.43cm。总状花序，花冠黄色。无限结荚习性，荚果幼嫩时密被茸毛，荚果较短，长 3.03cm，成熟荚果为黄色，有背缝，每荚有种子 5 ～ 8 粒。种子呈扁肾状，脐色为褐色，千粒重 33g 左右。耐旱，耐瘠，再生能力中等。抗病性较强，易受虫害。

【生产表现】早熟类型。在河南郑州，5 月上旬播种，7 月中旬开花，9 月下旬荚果成熟，全生育期 137d 左右，鲜草产量 28t/hm² 左右，种子产量 765kg/hm² 左右。据河南省农业科学院测定，盛花期地上部干物质含氮（N）1.61%、磷（P）0.21%、钾（K）1.20%。

茎　　　　　　　　　　　　叶片　　　　　　　　　　　　花

荚果　　　　　　　　　　　　　　种子

图 4-27　江西早熟柽麻

（十一）江苏早熟 2 号柽麻（图 4-28）

江苏省农业科学院从地方柽麻品种选出的品系。

【特征特性】株型较高大，株高 180～200cm，全株密生短茸毛。茎直立，圆形，有明显的条沟纹。分枝数较多。单叶互生，叶片矩圆形，先端渐尖，叶基圆钝，全缘，深绿色，叶长 8.48cm、宽 1.62cm。总状花序，花冠黄色。无限结荚习性，荚果幼嫩时密被茸毛，长 3.45cm，成熟荚果为黄色，不易裂，每荚有种子 6～10 粒。种子呈扁肾状，脐色为褐色，千粒重 33g 左右。耐旱、耐瘠，再生能力中等。抗病性较强，易受虫害。

【生产表现】早熟类型。在河南郑州，5 月上旬播种，7 月中下旬开花，9 月下旬荚果成熟，全生育期 137d 左右，鲜草产量 32t/hm² 左右，种子产量 480kg/hm² 左右。据河南省农业科学院测定，盛花期地上部干物质含氮（N）1.66%、磷（P）0.18%、钾（K）0.83%。

茎　　　　　　　　叶片　　　　　　　　花序

荚果　　　　　　　　　　　　　种子

图 4-28　江苏早熟 2 号柽麻

（十二）皖柽 1 号柽麻（图 4-29）

由安徽省农业科学院土壤肥料研究所于 20 世纪 80 年代选育的新品种。

【特征特性】株型高大，株高 180 ～ 220cm。茎直立，绿色，有明显的条棱，密生短柔毛。单叶互生，呈扁椭圆形，两面有短柔毛，叶色深绿。总状花序，花黄色，每个花序有 8 ～ 12 朵小花。果荚圆

茎　　　　　　　　花　　　　　　　　种子

图 4-29　皖柽 1 号柽麻

棒形，成熟时荚果变浅黄，密被短茸毛，每荚含 8 ～ 10 粒种子。种子扁肾形，种皮褐色，千粒重 34g 左右。

【生产表现】早熟类型。在安徽合肥观察，5 月上旬播种，分枝期在 6 月中旬，花期在 6 月下旬至 7 月上中旬，荚果成熟期在 9 月中下旬，生育期 140d 左右。平均鲜草产量 30t/hm² 左右，种子产量为 1t/hm² 左右。据安徽科技学院测定，盛花期植株干物质含氮（N）3.04%、磷（P）0.43%、钾（K）1.13%。

第三节　决明类

根据《中国植物志》英文修订版 *Flora of China*（1989—2013）的分类方法，决明亚族（*Cassiinae*）包括决明属（*Cassia*）、山扁豆属（*Chamaecrista*）和番泻决明属（*Senna*）。全世界决明亚族约有 600 种，分布于热带和亚热带地区，少数分布至温带地区。我国原产 10 余种，包括引种栽培的共有 30 余种，广泛分布于南方各省区。我国常用的决明类绿肥中，决明、望江南、槐叶决明归属于番泻决明属，圆叶决明、羽叶决明归属于山扁豆属。

一、决　明

决明（*Senna tora*），豆科（Fabaceae）番泻决明属（*Senna*），又名草决明、假花生、假绿豆、马蹄决明等，一年生亚灌木状草本植物。原产美洲热带地区，现全世界热带、亚热带地区广泛分布。我国长江以南各省区广泛分布。

（一）主要特征特性（图 4-30）

一年生亚灌木状草本，直立，高 1 ～ 2m。主根明显，入土较深，侧根较多。茎圆形，茎粗 0.6cm 左右。偶数羽状复叶，具小叶 3 对，叶倒卵形或倒长椭圆形，浅绿色，全缘，长 2 ～ 6cm、宽 1.5 ～ 2.5cm，基部渐狭，偏斜，被稀疏茸毛；小叶柄长 1.5 ～ 2mm；托叶线形，被茸毛。总状花序，腋生，通常 2 朵聚生，总梗长 6 ～ 10mm；萼片 5 枚，膜质，下部合生成短管状，外面被柔毛，长约 8mm；花瓣 5 片，黄色，下面 2 片略长。自花授粉。荚果纤细，近线形，有四直棱，两端渐尖，长约 15cm、宽 3 ～ 4mm。种子菱形，种皮光亮。

喜温暖湿润气候，种子发芽适宜温度为 15℃左右，生长最适温度为 20 ～ 28℃。在长江以南各省区一般 4 月下旬播种，6 月初分枝，7 月中下旬现蕾，8 月初开花，8 月中旬结荚，9 月中下旬种子陆续成熟。对土壤要求不严，耐瘠、耐酸、抗铝毒，少病虫害，耐微碱。

（二）利用方式

是果园夏季绿肥的优良选择。盛花期鲜草产量 37.5t/hm² 左右，干物质含氮（N）2.46%、磷（P）0.52%、钾（K）2.32%。适口性好，营养丰富，是优良的牧草和绿肥作物。根系入土深，株形美观，花冠黄色，花期长，也可做水土保持和绿化用。种子味苦、性凉，中药名决明子，具清肝火、祛风湿、益肾和明目之功效。

| 茎 | 叶片 | 花序 |

结荚期群体　　　　　　　　　　　　　　　　　种子

图 4-30　决明

二、望江南

望江南（*Senna occidentalis*），豆科（Fabaceae）番泻决明属（*Senna*），直立亚灌木或灌木植物。原产美洲热带地区，现广布于全球热带和亚热带。我国主要分布在东南部、南部及西南部各省区，多野生，也是村边荒地常见植物。又名野扁豆、狗屎豆、羊角豆、黎茶。

（一）主要特征特性（图 4-31）

多年生直立亚灌木。叶长约 20cm；小叶 4～5 对，长 4～10cm，宽约 3cm。花数朵组成伞房状总状花序，长约 5cm；苞片线状披针形；花长约 2cm；萼片不等大，外生的近圆形、长 6mm，内生的卵形、长约 9mm；花瓣黄色，长约 15mm。荚果带状镰形，褐色，长约 10cm、宽约 9mm，果柄长约 1.5cm；内含种子 30～40 粒。花期 4—8 月，果期 6—10 月。

抗旱、抗病虫能力极强，耐瘠，不耐阴、不耐湿。对土壤要求不高，中性、酸性土均生长。气温达到 15℃以上时即可播种。

（二）利用方式

望江南生长迅速、生物量大，能用于改良红壤的先锋绿肥，也可做南方果茶园夏季短期绿肥。在安

花期根系　　　　茎及花序　　　　　　　　英果

群体　　　　　　　　　　　　种子

图 4-31　望江南

徽中部、北部种植，鲜草产量平均 29.5t/hm² 左右，种子产量平均 3t/hm² 左右。干草含氮（N）3.11%、磷（P）0.35%、钾（K）1.75%。花期流蜜期长，能作为夏秋蜜源植物。茎叶、英果、种子均可入药，性寒。种子炒后治疟疾，根有利尿功效。庭院种植可驱避毒蛇毒虫，鲜叶捣碎治毒蛇毒虫咬伤。

三、圆叶决明

豆科（Fabaceae）山扁豆属（*Chamaecrista*）。目前常用的是威恩圆叶决明、闽引圆叶决明。

（一）威恩圆叶决明（图 4-32）

威恩圆叶决明（*Chamaecrista rotundifolia* 'Wynn'），原产巴西圣保罗地区。1975 年在澳大利亚登记为牧草品种。20 世纪 70 年代曾引入我国广东省种植。1989 年中国农业科学院和福建省农业科学院通过中澳合作项目从澳大利亚国际农业研究中心（ACIAR）再次引进，原资源编号为 CPI34721。由中国农业科学院祁阳红壤实验站以引进品种申报，于 2001 年通过国家牧草品种审定委员会审定，定名为威恩圆叶决明，证书号：222。

【特征特性】多年生半匍匐型草本植物，茎半木质化。直根系，侧根发达，主要分布在 0 ～ 20cm 土层。茎圆形，长 40 ～ 110cm，密被白色茸毛，幼嫩茎紫红色，老熟茎紫红色带有绿色。叶互生，由

2 片小叶组成，倒卵圆形，长 28 ～ 29mm、宽 12 ～ 15mm。花腋生，黄色，蝶形花冠，花瓣 5 片，覆瓦状排列。荚果为扁长条形，长 20 ～ 45mm。成熟荚果为黑褐色；种子黄褐色，呈不规则扁平四方形，千粒重 3.9 ～ 4.1g。喜高温、耐瘠、耐酸、耐铝。

【生产表现】抗逆性强，适应性广，是热带、亚热带红壤区优质绿肥作物。在福建 4 月开始生长，6—7 月开花，花期可延续至初霜，7—9 月为生长高峰，10—11 月遇霜时叶片开始转黄。能耐轻度霜冻。越冬率在福建省从南到北逐渐降低，在福州以南低海拔地区能自然越冬。根能宿存，翌年春天萌芽再生。花期长，种荚成熟期不一致，成熟种荚易开裂，落地种子大多能在次年发芽。旺盛期草层高 30 ～ 50cm，平均鲜草产量 30 ～ 45t/hm²。盛花期植株干物质含氮（N）2.67%、磷（P）0.12%、钾（K）1.07%，含粗蛋白 16.71%、粗脂肪 4.58%、粗纤维 30.31%、钙（Ca）0.61%、灰分 6.85%。

茎　　　　　　　　叶　　　　　　　　花　　　　　　　　成熟荚果

群体　　　　　　　　　　　　种子

图 4-32　威恩圆叶决明

（二）闽引圆叶决明（图4-33）

闽引圆叶决明（*Chamaecrista rotundifolia* 'Minyin'），原产墨西哥。福建省农业科学院于1996年从澳大利亚热带牧草种质资源中心（ATFGRC）引进我国，原品系号为CPI86134。由福建省农业科学院以引进品种申报，于2005年通过国家牧草品种审定委员会审定，定名为闽引圆叶决明，证书号：314。

【特征特性】半直立型多年生草本植物。直根系，侧根发达，主要分布在0～20cm土层。茎圆形，密被白色茸毛，长50～150cm，草层高60～80cm。叶互生，由两片小叶组成，不对称，叶尖微凹，倒卵圆形，长34～40mm、宽18～25mm，叶面光滑。花腋生，蝶形花冠，黄色。花瓣5片，覆瓦状排列。荚果扁平状，种子褐色，种皮坚硬，不规则扁平四方形，千粒重5.0～5.1g。喜高温、耐瘠、耐旱、耐酸、抗铝毒、抗热、抗病虫害、固氮能力强。越夏率100%，抗寒能力较差。早期建植能力强，生物产量高。

【生产表现】在福建，4月开始生长，7—11月为生长旺季，9月初花，花期可延续至初霜，种子采收期10—11月。鲜草产量45～54t/hm²，收割一次的干物质重达9.75～11.25t/hm²。种子产量150～300kg/hm²。落地种子翌年自然萌发再生能力强。适宜热带及亚热带红壤区种植，作新垦红壤地的先锋

茎

叶

花

荚果

种子

图4-33 闽引圆叶决明

作物，用于改良土壤、保持水土。作饲草，主要青贮或制干草作为畜禽饲草利用，鲜草对羊、兔适口性较差。饲草营养丰富，盛花期植株干物质含粗蛋白 17.59%、粗脂肪 4.23%、粗纤维 27.89%、钙（Ca）0.77%、磷（P）0.27%、灰分 6.15%。

（三）闽引 2 号圆叶决明（图 4-34）

闽引 2 号圆叶决明（*Chamaecrista rotundifolia* 'Minyin No.2'），原产地哥伦比亚。福建省农业科学院于 1996 年从澳大利亚热带牧草种质资源中心（ATFGRC）引进该品系，原品系号为 ATF3248。由福建省农业科学院以引进品种申报，于 2005 年通过国家牧草品种审定委员会审定，定名为闽引 2 号圆叶决明，证书号：443。

【特征特性】多年生直立型热带草本植物。直根系，主根明显，侧根发达；根系分布较浅，主要在 10 ～ 30cm 土层内。成熟期株高 120 ～ 150cm。茎圆柱状，绿色至红褐色，具稀短柔毛。复叶具 2 小叶，总柄长，托叶三角形，草质；小叶倒卵圆形，长 26 ～ 34mm，宽 17 ～ 20mm，近无柄，全缘，无毛，顶端圆，基部偏斜，叶色浅绿。花腋生，花冠辐射对称，花瓣 5 片，黄色，覆瓦状排列。荚果长条形至镰刀形，长 35 ～ 45mm，宽 3.0 ～ 3.5mm，基部略弯，深褐色，具稀茸毛，易自裂；每荚具种子 13 ～ 20 粒。种子淡暖褐色，扁平四棱形，种脐突出，位于棱角，表面具糙纹，长 2.45 ～ 2.85mm、宽 1.50 ～ 1.65 mm，厚 0.95 ～ 1.00 mm，种子千粒重 3.80 ～ 4.05g。耐瘠、耐旱、耐酸、抗热，病虫害少。

【生产表现】在福建大部地区为一年生，有较强的红壤适应性与抗逆性。福建南部 4 月开始生长、北部 5 月开始生长，7—11 月为生长盛期，7 月下旬至 8 月上旬初花，花期长，可延续至初霜，10—12 月成熟。结荚期长，成熟种荚易自裂。耐轻度霜冻，在闽北地区基本不能越冬，主要依靠散落地面的种子萌发建植；在闽南地区越冬率较高。盛花期干草产量 12 ～ 15t/hm²，种子产量 200 ～ 400kg/hm²。

| 茎 | 叶面 | 花序 | 荚果 |

| 群体 | 种子 |

图 4-34　闽引 2 号圆叶决明

适宜在热带及亚热带新垦红壤地作先锋作物，用以做绿肥改良土壤、保持水土以及饲料利用。饲草营养丰富，初花期干物质含粗蛋白 16.90%、粗脂肪 2.84%、粗纤维 35.41%、粗灰分 3.58%、钙（Ca）0.587%、磷（P）0.056%。

四、羽叶决明

豆科（Fabaceae）山扁豆属（*Chamaecrista*）。目前国内常用的是闽引羽叶决明。

闽引羽叶决明（*Chamaecrista nictitans* 'Minyin'），原产巴拉圭。福建省农业科学院于 1996 年从澳大利亚热带牧草种质资源中心（ATFGRC）引进该品系，原品系号为 ATF2217。由福建省农业科学院以引进品种申报，于 2001 年通过国家牧草品种审定委员会审定，定名为闽引羽叶决明，证书号：224。

（一）主要特征特性（图 4-35）

多年生直立型草本。直根系，长 80 ～ 120cm，侧根发达，主要分布在 0 ～ 30cm 土层，有效根瘤多且固氮活性强。茎圆形，紫红色，高 110 ～ 150cm。羽状复叶，小叶互生，长 54 ～ 57mm、宽 18 ～

复叶正面　　　　　　　　　　花序　　　　　　英果

盛花期群体　　　　　　　　　　种子

图 4-35　闽引羽叶决明

21mm；小叶条形，锐尖状叶尖。花腋生，蝶形花冠，黄色；花瓣5片，旋瓦状排列。扁平状荚果，形似弯刀；种子棕黑色，种皮坚硬，不规则扁平长方形，千粒重4.6～4.8g。喜高温，耐轻度霜冻，耐瘠、耐旱、耐酸、抗铝毒，少病虫害。

（二）生产表现

在福建，4月开始生长，7—11月为生长旺季，7—8月初花，花期可至初霜；种子采收期9—10月。种子产量225～300kg/hm²，结荚期长，成熟种荚易自裂，落地种子翌年萌发能力强。冬季初霜后地上部逐渐死亡、枯萎，但接地主茎及根能宿存，在福建中部及以南地区可自然越冬。正常气候越冬率100%，越夏率100%。鲜草产量52.5～67.5t/hm²。在福建闽北地区难以越冬。适宜福建、江西、广东、海南等热带及亚热带地区，是改良土壤和保持水土的优良绿肥、饲草作物。盛花期干物质含粗蛋白14.96%、粗脂肪4.19%、粗纤维27.06%、灰分9.55%、钙（Ca）0.38%、磷（P）0.17%，适口性好，是牛、羊等草食动物的良好饲料，可青饲、青贮及制干草。

第四节　猪屎豆属

豆科（Fabaceae）猪屎豆属（*Crotalaria*）约有700余种，草本、亚灌木或灌木，分布于美洲、非洲、大洋洲和亚洲热带及亚热带地区。我国有42种。该属植物适应性强、耐瘠薄能力强，是一类良好的水土保持植物，许多种为热带和亚热带改良红壤常用的绿肥和覆被植物。

一、大猪屎豆

大猪屎豆（*Crotalaria assamica*），猪屎豆属（*Crotalaria*）一年生直立型草本植物，主要分布在长江以南、南岭以北地区，是一种优良的夏季绿肥，为改良红壤的先锋绿肥，20世纪50年代在南方各地试种。又称大叶猪屎豆、单叶猪屎豆、单叶野百合、大猪屎青、响铃豆等。

（一）主要特征特性（图4-36）

株型直立，株高1～2m。根系发达，主根入土深50～60cm，侧根、支根平展伸张。茎圆柱形，中空有髓，直径约2cm，被银白色柔毛；分枝发达，距地面15cm以上的叶腋间抽出，下部枝长而稀，上部枝短而密。单叶互生，叶片质薄肥大，倒披针形或长椭圆形，先端钝圆，具细小短尖，基部楔形，长5～15cm、宽2～4cm，叶表面深绿无毛，叶背密被银白色短柔毛；叶柄长2～3mm。托叶细小，三角线形，贴伏于叶柄两旁。

总状花序，顶生或腋生，花轴长30～50cm，有小花20～30朵。花冠蝶形，金黄色。苞片线形，长2～3mm。小苞片与苞片的形状相似，通常稍短。花萼二唇形，长10～15mm，萼齿披针状三角形，被短柔毛。旗瓣圆形或椭圆形，长15～20mm，先端微凹或圆。翼瓣长圆形，长15～18mm。龙骨瓣弯曲接近90°，中部以上变狭形成长喙，伸出萼外。荚果矩形，长约4cm，直径约1cm；幼时色灰绿，渐老膨大呈黄色透明状。每荚含种子8～20粒。种子肾形，长3～5mm、宽2～3mm，成熟种子具蜡质光泽，千粒重15～20g。

喜温暖湿润气候，耐旱、耐瘠、耐酸性土壤。用作绿肥种植利用的大猪屎豆有早熟、晚熟两个类

花序

英果

群体

图 4-36 大猪屎豆

型。早熟类型株型较矮,春末夏初播种,7—8月开花,10月间种子成熟,种子产量高,但鲜草产量略低。晚熟类型株型高大,与早熟类型同期播种,10月中下旬盛花,12月以后种子才陆续成熟,遇低温后期英果难以成熟,鲜草产量高,产种量不及早熟类型。

（二）利用方式

为南方红黄壤地区优良的夏季绿肥作物。在浙江、江西、福建、广西一带于4—6月均可播种,生长期间可刈割2～3次,能产鲜草30～50t/hm²。鲜草含干物质19.5%、氮（N）0.59%、磷（P）0.03%、钾（K）0.14%。茎叶和种子有毒,不能用作饲料。

二、光萼猪屎豆

光萼猪屎豆（*Crotalaria trichotoma*）,是猪屎豆属（*Crotalaria*）亚灌木植物。原产南美洲,分布于非洲、亚洲、大洋洲、美洲热带及亚热带地区。我国现栽培或逸生于南方地区。又称南美猪屎豆、光萼野百合。

（一）主要特征特性（图4-37）

直立亚灌木,株高2m左右。根系发达。茎枝圆柱形,具小沟纹,被短柔毛。托叶极细小,钻状,长约1mm。三出复叶，互生；小叶长椭圆形，两端渐尖，长6～10cm，宽1～3cm，先端具短尖，上面绿色、光滑无毛，下面青灰色、被短柔毛；小叶柄长约2mm。

总状花序，顶生或腋生，长约20cm，有小花10～20朵。苞片线形，长2～3mm，小苞片与苞片同形，稍短小。花梗长3～6mm，在花蕾时挺直向上，开花时屈曲向下，结果时下垂。花萼近钟形，长4～5mm，五裂，萼齿三角形，约与萼筒等长。花冠黄色，伸出萼外。旗瓣圆形，直径约12mm。翼瓣长圆形，约与旗瓣等长，龙骨瓣最长（约15mm），稍弯曲，中部以上形成长喙。荚果长圆柱形，长3～4cm，幼时被茸毛，成熟后脱落，果皮常呈黑色。每荚有种子20～30粒，种子肾形，成熟时种皮朱红色。

（二）利用方式

鲜草产量高，适应性强，耐酸、耐旱和耐瘠薄能力强，刈割后再生能力强，茎叶富含氮、磷、钾等养分，是很好的夏季绿肥，在我国南方常作为橡胶园的覆盖植物。茎叶和种子有毒，不能用作饲料。可供药用，有清热解毒、散结祛瘀等效用，外用治疮痈、跌打损伤等症。

荚果

花序及群体

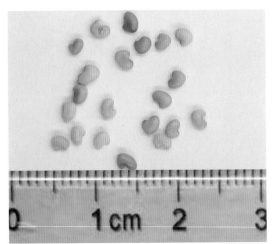

种子

图4-37　光萼猪屎豆

第五节　合萌属

　　豆科（Fabaceae）合萌属（*Aeschynomene*）植物分布于全世界热带和亚热带地区，我国仅有 1 种，即合萌（*Aeschynomene indica*）。此外，我国广西壮族自治区于 1987 年从美国引进了美洲合萌。

一、合　萌

　　合萌（*Aeschynomene indica*），为豆科（Fabaceae）合萌属（*Aeschynomene*）一年生草本或亚灌木状植物。原为野生绿肥，常分布于热带、亚热带地区，1974 年福建省闽侯县开始栽培利用。别名田皂角、千里光、水松柏、夜关门、水槐子、水通草。

（一）主要特征特性（图 4-38）

　　一年生草本或亚灌木。根系发达，主根圆锥形，侧根及支根较多，密布根瘤。茎直立，中空，圆柱

根系

复叶

茎

花序

幼嫩荚果

种子

图 4-38　合萌

形，上有茎瘤，无毛，具小凸点而稍粗糙，高 0.5 ～ 1m，茎粗 0.6 ～ 1cm；多分枝，绿色。偶数羽状复叶，互生，有小叶 20 ～ 30 对或更多，小叶排列紧密；卵形至披针形，长约 1cm；小叶近无柄，长 5 ～ 10mm、宽 1 ～ 3mm，下面稍带白粉，先端具细刺尖头，全缘。

总状花序，腋生，长 1.5 ～ 2cm，有小花 2 ～ 4 朵；小苞片卵状披针形，花冠淡黄色，具紫色纵脉纹；旗瓣大，近圆形，翼瓣篦状，龙骨瓣比旗瓣稍短。荚果线状长圆形，弯曲，长 3 ～ 4cm、宽约 3mm，具有荚节 4 ～ 10 个，平滑或中央有小瘤点，不开裂，成熟时逐节脱落，每节含一粒种子。种子肾形，长 3 ～ 3.5mm、宽 2.5 ～ 3mm，种皮黑棕色，光滑，千粒重 8 ～ 9g。

喜温暖，能耐高温，怕霜冻。根部具有通气组织，适应在浅水或潮湿之处生长。耐阴、耐酸，但抗旱力弱。对土壤要求不严，可利用潮湿荒地、塘边或溪河边的湿润处栽培。

（二）利用方式

合萌为优良的绿肥及饲草作物。在南方，可套种在稻田作为当季水稻追肥或下季作物的基肥。植株含氮丰富，生长 32d 的植株干物质含氮（N）3.29%、磷（P）0.30%、钾（K）0.58%。幼嫩茎叶营养丰富，一般在 9—10 月合萌成熟期间，割取合萌的地上部分，给家畜鲜食或者晒干成饲料。全草入药，中药名梗通草。

二、美洲合萌

美洲合萌（*Aeschynomene americana*），为一年生或短期多年生灌木状草本植物。由广西壮族自治区畜牧研究所于 1987 年从美国佛罗里达州引进，1994 年通过全国草品种审定委员会审定，登记为引进品种，证书号：163。

（一）主要特征特性（图 4-39）

株高 0.7 ～ 2m。根系发达，主根肥大，侧根较少。茎直立，茎粗 0.2 ～ 2.0cm 棕红色，密被短茸毛，上部多分枝。羽状复叶，有小叶 10 ～ 33 对，小叶长 4 ～ 16mm、宽 1 ～ 3mm，小叶端及上缘深红色，叶柄密集短茸毛，受光照影响能自行开合。托叶明显，边缘有茸毛，成熟后托叶沿叶柄基部裂开。花序腋生，花冠蝶形，粉红色，具紫色纵脉纹。荚果线状长圆形，长约 2cm、宽约 3mm。每荚含有种子 5 ～ 8 粒。种子肾形，种皮褐色。喜光，适于年降水量 1 000mm 以上、海拔 500m 以下的热带亚热带地区生长，耐旱中等，较耐涝。

（二）利用方式

在广西春季播种，9 月下旬或 10 月上旬开花，开花后约 3 周种子成熟，全生育期 170d 左右。种子落地自生，能一次播种多年利用。再生能力强，每年可刈割 3 ～ 4 次。鲜草产量在 30 ～ 50t/hm²，种子产量 450 ～ 600kg/hm²。营养期干物质含氮（N）3.0%、磷（P）0.2%、钾（K）1.2% 左右。适合在海南、广东、广西、云南、福建等地作夏季绿肥或牧草。

根系　　　　　　　　　茎及托叶　　　　　　　　复叶叶面

花

2mm
种子

群体

图 4-39　美洲合萌

第六节　葛　藤

　　豆科（Fabaceae）葛属（*Pueraria*）植物约有 20 种，分布于印度至日本，南至马来西亚。我国有 8 种及 2 个变种，包括密花葛（*Pueraria alopecuroides*）、黄毛萼葛（*Pueraria calycina*）、食用葛（*Pueraria edulis*）、葛（*Pueraria montana*）、苦葛（*Pueraria peduncularis*）、三裂叶野葛（*Pueraria phaseoloides*）、小花野葛（*Pueraria stricta*）、须弥葛（*Pueraria wallichii*）以及变种葛麻姆（*Pueraria montana* var. *lobata*）、粉葛（*Pueraria montana* var. *thomsonii*），主要分布于西南部、中南部至东南部，淮河以北少见。我国常采集粉葛的块茎作食用或药用，做绿肥覆盖利用的主要是葛和三裂叶野葛。

一、葛

　　葛（*Pueraria montana*），原产于我国及日本。我国南北各地，除新疆、青海及西藏外，分布几遍全国。野生于山坡、草丛、路旁、沟边或丛林中。东南亚至澳大利亚亦有分布。俗称葛藤、野葛、毛葛。

（一）植物学特征（图4-40）

粗壮藤本，卧地蔓生，全身被黄色长硬毛。主根肥大，侧枝根多，入土深。茎蔓生，有茎节，节能生根。复叶具3小叶，小叶三裂、偶全缘。顶生小叶宽卵形或斜卵形，先端长渐尖，侧生小叶斜卵形，叶面被淡疏柔毛、下面较密。总状花序，长15～30cm，中部以上有密集的花。花萼钟形，长8～10mm，被黄褐色柔毛，裂片披针形。花冠长10～12mm，紫色，旗瓣倒卵形，翼瓣镰状，龙骨瓣镰状长圆形。7—9月开花，10—11月种子成熟。荚果长椭圆形，扁平，被褐色长硬毛。种子椭圆形，有黑色花纹，千粒重11g左右。

（二）生物学特性

喜温暖湿润，适应性强，耐酸、耐阴、耐瘠、抗旱性强。宿根多年生，翌年3月底至4月上旬发生新叶。长势旺盛，分枝能力强。覆盖度高，生长一年的单株可覆盖3～4m²，二年以上的单株覆盖面积高达30～40m²。冬季落叶落荚，结荚结实率低。南坡向阳地的植株结实率相对较高。未经处理的种子发芽率低，扦插成活率较低，可用压条或移苑等方式繁殖。

（三）利用方式

葛茎叶繁生迅速，用途广泛。以葛茎叶压青做绿肥，肥效较高。生长2年以上的葛，每年可刈割2次，一次在花蕾前、一次在霜冻前，可收获鲜草22.5～45t/hm²。幼嫩的葛茎叶营养丰富，适口性好，是一种优质的饲料，可以放牧，也可刈割茎叶青饲或制成干草。据江西省农业科学院测定，茎叶干物质含氮（N）2.89%、磷（P）0.24%、钾（K）2.17%；新鲜茎叶含水分81.7%、粗蛋白2.78%、粗脂肪1.55%、粗纤维3.19%、无氮浸出物8.79%、灰分1.99%。主根肥大，富含淀粉，食用价值高。葛根群密布土壤、覆盖度高、适应性强，是优良的水土保持植物。

花序

群体

图4-40　葛

二、粉　葛

粉葛（*Pueraria montana* var. *thomsonii*），我国云南、四川、西藏、江西、广西、广东、海南等地曾有种植，俗称甘葛、葛藤、葛根。多野生，现广西、广东、江西、湖南、湖北等地有较大面积的人工栽培。

（一）植物学特征（图4-41）

多年生藤本，有富含淀粉的粗壮块状根。复叶具3片小叶，小叶卵状长圆形，三裂或全缘，顶生小叶宽卵形，长8～15cm，宽7～12cm，侧生小叶斜卵形，两面被毛。总状花序，花梗长30cm，密集着生小花。花萼钟形，被黄褐色柔毛。花冠长约20mm，紫红色，旗瓣近圆形，翼瓣镰状，龙骨瓣长圆形。荚果长椭圆形，扁平，被褐色长硬毛。

（二）生物学特性

粉葛适应性广，从砂质土至黏土均可栽培。其根系发达和块根肥大，种植地宜选择土层深厚、土质肥沃、排灌方便、地下水位低、土壤pH值6～8的地块。在土层瘦薄或过黏、排水不良的土壤中生长不良。忌连作。

（三）利用方式

粉葛块根含淀粉，淀粉含量高达40%，可供食用，所提取的淀粉称葛粉。以根入药，中药名为葛根。

旺长期　　　　　　　　　　　　　　块根

图4-41　粉葛

三、爪哇葛藤

爪哇葛藤（*Pueraria phaseoloides*），中国植物分类名为三裂叶野葛，原产亚洲南部马来西亚和印度尼西亚，现广泛分布于各国热带地区，我国广东、海南、广西、福建和台湾等地有分布。中国热带农业科学院从引进的爪哇葛藤资源中选育的热研17号爪哇葛藤，2006年通过全国草品种审定委员会审定，证书号：326。适合在海南、广东、广西、云南、福建等地种植，用于水土保持、橡胶园覆盖和红壤改良。

（一）特征特性（图 4-42）

多年生，草质藤本。主茎可达 10m 以上，卧地蔓生，具缠绕性，全株有毛。复叶有小叶 3 片，小叶长 6～20cm、宽 6～15cm，卵形、菱形或近圆形，叶背密被柔毛。总状花序腋生，长 8～15cm，花紫色、淡紫色或白色。荚果圆柱状条形，长 5～8cm，稍被长硬毛。每荚含种子 10～20 粒；种子椭圆形，棕色，长约 3mm、宽约 2mm，千粒重约 12g。

叶

花序

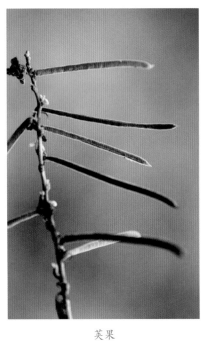

荚果

群体

图 4-42　爪哇葛藤

适宜湿热地区推广种植。具有耐涝性强、对土壤的适应性广泛、耐酸瘦土壤和黏质壤土等特性；在砂性土至重黏质土壤上均能良好生长，在肥沃的黏土和冲积土、砖红壤土上生长最为旺盛。可耐 60% 的遮阴，较耐旱，不耐寒。

（二）利用方式

爪哇葛藤是热带橡胶林较为理想的覆盖绿肥。生长速度快，覆盖度高。种植一年后，覆盖层厚度达到 50 ～ 60cm，鲜草产量 30 ～ 37.5t/hm²，种子产量约 675kg/hm²。营养期茎叶干物质养分含量为氮（N）2.7%、磷（P）0.86%、钾（K）1.4% 左右。

第七节　平托花生

平托花生（*Arachis pintoi*），豆科（Fabaceae）落花生属（*Arachis*）多年生匍匐性蔓生草本植物，又名蔓花生、野花生、假花生、满地黄金、美洲花生藤、品托氏花生等。原产巴西，自 20 世纪 70 年代始向世界各地传播，80 年代已在拉丁美洲、澳洲、亚洲等地推广种植。我国最先于 1986 年由中国热带农业科学院从澳大利亚引入作为绿肥、牧草、水土保持及果园观光等应用，现主要分布于海南、广东、广西、福建等热带、亚热带地区。

一、平托花生特征特性

多年生匍匐型蔓生草本。茎贴地，茎干有茸毛，分枝多，可节节生根形成草层，一般草层高 15 ～ 30cm。偶数羽状复叶，4 片长卵形小叶互生，托叶呈镰刀状。腋生总状花序，蝶形花冠，色淡黄，花多，花期长。在适宜条件下，开花后能形成胚栓，胚栓长 1 ～ 27cm 不等，它斜向插入土壤，深度 10 ～ 20cm，大部分入土的胚栓能结荚。荚果长桃形，果嘴明显，果壳薄，每荚有一粒种子（果仁），少数有 2 ～ 3 粒。结果时间长，果分散，结实率较低，收获费工。每千克有荚果 6 000 ～ 8 000 个。

平托花生耐酸、耐铝能力强，能在强酸性红壤新垦地上生长，砂质土、重黏土均能栽培，在中肥力土壤上生长更好。耐瘠、耐旱、稍耐寒，适合于热带、亚热带地区种植利用。

二、平托花生应用价值

鲜草产量高，营养丰富，适口性好，同时茎贴地生长而易形成覆盖，可做绿肥、饲料、水土保持及景观利用。有较强的耐阴能力，适于果园套种。一般一年刈割二次，鲜草产量 15t/hm² 以上。据福建省农业科学院研究，果园套种平托花生后，地表径流次数显著减少；3 年后，0 ～ 15cm 土层土壤容重降低、孔隙度增加，有机质提高 4.04g/kg、全氮（N）增加 0.25g/kg、全磷（P）增加 0.05g/kg。以平托花生鲜草喂养肉兔，平均日增重高于饲喂野生杂草的增重量。出苗后 3 ～ 4 周就开始开花，除寒冷的冬季外，长年花期不断，可作绿化美化草种。

三、平托花生主要品种

1986 年，中国首次从澳大利亚国际农业研究中心（ACIAR）引进平托花生品种 Amarillo，1991 年中国热带农业科学院从哥伦比亚国际热带农业中心引进 CIAT22160、8750、17434 等 7 份种质资源。

（一）热研 12 号平托花生（图 4-43）

热研 12 号平托花生（*Arachia pintoi* 'Reyan 12'）原产于中南美洲及加勒比海地区，从哥伦比亚引种，亲本来源于 *Arachis pintoi* CIAT 22160，为多年生匍匐型草本豆科绿肥。2004 年通过全国牧草品种审定委员会审定，证书号：277。

【特征特性】具根状茎和匍匐茎，全株被稀疏茸毛，草层高 20cm。根系发达，主根发育明显。茎匍匐。羽状复叶，小叶 2 对，上部一对长 3.2 ~ 4.5cm、宽 2 ~ 2.8cm，倒卵形；下部一对长 3 ~ 4cm、宽 1.6 ~ 2.5cm，矩圆形、阔椭圆形。总状花序，腋生。多数花序形成 1 荚，每荚 1 粒种子，偶有 2 粒、极少 3 粒，种子褐色。喜热带潮湿气候，适应性强，从重黏土到砂性土上均能良好生长，在 pH 值为 5.5 ~ 8.5 的土壤上表现良好。中等程度耐盐碱、耐贫瘠、耐阴。耐旱，在年降水 650mm 以上的地区均能良好生长，可忍受连续中长期干旱，在低温干旱季节仍有少量开花。有一定的耐涝性。耐寒，在霜冻时虽有大量匍匐茎死亡但生长季节可萌发生长并迅速覆盖地面。收种困难，多为无性繁殖。

【生产表现】具有较高的茎叶产量，鲜草产量 30 ~ 45t/hm²。营养期干物质养分含量为氮（N）2.1%、磷（P）0.21%、钾（K）1.3% 左右。花期长，覆盖度高，单一种植花期长达 10 个月以上，耐

根系　　　　　　茎　　　　　　复叶　　　　　　单花

群体

图 4-43　热研 12 号平托花生

牧性、持久性强，具有饲用价值和园林绿化效果，能用作草地改良、地被覆盖、果园间作和固土护坡植物，以及建植人工草地和园林绿化。适合我国长江以南热带、亚热带地区种植，在海南、广东、广西、云南、福建等地表现最优。

（二）阿玛瑞罗平托花生（图4-44）

阿玛瑞罗平托花生（*Arachia pintoi* 'Amarillo'），原产巴西，豆科（Fabaceae）落花生属（*Arachis*），热带型多年生，匍匐型、蔓生型草本植物。1990年福建省从澳大利亚新英格兰大学（UNE）引进，后进行生态农业观光园试用，表现出良好的美化绿化效果，于2003年通过全国草品种审定委员会审定，证书号：256。

【特征特性】草层高10～30cm。主根发育不明显，侧根多。茎贴地生长，分枝多，可节节生根。羽状复叶，4片长卵形小叶互生。总状花序，腋生，蝶形花冠，色淡黄，花多，花期长。荚果长桃形，

根系　　　　　　　　　茎　　　　　　　　　花

复叶　　　　　　　　　　　　群体

图4-44　阿玛瑞罗平托花生

果嘴明显，每荚有一粒种子，少数有 2～3 粒。结荚时间长，荚果分散，结实率较低。每千克有荚果 6 000～8 000 个。耐酸，能在强酸性红壤新垦地上生长，砂质土、重黏土均能栽培，在中等肥沃的土壤上生长更好。耐瘠、耐旱、耐寒，适合于热带、亚热带地区种植利用。

【生产表现】适宜福建、广东等热带、亚热带地区种植利用。福建省适宜播期 3—6 月，南北普遍生长良好，可安全越冬。一般一年割草二次，鲜草产量 15t/hm² 左右。有较强的耐阴能力，适于果茶园套种。短期内能覆盖地面，草被较矮且整齐，可作绿肥、牧草、水土保持覆盖等多用途利用。盛花期干物质含粗蛋白 15% 左右，适口性好，可青饲、青贮或制干草。出苗后 3～4 周就开始开花。除冬季外，长年花期不断，常作为绿化美化草种。

第八节　柱花草属

柱花草（*Stylosanthes*），豆科（Fabaceae）柱花草属（*Stylosanthes*），又名巴西苜蓿、热带苜蓿等，原产于美洲。中国于 1962 年引进，在广东、广西、福建和云南等地栽培，主要用于橡胶园覆盖。目前在世界热带地区广泛种植，我国热带、亚热带也多有种植。

一、柱花草特征特性

多年生草本或亚灌木，直立或开展，稍具腺毛。羽状三出复叶，小叶披针形；托叶与复叶柄贴生成鞘状。穗状花序，腋生，多朵小花密集组成；苞片、小苞片膜质；花萼筒状，5 裂，上面 4 裂片合生，下面 1 裂片狭窄。花冠黄色或橙黄色，旗瓣圆形、宽卵形或倒卵形，先端微凹；翼瓣比旗瓣短，长圆形至倒卵形，上部弯弓，龙骨瓣和翼瓣相似。荚果小，扁平，长圆形或椭圆形，先端具喙，具荚节 1～2 个，果瓣具粗网脉或小疣凸。种子近卵形，种脐常偏位，具种阜。

二、柱花草应用价值

适宜在幼林地、果园地间套种，是水土保持、改良土壤的优良覆盖绿肥作物。柱花草质地优良，适口性极好，既可鲜饲，也适宜晒制干草，为猪、牛、羊、兔、鹅等畜禽喜食。鲜草产量 75～100t/hm²，初花期干物质含粗蛋白 17.4%、粗脂肪 3.3%、粗纤维 35.3%、粗灰分 7.9%、钙（Ca）2.56%、磷（P）0.69%。

三、柱花草主要品种

中国热带农业科学院于 20 世纪 80 年代从国际热带农业中心（CIAT）、澳大利亚等地引进的柱花草种质资源，培育出热研系列柱花草品种并通过审定。

（一）西卡柱花草（图 4-45）

西卡柱花草（*Stylosanthes scabra*），中国热带农业科学院从澳大利亚引进，2001 年通过全国牧草品种审定委员会审定，证书号：225。

【特征特性】多年生亚灌木状草本豆科绿肥作物，直立或半直立，株高 1.3～1.5m，多分枝，不耐霜冻、耐干旱、不耐水渍。耐酸性瘠薄土壤，在砂质土上自然繁殖良好。

【生产表现】鲜草产量约为 60t/hm²，种子产量 150～375kg/hm²。营养期干物质含氮（N）2.3%、磷（P）0.19%、钾（K）1.2%。适合在热带、亚热带地区种植，特别是在海南、广东、广西、福建等地及云南和四川的热区大面积推广。

根系　　　　茎　　　　复叶　　　　花序

群体　　　　种子

图 4-45　西卡柱花草

（二）热研 2 号柱花草（图 4-46）

中国热带农业科学院从国际热带农业中心引进，1991 年通过全国牧草品种审定委员会审定，证书号：099。

【特征特性】多年生直立或半直立草本植物，根系发达。多数主茎不明显，分枝多，斜向上生长，自然株高 0.8～1.5m，茎粗 0.2～0.3cm。三出复叶，叶柄长 0.3～0.6cm，小叶长披针形，中间小叶较大，长 3.0～3.8cm，宽 0.5～0.7cm，绿至深绿色。托叶合生为鞘状，向阳处呈微红色。复穗状花序，顶生或腋生；花小，旗瓣橙黄色，翼瓣深黄色。荚果小，褐色，每荚含一粒种子。种子肾形，呈土黄色或黑色，千粒重约 2.7g。喜热带潮湿气候，适生于我国热带、南亚热带地区，最适生长温度 25～28℃，开花结荚期温度宜在 19℃以上。适应性强，从砂质土至重黏土均可生长良好，耐旱，耐酸性瘠土，但不耐阴和渍水。抗病性强。

【生产表现】在海南三亚种植，9月底始花，10月中旬盛花，12月底种子成熟。种子产量225～375kg/hm²。一年可刈割2～3次，鲜草产量为75t/hm²左右。营养期干物质养分含量约为氮（N）2.5%、磷（P）0.2%、钾（K）1.2%；粗蛋白含量16.4%～18.6%，适作青饲料、晒制干草、制干草粉或放牧。具有良好的固沙保土作用，可在短时间形成绿色覆盖。

根系　　　　　　茎　　　　　　　复叶　　　　　　　　花序

群体　　　　　　　　　　　　　种子

图 4-46　热研 2 号柱花草

（三）热研 5 号柱花草（图 4-47）

中国热带农业科学院1987年从澳大利亚引进种质CIAT184，通过系统选育而成。1999年通过全国牧草品种审定委员会审定，证书号：206。

【特征特性】多年生草本豆科绿肥作物，直立，株高1.3～1.8m，茎粗3～5mm，三出复叶，花冠黄色。耐干旱，在年降水量700～1 000mm的地区生长良好。耐酸性瘦土，在土壤pH值4.5左右的强酸性土壤仍能茂盛生长。稍耐寒冷和阴雨，在海南省，冬季低温（5～10℃）潮湿气候条件下能保持青绿。

【生产表现】早花，在海南儋州9月底始花，10月底盛花，11月底种子成熟，花期比热研 2 号柱花草早 25 ～ 40 d。鲜草产量一般约 75t/hm², 种子产量 150 ～ 300kg/hm²。营养期干物质含氮（N）2.6%、磷（P）0.19%、钾（K）1.1% 左右。适宜在热带、亚热带地区种植。

根系　　　茎　　　　　复叶　　　　　　　　花序

群体　　　　　　　　　　　　　　　　　种子

图 4-47　热研 5 号柱花草

（四）热研 13 号柱花草（图 4-48）

中国热带农业科学院从澳大利亚引进种质，系统选育而成。2003 年通过全国牧草品种审定委员会审定，证书号：257。

【特征特性】多年生草本豆科绿肥作物，直立，株高 1.0 ～ 1.3m，三出复叶，花冠米黄色。喜湿润热带气候，适应性强，耐旱、耐瘠、耐酸性土壤，抗炭疽病较强。

【生产表现】绿期长，种子成熟期短，晚熟。鲜草产量约为 75t/hm²，种子产量 150 ～ 375kg/hm²。营养期干物质含氮（N）2.8%、磷（P）0.41%、钾（K）1.1%。适宜在年降水量 1 000mm 左右的热带、亚热带地区种植。

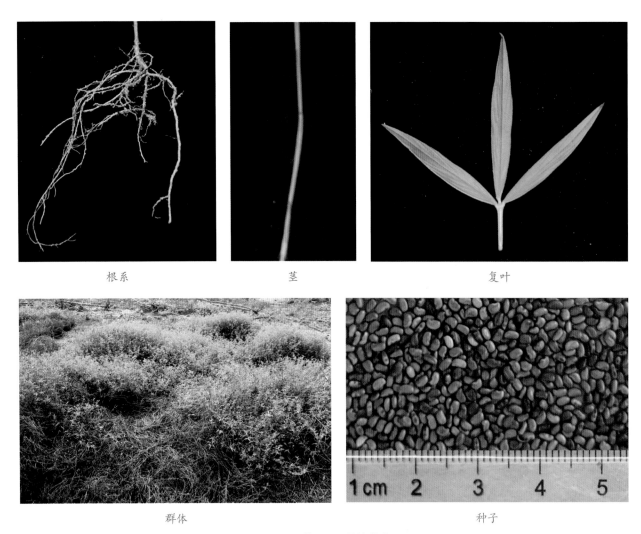

根系   茎   复叶

群体   种子

图 4-48 热研 13 号柱花草

第九节 其他夏季及热带豆科绿肥

一、蝴蝶豆

　　蝴蝶豆（*Centrosema pubescens*），豆科（Fabaceae）距瓣豆属（*Centrosema*），又称毛蝶豆。原产于热带美洲，我国于 1962 年由广东省引种用作绿肥和覆盖植物，已逸为野生。云南省于 1984 年从澳大利亚引进，中国热带农业科学院又于 2008 年从哥伦比亚引进多份种质。目前，在我国广东、广西、云南、福建和台湾等地有栽培。

　　（一）植物学特征（图 4-49）

　　蝴蝶豆为多年生草质藤本。茎匍匐，茎节能生根。三出复叶，叶柄长约 5cm；顶生小叶椭圆形，长 3 ～ 6cm、宽 1.5 ～ 4cm，两面疏被毛；侧生小叶略小，稍偏斜。总状花序，腋生，着小花 2 ～ 4

朵，常密集于花序顶部；花萼5齿裂，上部2枚多少合生；花冠淡紫红色至白色，具暗紫罗兰色斑纹，长约2.5cm，旗瓣宽圆形、背面密被柔毛，翼瓣镰状倒卵形，龙骨瓣宽而内弯，近半圆形。荚果线形，长可达10cm、宽约5mm，扁平或略弯，先端渐尖，具细长喙，每荚含种子20粒。种子长椭圆形，种皮黄色、黄绿带黑或深棕色。

根系及根瘤　　　　茎　　　　花、荚果

群体　　　　　　　　　　　种子

图4-49 蝴蝶豆

（二）生物学特性

蝴蝶豆对土壤要求不严，适宜土壤pH值4.9～5.5，以砂质至黏质的各种土壤为宜，在肥沃而湿润的土壤上生长尤为旺盛。抗旱能力强、稍耐阴蔽、耐寒能力差。早期生长缓慢，种植3～4个月后分枝开始增多，之后生长加快，种植1年后草层厚度可达40cm以上。在贫瘠的土壤种植，对磷、钾和钼较为敏感。

（三）利用方式

蝴蝶豆为热带优良的覆盖植物和绿肥，也可作饲料。采用种子繁殖或扦插。年均鲜草产量 15 ~ 30t/hm²、种子产量 750 ~ 1 500kg/hm²。营养期干物质含氮（N）3.3%、磷（P）1.2%、钾（K）1.4% 左右。适宜果园、胶园间作覆盖，也可用于草地改良。茎叶柔嫩，适口性好。干物质含粗蛋白 18% ~ 20%、粗脂肪 2% ~ 6%、粗纤维 30% ~ 38%、无氮浸出物 29% ~ 41%、灰分 6% ~ 8.5%、钙（Ca）0.8% ~ 3.5%。

二、紫花大翼豆

豆科（Fabaceae）大翼豆属（*Macroptilium*）。主要分布于美洲热带地区，现广泛栽培于热带、亚热带地区，约有 20 种。引入我国栽培的有 2 种，即紫花大翼豆（*Macroptilium atropurpureum*）和大翼豆（*Macroptilium lathyroides*）。目前用作绿肥牧草栽培的主要是紫花大翼豆，主要分布在广东、广西、云南、福建和江西等地。

（一）植物学特征（图 4-50）

紫花大翼豆为多年生蔓生草本。主根深入土层，上布根瘤。茎匍匐蔓生，被短柔毛或茸毛，逐节

根系　　　　　茎　　　　　复叶　　　　　花序

种子

图 4-50　紫花大翼豆

生根。三出复叶，长 3 ～ 8cm、宽 2 ～ 5cm；小叶卵形至菱形，长 1.5 ～ 7cm、宽 1.3 ～ 5cm，被长柔毛。花序腋生，总花梗长 10 ～ 25cm，着小花 3 ～ 12 朵；花萼钟状，长约 5mm，被白色长柔毛，具 5 齿；花冠深紫色，旗瓣长 1.5 ～ 2cm，龙骨瓣粉红色，二枚翼瓣大，故而得名。荚果线形，长 5 ～ 9cm、宽约 3mm，顶端弯曲具喙尖，每荚含有种子 12 ～ 15 粒。种子长圆状椭圆形，长 4mm，褐色具大理石花纹，具凹痕；千粒重 12 ～ 15g。

（二）生物学特性

紫花大翼豆喜强光照。昼夜气温 25 ～ 30℃时营养生长茂盛，昼夜温差达 10 ～ 12℃时籽粒饱满。对土壤要求不严，耐旱性强，耐放牧。耐盐碱性能差，不耐寒但能耐轻霜。气温降至 −9℃时，仍有 60% ～ 83% 的植株存活。在 −3℃的气温下叶片枯黄，嫩枝受冻害，但老茎蔓不死。在土壤 pH 值 4.5 ～ 8、年降水量 650 ～ 1 800mm 的地区均可种植，降水量低于 500mm 或大于 3 000mm 则生长不良。适宜南亚热带及热带地区推广，用作覆盖植物、绿肥和牧草。

（三）利用方式

紫花大翼豆耐粗放管理，一般管理水平下的鲜草产量 37.5 ～ 45t/hm^2，种子产量约 0.6t/hm^2。营养期干物质含氮（N）3.3%、磷（P）0.2%、钾（K）2.1% 左右。据研究，种植大翼豆 1 ～ 3 年后的酸性黏红壤土，土壤全氮、有机质含量均明显提高，保水保肥能力改善。

春播当年可刈割 1 ～ 2 次。适口性好，牛、羊、马等草食动物均喜食。整株粗蛋白含量在 16% ～ 21%；花期干物质含粗蛋白 19.1%、粗脂肪 4.7%、粗纤维 26.6%、无氮浸出物 35.3%、粗灰分 11.3%、钙（Ca）1.15%。

三、硬皮豆

硬皮豆（*Macrotyloma uniflorum*），豆科（Fabaceae）硬皮豆属（*Macrotyloma*）一年生半直立缠绕型草本。原产印度，非洲也有分布，现在热带地区已作为覆盖植物广泛栽培。台湾省屏东县有逸生种，在海南崖州为乡土草种。

（一）特征特性（图 4-51）

硬皮豆为一年生草本。小叶 3 枚，质薄，卵状菱形或椭圆形，一侧偏斜，长约 5cm，宽约 3cm，两面被茸毛；托叶卵圆状披针形，长约 6mm。花 2 ～ 3 朵腋生成簇；苞片线形，长约 2mm；花萼管长约 2mm，裂片三角状披针形；旗瓣淡黄绿色，中央有一紫色小斑，倒卵状长圆形，长约 1cm，宽 5mm；翼瓣及龙骨瓣淡黄绿色。荚果线状长圆形，长约 4cm、宽约 6mm，被短柔毛。种子浅或深红棕色，长圆形或圆肾形，长约 3.5mm，宽约 3mm。抗旱，耐贫瘠土壤，抗病虫害。

（二）利用方式

硬皮豆生长快，生长势强，叶量多，与杂草竞争能力强，适合在长江以南亚热带中低海拔区，作为夏季短期性豆科牧草种植。南亚热带及更热地区，用于果园、经济林等地表覆盖作物种植或用作热带地区多年生草地先锋豆科绿肥种植。平均鲜草产量为 15 ～ 30t/hm^2，种子产量约为 300kg/hm^2。营养期干物质养分含量为氮（N）3.3%、磷（P）1.2%、钾（K）1.4% 左右；干种子蛋白质含量为 23% ～ 26%，脂肪含量 0.9% 左右，是低脂、高蛋白食用豆类。

根系　　　　茎　　　　复叶　　　　花序

群体　　　　　　　　　种子

图 4-51　崖州硬皮豆

四、绿叶山蚂蝗

绿叶山蚂蝗（*Desmodium intortum*），豆科（Fabaceae）山蚂蝗属（*Desmodium*）多年生热带草本植物。原产中南美洲，我国于 20 世纪 70 年代由广西最先引种栽培，目前在广西、广东、海南和福建等热作地区有种植。

（一）植物学特征（图 4-52）

绿叶山蚂蝗为披散型草本。根系发达。茎匍匐生长，粗壮，呈绿色至微红棕色，长 1.3 ～ 8m、直径 5 ～ 8mm，密生茸毛。茎节着地即生根，向上生出新枝，茎枝红棕色。三出复叶，小叶椭圆形，绿色，叶面被细茸毛，有微红棕色或紫红色斑点。成龄株叶片长 7.5 ～ 12.5cm、宽 5 ～ 7.5cm。总状花序，腋生，淡紫色或粉红色。荚果弯曲，每荚含种子 6 ～ 10 粒；种子肾形，长 2mm、宽 1.5mm，千粒重 1.5g 左右。

花序　　　　　　　　　豆荚　　　　　　　　　种子

群体

图4-52　绿叶山蚂蝗

（二）生物学特性

绿叶山蚂蝗喜潮湿的热带、亚热带气候，适应性广，抗逆性强。耐酸、耐瘠薄能力强，对湿热地区酸瘦土壤的适应性极好，也适于高铝、高锰和低磷土壤生长。有较强的耐阴性、耐涝性和抗淹能力，也具一定的耐旱性。在福州3月初播种，4月底开始分枝，11月中旬初花，11月下旬初荚，翌年2月上旬种子成熟。

（三）利用方式

绿叶山蚂蝗主要用于果园间作绿肥和土地改良。年鲜草产量一般为30～45t/hm²，种子产量75～225kg/hm²，营养期干物质含氮（N）2.2%、磷（P）0.16%、钾（K）0.9%左右。适口性好，营养价值高，是优质饲草。叶片干物质含粗蛋白23.63%、粗脂肪6.12%、粗纤维24.52%、无氮浸出物36.67%、灰分9.06%。

五、拉巴豆

拉巴豆（*Lablab purpureus*），豆科（Fabaceae）扁豆属（*Lablab*）一年生或越年生草本植物，为热带和亚热带广泛分布的优良高产牧草和蔬菜作物。原产澳大利亚，我国广西、重庆、甘肃、贵州、海南等地有引种栽培。

（一）植物学特征（图4-53）

主根发达，侧根多。茎缠绕，长3～6m。羽状三出复叶，叶卵形至偏菱形，长15cm、宽7.5cm，小叶背具短茸毛，叶柄细长，叶量大。花序腋生，直立，或在花梗处拉长成总状花序，花色白、蓝、粉红或紫。荚果长4～5cm，每荚含种子3～6粒；种子扁圆形，种皮色白、黑或褐，脐色白、呈眉形，种子长1.0cm、宽0.7cm。

（二）生物学特性

在pH值6.0～8.0的各类土壤上均能正常生长，在贫瘠、强酸和黏重的土壤上生长不良。在年降水量750～2 500mm的热带和亚热带地区生长良好。在气温25℃以上时生长最快；能耐短时间35℃高温或霜冻，但不利于开花结实。耐阴性好，抗根腐病能力强，抗旱性强，能耐一定程度的水淹。在广西，3月播种，10月至翌年2月均处于孕蕾、开花期，翌年1月种子陆续成熟，生育期可达300d。种

根系　　　　　　　　　　叶及花序　　　　　　　　　　种子

群体

图4-53　拉巴豆

子应分批及时收获，种子产量 0.3 ~ 0.6t/hm²。

（三）利用方式

拉巴豆有较强的共生固氮能力，生物量大，有较好的养地作用。耐阴性强，覆盖度高，可作为果园覆盖绿肥。多点试验结果，盛花期鲜生物量为 32.1 ~ 36.3t/hm²。全株干物质含氮（N）2.47%、磷（P）0.13%、钾（K）2.21%。

幼嫩植株是优质青饲料，主要作为夏季饲料作物及放牧利用，或与高粱、玉米等高秆作物混播制作成青贮饲料。干草含粗蛋白 14.2%、粗纤维 28.1%、粗脂肪 3.5%、碳水化合物 39.4%、灰分 14.8%、钙（Ca）1.94%、磷（P）0.26%，含有丰富的维生素。一年可刈割 3 ~ 4 次，风干率为 22% ~ 25%。茎叶可直接喂食草畜禽，也可以调制青贮。

第五章
肥豆（菜）兼用型豆科绿肥

第一节 豌 豆

豌豆（*Pisum sativum*），豆科（Fabaceae）豌豆属（*Pisum*）一年生或越年生草本植物。又称雪豆、麦豆、耳朵豆、荷兰豆，中国古籍称戎菽、毕豆、回鹘豆。为世界重要的栽培豆类作物之一，广泛分布于亚洲和欧洲。是我国传统的粮、菜作物，也是很好的绿肥作物。生育期短，是用于轮作换茬的重要作物种类。

一、豌豆起源与分布

豌豆是古老作物之一，起源于欧洲南部地中海沿岸地区，也有认为起源于高加索南部直至伊朗附近，还有认为伊朗和土库曼斯坦是其次生起源中心。在地中海东部新石器时代（公元前 7000 年）和瑞士湖居人遗址中发掘出炭化小粒豌豆种子，表面光滑，近似现今栽培类型。在中亚、地中海东部和非洲北部发现有豌豆属的野生种——地中海豌豆（*Pisum elatius*）分布，能与现代栽培豌豆杂交可育，疑为栽培豌豆的原始类型。最早的豌豆有地中海东部的耐干燥型和地中海沿岸的湿润型，前者可能为栽培品种的祖先。古希腊和古罗马人在公元前就栽培褐色小粒豌豆，16 世纪欧洲开始分化出粒用、蔓生和矮生型等豌豆类型，并较早普及菜用豌豆。豌豆由原产地向东首先传入印度北部，经中亚细亚到中国，16世纪传入日本，后引入美国。

中国早在汉朝引入小粒豌豆。按《太平预览》，张骞通西域"得胡豆种归。"据游修龄（1993）考证，张骞出使西域带来的胡豆应为豌豆。《尔雅》"戎菽豆"，实际上是豌豆。东汉崔寔辑《四民月令》中记录有栽培豌豆。唐代汉中地区就有豌豆种植。《本草纲目》时珍曰："豌豆种出西胡，今北土甚多。八、九月下种，苗生柔弱如蔓，有须。叶似蒺藜叶，两两对生，嫩时可食。三、四月开小花如蛾形，淡紫色。结荚长寸许，子圆如药丸，亦似甘草子。出胡地者大如杏仁。煮炒皆佳，磨粉面甚白细腻。百谷之中，最为先登。"目前，我国南北各地均有豌豆种植，是世界上豌豆栽培面积较大的国家之一。

二、豌豆植物学特征（图5-1）

直根系并有细长的侧根。主根与侧根上部着生小圆形根瘤。主根发育较早，在幼苗尚未出土时就长

豌豆叶片及托叶　　　　　　　半无叶豌豆叶片及托叶　　　花序及花冠颜色

白花型群体　　　　　　　　　　　紫花型群体

嫩荚及种子　　　　　　　　　　　种子

图5-1　豌豆

达 6～8cm，待有 4 片复叶时，其根长已达 16cm。

一年生攀缘草本，茎长 50～200cm。早熟品种矮小，中晚熟品种植株高大。茎圆形中空，光滑无毛，被粉霜；茎基部 1～3 节均能产生分枝。偶数羽状复叶，小叶 1～3 对，呈卵形或椭圆形，全缘或下部稍有锯齿，光滑无毛，顶端 1～3 片小叶退化为卷须；叶柄基部生有 1 对宽大的托叶将茎包裹，托叶比小叶大、心形，下缘具细齿。半无叶型品种，羽状复叶突变成卷须以适应干旱环境。

总状花序，腋生，单生或数花序排列，具花梗，每花梗上着生小花 1～3 朵。花萼钟状，深 5裂，裂片披针形。花冠颜色多为白色和紫色。荚果光滑无毛，长椭圆形，多数长 5～8cm、宽 0.7～1.4cm，顶端斜急尖，背部近于伸直；每荚有种子 4～8 粒；种子圆球形，青绿色，有或无皱纹；种皮黄色、浅黄、白色和褐色。种子千粒重 125～250g。

三、豌豆生物学特性

豌豆喜冷凉而湿润的环境。种子发芽的起始温度较低，圆粒种为 1～2℃，皱粒种为 3～5℃。半冬性品种能耐 -8～-4℃低温。营养生长期，幼苗能耐 5℃低温，生长期适温 12～16℃，开花最低温度为 8～12℃，结荚期适温 15～20℃，超过 25℃后结荚结实率低。高温干旱时荚果过早老熟，产量和品质下降。豌豆是长日照作物，大多数品种在延长光照时可提早开花。在华南早熟品种生育期 180d，长江流域秋播豌豆生育期 200～240d，华北春播生育期为 90～100d，东北黑龙江省春播生育期仅需 80d。

豌豆稍耐旱但不耐湿，播种或幼苗期如遇排水不良则易烂根，地上部也早枯致死。半无叶型豌豆（俗称针叶豌豆）耐旱能力较强。对土壤要求不严，在排水良好的砂壤上或新垦地均可栽植，以质地疏松且肥力较高的中性土壤为宜。适宜土壤 pH 值 5.5～8.5，土壤 pH 值低于 5.5 时易发生病害、结荚率低。

四、豌豆利用方式

（一）栽培模式（图 5-2）

豌豆速生早发，生育期短，有利于其与其他作物复种和间套种，适合在南方稻田、西南冬春季节以及北方旱地早春种植利用。

（二）利用方式

豌豆是典型的粮、菜、肥多用型作物。籽实蛋白质含量高，嫩荚及鲜豆具较多的糖分及维生素，故籽实及嫩荚、嫩苗均可食用、菜用，种子可用于食品加工。青荚或籽实收获后，秸秆还田用作绿肥，既能获得当期经济效益，又能实现用地养地，经济与生态兼顾。

1. 绿肥

南方稻田种植豌豆，分批采摘部分鲜果荚做蔬菜上市，一般鲜荚产量约 10t/hm²。余下新鲜茎叶和果荚压青作早稻绿肥，综合利用的经济和生态价值可观。甘肃省农业科学院土壤肥料与节水农业研究所在西北多年的试验表明，早春进行玉米与豌豆间作，可充分利用玉米前期生长慢、豌豆前期生长迅速的特点，在不影响玉米产量的同时收获一茬豌豆，干籽产量 2.25～3.5t/hm²，增值明显，同时有利于耕地地力提升。

2. 食物、饲料

豌豆是世界主要食用豆类之一。嫩荚和鲜豆均含有较高的糖分及多种维生素，是常见蔬菜。豌豆嫩

图 5-2 豌豆种植模式（左：南方稻田冬季种植豌豆；右：西北春季玉米间作豌豆）

茎尖（俗称豌豆尖）是优质蔬菜，口感佳。籽实含蛋白质 22%～24%，也是常用的蔬菜原料。从豌豆籽实中提取的蛋白粉，含有优质的蛋白质和人体所需的氨基酸，易吸收，适合各种人群食用。

豌豆豆蔓质地柔软，蛋白质含量 6%～8%，易消化，是家畜良好的饲料。刈割鲜草后晒制干草，粗蛋白含量达 20% 左右，饲料营养价值与苜蓿相当。

五、豌豆部分品种

我国各地均有一些适合当地种植的地方品种、人工选育的新品种以及从国外引进的品种。南方春播以福建地方品种福清豌豆、长乐豌豆、霞浦豌豆表现较好；秋播则以官镇豌豆表现早发高产。在北方地区，早熟小粒豌豆品种民豌豆可用于水稻插秧前和春小麦收获后填闲种植。在西北冷凉地区，从美国引种栽培的半无叶型豌豆表现出色。

（一）陇豌 2 号针叶豌豆（图 5-3）

甘肃省农业科学院土壤肥料与节水农业研究所从美国引进，原代号 MZ-1。2010 年 4 月，通过甘肃省农作物品种审定委员会认定登记，证书号：甘认豆 2010001。

【特征特性】半无叶型豌豆品种。株高 35～85cm，全生育期 80～85d。复叶卷须状，叶柄中空，前端为卷须状。无蔓，竖立，花白色，无限花序，有限结荚 1～2 个。每株着生 6～12 荚，双荚率达 75% 以上，荚果长矩形，荚长 5.0～8.0cm，荚宽 1.0～1.5cm，不易裂荚。每荚 5～7 粒，中粒，种皮黄白色，表面光圆，百粒重 25.5～29.7g。干基粗蛋白 25.9%、粗淀粉 51.8%、粗脂肪 0.9%。

【生产表现】适宜在甘肃海拔 3 100m 以下，有效积温 1 300℃以上的河西灌区、中部引黄灌区、半干旱雨养农业区及高寒阴湿地区种植。2005—2008 年在甘肃高寒阴湿区、河西灌区和沿黄灌区的 10 个点试验，4 年平均种子产量 4.7t/hm^2。

叶片及托叶　　　　　　　　　花序　　　　　　　　　结荚期

图 5-3　陇豌 2 号针叶豌豆

（二）20108-1 甜豌豆（图 5-4）

由甘肃省农业科学院土壤肥料与节水农业研究所引进的甜豌豆品种。

【特征特性】全株被白色毛，茎棱状有翼，羽状复叶，仅茎部两片小叶，先端小叶变态形成卷须，花腋生，着花 1 ～ 4 朵，花大蝶形，旗瓣色深艳丽紫红 ，荚果长圆形，内 5 ～ 6 粒种子，种子球形、种皮褐色。百粒重 30 ～ 40g。

【生产表现】适宜西北灌区种植，可与玉米作物间套种。甘肃多年在凉州区、甘州区、金川区进行

茎　　　　　　　　小叶　　　　　　　　托叶及花序　　　　　　　　花冠

图 5-4　20108-1 甜豌豆

的多点区域试验和生产示范，平均种子产量 2.8t/hm²，较地方品种增产 16.9%；鲜草产量 37.9t/hm²，较当地豌豆增产 23.5%。

（三）闽甜豌 1 号（图 5-5）

由福建省农业科学院作物研究所选育的甜豌豆品种，2020 年通过国家品种登记，证书号：GPD 豌豆（2020）350021。

【特征特性】半蔓生，主蔓长 85 ～ 125cm。花白色，双花率高。单株荚数 23 ～ 30 个。荚色翠绿，长 7 ～ 9cm，宽 1.1 ～ 1.3cm，单荚重 6.5 g 左右。豆荚清香、味甜，食味品质佳。每荚含种子 4 ～ 6 粒；成熟种子绿色，皱缩，百粒重 20 g 左右。

【生产表现】中熟类型。适宜福建省冬季种植，在福建省冬种适宜播种时间为 10 月中旬至 11 月中旬，自播种到初花 60 ～ 65d，开花到采收 15 ～ 20d，播种到始收生育期 80d 左右。一般青荚产量 12 ～ 15t/hm²，采收期较集中。

花

荚

图 5-5　闽甜豌 1 号

第二节　蚕　豆

蚕豆（*Vicia faba*），豆科（Fabaceae）野豌豆属（*Vicia*）一年生或越年生草本植物，又名胡豆、佛豆、川豆、倭豆、罗汉豆等。营养价值丰富，可食用，也可作饲料、绿肥和蜜源植物种植，为粮食、蔬菜、饲料和绿肥多用型作物。

一、蚕豆起源与分布

蚕豆是人类古老的栽培作物之一。一般认为蚕豆起源于亚洲西南和非洲北部。现已发现的蚕豆野生种与蚕豆栽培种杂交不亲和，故其原产地及野生种问题尚未有公认的结果。目前，原产地存在二源说，一是以阿尔及利亚为中心的北非野生型，为大粒蚕豆的祖先；二是黑海南岸野生型，为小粒蚕豆的祖先。在印度北部喜马拉雅山地区已广泛种植蚕豆。

蚕豆在中国栽培历史悠久，最早称之为佛豆、胡豆，但蚕豆何时何地传入中国未见有直接文献证实。胡豆之名最早文献见于三国时期《广雅》："豍豆、豌豆，留豆也……皆指豌豆也。"经后世考证并非如此。佛豆则始记于北宋年间（1057年）宋祁《益部方物略记》。真正的蚕豆一词，最先见于北宋苏颂《图经本草》："蚕豆，方茎，中空。叶状如匙，……荚状若老蚕形，故名蚕豆。"元代《王祯农书》则谓："豆于蚕财成熟，其义亦通。"

蚕豆称之为佛豆，可能与从云南传入有关。明代周文华《汝南圃史》记载蚕豆"种出云南。"清代吴其浚《植物名实图考》解释佛豆为"滇为佛国，名曰佛豆。"由于印度自缅甸进入中国云南的通道自古就有，故蚕豆很有可能由印度通过缅甸进入云南，由云南传入四川，再传播至外地。日本种植蚕豆于唐开元二十四年（公元736年）由印度僧侣经中国带入。

我国是世界上栽培蚕豆面积较大的国家之一。在我国大多数地区都可种植，长江以南地区以秋播冬种为主，长江以北以早春播为主。

二、蚕豆植物学特征

（一）根与根瘤（图5-6）

根系较发达，圆锥状根系，主根粗壮，可入土层60～100cm，支根和侧根伸展在表土层内，根群分布范围广。根瘤形成较早，主根和支根均附着较多的大型根瘤。单瘤长圆形，先端渐尖，常数个根瘤连接一体。

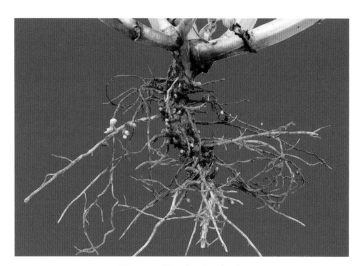

图5-6　蚕豆根系、根瘤

（二）茎与叶片（图5-7）

直立型生长，株高60～120cm。茎方形、中空，四棱，柔软，表面光滑无毛。幼时一般为绿色，部分品种基部略带红色，老熟时茎黄褐色，最后干枯变成黑色。

偶数羽状复叶，2～6片小叶互生。复叶基部有2片托叶，托叶半箭头状，边缘白色膜质，具疏锯齿，无毛。小叶椭圆形至长形，全缘，光滑无毛，长4～8cm、宽2.5～4cm，先端圆形或钝，具细尖，基部楔形。叶面深绿，叶背浅绿，叶质柔软肥厚，叶轴顶端具退化卷须。

图 5-7　蚕豆茎（左）、复叶（右）

（三）花（图 5-8）

总状花序，腋生或单生，一般从第十片复叶的叶腋间抽出，总花梗极短。每花序有 2 ～ 9 朵小花。萼钟状，长约 1.3cm，5 裂，裂片披针形，上面 2 裂片稍短。花冠蝶形，白色、紫白色或具红紫色斑纹。旗瓣倒卵形，先端钝，向基部渐狭；翼瓣椭圆形，先端圆，基部为耳状三角形，一侧有爪，两翼瓣中央各有黑色大斑一块；龙骨瓣两片在下方边缘连成杯状。自花授粉，但异交结实率高，属常异交植物。

图 5-8　蚕豆花序、花冠

（四）荚果和种子（图 5-9）

荚果扁圆形，肥厚，多数长 5 ～ 10cm、宽约 2cm，表面密被短茸毛。幼荚为绿色肉质，成熟时逐渐转黄，最后变为黑色。小花虽多，但成荚率较低，一般每个花序只有 1 ～ 2 朵小花能结荚，最高只有 4 个荚。每荚有种子 2 ～ 4 粒，少数能达到 6 ～ 7 粒；种子椭圆形，略扁平；种皮有黄白、青绿、紫红等色，种脐有黑色或白色。种子大小与品种有关，大粒品种百粒重为 110g 以上，中粒品种 70 ～ 110g，小粒品种则小于 70g。

荚果发育过程

种子粒型（左：小粒型；中：中粒型；右：大粒型）

图 5-9 蚕豆荚果、种子

三、蚕豆生物学特性

蚕豆属长日照作物，适合于较温暖而略带湿润的气候环境。种植时，需要选择开阔向阳的地块。蚕豆具有较强的耐寒性，但不及豌豆。在我国干旱冷凉地区，蚕豆宜春播秋收；在温暖湿润的南方地区，则宜秋冬种植春夏收获。蚕豆对温度要求随生育期的变化而不同。种子在 5 ～ 6℃时即能开始发芽，但最适发芽温度为 16℃。幼苗能忍耐 −5℃左右的低温，−6℃时易冻死。营养生长所需温度较低，最低温度为 14 ～ 16℃；开花结实期要求 16 ～ 22℃。如遇 −4℃以下低温，其地上部即会遭受冻害。

对土壤的适应性较广，砂壤土、黏土、盐碱地、稻田或旱地均能栽培。对土壤水分要求较高，但又不耐渍水，渍水容易诱发各种病害，导致根系腐烂而死亡。

四、蚕豆利用方式（图 5-10）

（一）绿　肥

蚕豆生长迅速，据四川省农业科学院试验，9 月上旬播种，适当密植，生长 47d 可产鲜草约 13t/hm²，生长 67～68d 的鲜草产量能达 20～23t/hm²。蚕豆采摘青荚及收获籽实后的茎多数仍保持一定青嫩，可以做绿肥利用，对培肥改土、合理轮作换茬均有良好的效果。多点采样分析，新鲜蚕豆茎叶含氮（N）0.59%、磷（P）0.06%、钾（K）0.43%。浙江省农业科学院研究结果，鲜荚采收后的新鲜秸秆用作绿肥翻压还田，一般鲜秸秆产量 22.5t/hm²，后作单季晚稻减施化肥 20% 仍可保持较高稻谷产量。

浙江稻田秋冬季种植蚕豆

云南蚕豆收获青荚后秸秆还田

云南洱源刈割蚕豆上部茎叶用于饲料

云南洱源蚕豆秸秆饲用后厩肥还田

图 5-10　蚕豆利用方式

（二）食　物

新鲜蚕豆可直接烹饪食用，或加工成蚕豆制品。鲜嫩的蚕豆籽实是很好的蔬菜，营养丰富。据分析，新鲜蚕豆蛋白质含量 12%、脂肪 0.58%、碳水化合物 15%。但蚕豆不可生吃，脾胃虚弱者不宜多食，过敏、有遗传性血红细胞缺陷症以及蚕豆症患者均不宜食用。

（三）饲　料

蚕豆在我国西北、西南和华北部分地区常作为粮食作物或饲料作物栽培，与小麦或水稻等作物轮作换茬。利用蚕豆全株饲喂家畜，过腹还田又能改良土壤。新鲜蚕豆茎叶除用于牛羊青饲料外，也可以用于养鱼。

五、蚕豆种质资源

蚕豆品种较多，分类方法不一。按籽实大小分，有大粒、中粒和小粒品种；按颜色分则有青粒、白粒、红粒品种；按照熟期类型分为早熟与迟熟两大类型。生产上应用的品种中，有地方农家品种，有育成的新品种，也有国外引进的良种。目前，国家农作物种质资源库中长期保存的绿肥用蚕豆种质有42份，根据20世纪80年代中期在广东省广州市观察，其主要特征特性见表5-1。

表 5-1　不同蚕豆种质生育期及特征特性

种质名称	来源地	熟期	主要特征特性	生育期/d	百粒重/g
兴宁	广东省兴宁县	早熟	花浅紫，小粒，较抗旱耐寒	128	62.0
兴宁大蚕豆	广东省兴宁县	早熟	花浅紫，中粒，较抗旱耐寒	128	68.8
兴宁钩豆	广东省兴宁县	早熟	花浅紫，中粒，较抗旱耐寒	126	68.2
兴宁青豆	广东省兴宁县	早熟	茎青绿，花浅紫，中粒，较抗旱耐寒	128	73.1
兴宁铁夹子	广东省兴宁县	早熟	花浅紫，小粒浅绿，较抗旱耐寒	128	63.7
兴宁白咀青	广东省兴宁县	早熟	茎紫绿，花浅紫，中粒浅黄，较抗旱耐寒	127	66.9
潮安东州	广东省潮安县	早熟	花紫白，小粒黄白，较抗旱耐寒	127	65.5
莆田沁后本	福建省莆田市	早熟	花浅紫，中粒，较抗旱耐寒	128	71.7
莆田土豆仔	福建省莆田市	早熟	花紫白，中粒，较抗旱耐寒	128	72.7
莆田莲花	福建省莆田市	早熟	花紫白，小粒，较抗旱耐寒	128	67.5
莆田半花	福建省莆田市	早熟	花浅紫，大粒浅绿，较抗旱耐寒	125	82.6
四川蚕豆	四川省	早熟	花浅紫，中粒，较抗旱耐寒	127	69.4
四川青胡豆	四川省	早熟	花浅紫，中粒，较抗旱耐寒	126	71.0
四川大白蚕	四川省	早熟	花浅紫，中粒，较抗旱耐寒	127	71.7
成都二板子	四川省	早熟	花浅紫，中粒，较抗旱耐寒	127	76.6
云南胡豆	四川省成都市	早熟	花浅紫，中粒，较抗旱耐寒	128	74.6
云南大蚕豆	云南省	早熟	花浅紫，中粒，较抗旱耐寒	128	71.7
青选1号	广东省	早熟	花紫，中粒，较抗旱耐寒	127	73.8
广成2号	广东省	早熟	花紫，中粒，较抗旱耐寒	126	72.2
广莆3号	广东省	早熟	花紫白，中粒暗绿，较抗旱耐寒，抗病虫	128	67.7
拉兴73	广东省	早熟	花紫白，中粒，较抗旱耐寒	128	74.9
玉溪大蚕豆	云南省玉溪市	中熟	花浅紫，大粒，较抗旱耐寒	137	88.5
宜良蚕豆	云南省宜良县	中熟	花紫白，中粒，较抗旱耐寒	136	76.8

（续表）

种质名称	来源地	熟期	主要特征特性	生育期 /d	百粒重 /g
马牙蚕豆	青海省	中熟	花紫白，大粒，较抗旱耐寒	137	80.6
仙米豆	青海省	中熟	花紫白，大粒，较抗旱耐寒	135	92.5
牛角豆	青海省	中熟	花紫白，大粒，较抗旱耐寒	136	83.2
湖南蚕豆	湖南省	中熟	花紫，大粒，较抗旱耐寒	134	81.0
江西蚕豆	江西省	中熟	茎紫，花浅紫，大粒，较抗旱耐寒	135	91.6
百色蚕豆	广西壮族自治区百色市	中熟	茎色绿，花浅紫，中粒，较抗旱耐寒	131	70.0
拉萨 1 号	西藏自治区	中熟	茎色绿，花浅紫，大粒，较抗旱耐寒	136	81.7
白绿豆	云南省	中熟	花浅紫，中粒，较抗旱耐寒	131	73.5
拉米豆	云南省	中熟	花紫白，大粒，较抗旱耐寒	137	83.2
英国 4-176	英国	中熟	花紫白，大粒，较抗旱耐寒	134	80.8
法国蚕豆	法国	中熟	花紫白，大粒，较抗旱耐寒	138	93.9
新西兰蚕豆	新西兰	中熟	花紫白，中粒，较抗旱耐寒	133	76.8
石屏蚕豆	云南省石屏县	中熟	花紫白，大粒，较抗旱耐寒	131	113.8
射洪蚕豆	四川省射洪	中熟	花紫，小粒，较抗旱耐寒	134	62.1
广安红	四川省广安	中熟	花紫白，中粒，较抗旱耐寒	137	72.5
英国 3-175	英国	中熟	花紫白，中粒，较抗旱耐寒	132	79.6
英国蚕豆	英国	迟熟	茎绿，花紫白，大粒，较抗旱耐寒	144	87.4
兴饲	广东省	迟熟	花浅紫，小粒，较抗旱耐寒，抗虫性强	142	56.4
饲用蚕豆	苏联	迟熟	茎绿，花浅紫，小粒微紫，较抗旱耐寒	149	51.2

第三节 绿 豆

绿豆（*Vigna radiata*），豆科（Fabaceae）豇豆属（*Vigna*）一年生草本植物，古称菉豆，又名植豆、文豆、青小豆，是中国传统的肥豆兼用作物之一。

一、绿豆起源与分布

绿豆在温带、亚热带、热带地区广泛种植，以亚洲的印度、中国、泰国、缅甸、印度尼西亚、巴基斯坦、菲律宾、斯里兰卡、孟加拉国、尼泊尔等国家栽培最多。

中国是绿豆的起源中心之一，各地都有种植。公元前 5 世纪，中国的北方地区就开始种植利用绿豆。《诗·小雅·采绿》："终朝采绿。"绿即为绿豆。孔颖达疏："绿同菉。"在公元 6 世纪前叶后魏时期，中国就明白了绿豆纳入农作物种植制度后的肥效及对后茬作物的增产效果。《齐民要术》载："凡美田之法，绿豆为上，小豆、胡麻次之；悉皆五、六月中穊种，七月、八月犁掩杀之，为春谷田，则亩收十石，其美与蚕矢、熟粪同。"唐代《四时纂要》："绿豆，不独肥田，菜地亦同。"元代《农桑衣食撮要》："六月耕麦地。耕过地里概种绿豆；候七月间，犁翻豆秧入地，胜如用粪，则麦苗易茂。"

中国绿豆品种繁多，类型丰富。明代《本草纲目》云："绿豆，处处种之。三、四月下种，苗高尺许，叶小而有毛，至秋开小花，荚如赤豆荚。粒粗而色鲜者为官绿；皮薄而粉多、粒小而色深者为油绿；皮浓而粉少早种者，呼为摘绿，可频摘也；迟种呼为拔绿，一拔而已。"

二、绿豆植物学特征（图 5-11）

直根系，主根不发达，侧支根细长。茎直立，有分枝，或顶端微缠绕，高约 60cm，被短褐硬毛。三出复叶，互生；叶柄长 9～12cm；小叶 3 片，中间小叶阔卵形至菱状卵形，侧生小叶偏斜，顶端尖，全缘或有缺刻，长 6～10cm、宽 2.5～7.5cm，两面疏被长硬毛；托叶阔卵形，小托叶线形。

总状花序，腋生，总花梗短于叶柄或近等长，每花序有小花 4～6 朵，花冠淡黄色。荚果圆柱形，长 6～8cm、直径约 6mm，成熟时黑色，被淡褐色粗毛。每荚含种子 4～17 粒。种子短矩圆形，长 4～6mm，种皮通常为绿色，也有黄绿、蓝绿、墨绿等颜色；百粒重 3～4g。

叶

花序

成熟荚果

种子

图 5-11 绿豆

三、绿豆生物学特性

生育期短，早熟绿豆在 4 月播种，7 月上旬即可陆续收获，生育期 70 ～ 80d；晚熟绿豆 8 月上中旬播种，10 月间收获。适应性强，喜温暖湿润环境，耐干旱，不耐涝。在气温 8 ～ 12℃时，条件适宜即可发芽，生长期间最适温度 20 ～ 35℃。

四、绿豆利用

绿豆是一种古老的粮肥兼用的经济绿肥种类，特别适宜作填闲接茬或同各种旱地作物间作套种（图 5-12）。在绿豆收获部分种子后，茎叶可继续用于晚稻基肥。速生早发，能快速覆盖地表，可压制杂草、增加土地覆盖，是果园间作的良好夏季绿肥。绿肥地方品种表现较好的有安徽滁县小槐花绿豆、安徽宿县二季绿豆、江苏铜山绿豆、河南长垣绿豆、芦氏绿豆等。

图 5-12　棉花间作绿豆

第四节　大豆类

大豆原产于中国，自古就有栽培。《诗经》中有"中原有菽，庶民采之""七月烹葵与菽"。菽即为大豆。中国大豆经过长期的自然和人工选择，形成了表型性状丰富的种质资源。由野生大豆演变成今天的栽培大豆过程中，有许多进化程度较低、野生型较强的原始大豆种类，如东北的秣食豆、长江流域的泥豆等，其籽粒产量较低，但生物量大，可用作绿肥。

一、秣食豆

秣食豆（*Glycine max*），豆科（Fabaceae）大豆属（*Glycine*）一年生草本植物，又名马料豆，大豆的原始栽培类型，原产于中国。在东北、华北、西北地区均有分布，以东北地区栽培最多。

（一）植物学特征（图 5-13）

主根粗壮发达，根长 30 ～ 50cm，圆锥形，侧根较多，主侧根着生圆形根瘤。茎稍呈圆形，高

秣食豆荚果（白秣食豆）

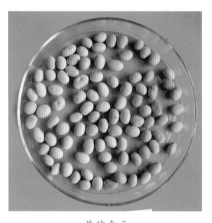

黄秣食豆

黑秣食豆

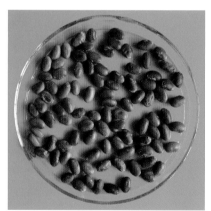

紫秣食豆

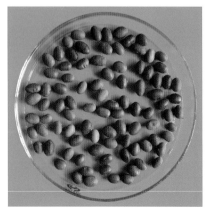

茶秣食豆

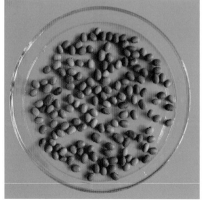

小粒秣食豆

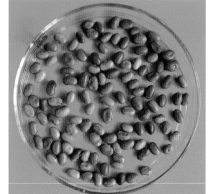

A-57 秣食豆

图 5-13　秣食豆荚果及种子、种皮颜色

100cm 以上，初直立，后上部蔓生缠绕，密被黄色长硬毛。分枝能力强，一般有一级分枝 4 ~ 5 个，一级分枝上再生小枝。三出复叶，具长叶柄，小叶大而较厚，色绿，顶生小叶卵形或椭圆形，侧生小叶卵圆形，顶端尖，全缘；托叶披针形。

总状花序，腋生，通常有花 2 ~ 10 朵。花冠蝶形，紫花或白花。无限结荚习性，自花授粉，异交结实率低。荚果矩圆形、被毛，成熟时为黄褐色或深褐色，荚长 3 ~ 5cm，每荚含种子 2 ~ 3 粒。种子扁椭圆形，长 8.5 ~ 9mm、宽约 6mm；种皮光滑，有茶色、褐色、黑色、白色、黄色和紫色等。

（二）生物学特性

秣食豆是喜温短日照作物，对日照反应敏感，缩短光照可促使其提早开花结实，反之则延迟。发芽最低温度为 7℃，最适温度为 18 ~ 22℃，幼苗抗寒性强，能忍受 -2 ~ -1℃ 的霜害。早发速生，在东北地区生育期 110 ~ 130d。一般在 4 月下旬至 5 月上旬播种，7 月进入雨季后生长逐渐加快。旺盛生长的最适宜气温为 15 ~ 25℃。较喜湿润土壤，土壤水分在 12.5% 即可发芽。耐阴性较强，能与玉米、谷子、燕麦、稗子等禾本科作物间、混、套种，既能提高单位面积鲜草产量，又能改善其品质。对土壤要求不严，喜肥耐瘠，砂土、黏壤土，肥沃或瘠薄土壤均可种植。适宜土壤 pH 值 5 ~ 8.5。不耐连作。

（三）利用方式

1. 绿肥

秣食豆鲜草肥嫩，养分含量高，是粮肥轮作的常用绿肥种类。在东北，春播鲜草产量能达到 25 ~ 35t/hm²。麦茬复种秣食豆，一般为 7.5 ~ 15t/hm²。鲜草含水量 74.3%，含氮（N）0.58%、磷（P）0.04%、钾（K）0.60%。在东北轮作换茬中，春季播种、秋季压青做绿肥，改土效果明显。

2. 饲料

秣食豆有很高的饲用价值。现蕾期鲜草中粗蛋白含量 4.26%。与普通大豆比较，粗蛋白含量高、粗脂肪和粗纤维含量低。种子产量一般在 1.5 ~ 2.1t/hm²，粗蛋白含量 36.2%、粗脂肪 16.1%，是优良的精饲料。采收种子后的豆叶、秸秆等均可用作饲料。秣食豆具有再生特性，但再生性不强。生长至 30cm 高度时，可刈割做青饲料，留茬高 15cm。

（四）种质资源（图 5-14）

我国现保存的绿肥用秣食豆资源主要来源于黑龙江省，少部分引自苏联。不同秣食豆种质资源的主要特征特性见表 5-2。

表 5-2　秣食豆种质资源主要特征特性

品种	来源地	主要特征特性	生育期/d	百粒重/g
茶秣食豆	黑龙江省	茎直立，茎顶端缠绕，花粉红，种皮茶褐色，种脐棕褐色，耐湿，晚熟	138	9.5
黄秣食豆	黑龙江省	茎直立，茎顶端缠绕，花白色，种皮淡黄，种脐棕褐色，耐湿，晚熟	140	8.3
宝清秣食豆	黑龙江省宝清县	茎直立，密度大时茎顶端缠绕，花紫色，种皮黑色，种脐黑色，耐湿，晚熟	143	11.1

（续表）

品种	来源地	主要特征特性	生育期 /d	百粒重 /g
鸡西秣食豆	黑龙江省鸡西市	茎直立，密度大时茎顶端缠绕，花粉白，种皮茶褐色，种脐棕褐色，耐湿，晚熟	141	13.9
龙牧 1 号	黑龙江省畜牧所	茎直立，茎顶端缠绕，花紫色，种皮黑色，种脐黑褐色，耐湿，中熟	133	12.5
小粒秣食豆	黑龙江省	茎直立，茎顶蔓生，花粉色，种皮茶褐色，种脐棕褐色，较抗蚜虫，中熟	130	9.3
白秣食豆	黑龙江省	茎直立，茎顶端缠绕，花白色，种皮淡黄色，种脐棕褐色，耐湿，中熟	133	10.8
紫秣食豆	黑龙江省	茎直立，茎顶端缠绕，花粉紫色，种皮棕褐色，种脐棕褐色，耐湿，中熟	133	12.9
黑秣食豆	黑龙江省	茎直立，茎顶端缠绕，花紫色，种皮黑色，种脐黑色，耐湿，中熟	133	11.9
呼玛秣食豆	黑龙江省呼玛县	茎直立，密度大时茎顶端缠绕，花紫色，种皮黑色，种脐黑色，耐湿，早熟	102	10.5
A-262	俄罗斯阿穆尔州	茎直立，密度大时茎顶端缠绕，花紫色，种皮黑色，种脐黑色，耐湿，早熟	112	11.5
A-57	俄罗斯阿穆尔州	茎直立，密度大时茎顶端缠绕，花粉色，种皮茶褐色，种脐棕褐色，耐湿，早熟	117	9.9

宝清秣食豆结荚期　　　　　　　　白秣食豆结荚期　　　　　　　　A-262 秣食豆结荚期

图 5-14　常见秣食豆田间长势（1）

A-57秣食豆苗期　　　　　　　　　黄秣食豆结荚期

呼玛黑秣食豆苗期　　　　　　　　紫秣食豆苗期

图 5-14　常见秣食豆田间长势（2）

二、泥　豆

泥豆（*Glycine max*），豆科（Fabaceae）大豆属（*Glycine*）一年生草本植物。南方秋大豆的一种原始栽培类型，野生性强，因种皮无光泽而有泥膜，如泥色，故名；又名泥黄豆、水黄豆。中国主要分布在浙江、安徽、江西、湖北、湖南、四川及福建北部等地。

（一）植物学特征（图 5-15）

植株矮小紧凑，株高一般为 30 ～ 50cm。根系发达，主根不明显，侧支根为纤维化须根，有根瘤。茎较普通大豆细，有茸毛，下部直立，上部蔓生；分枝多，节间较密，有 9 ～ 10 节。三出复叶，叶量大，小叶卵圆形、有毛；小托叶与叶柄离生。

有限结荚习性。总状花序，腋生，花小，花冠紫色、紫白色；旗瓣较大，翼瓣微贴在短而钝的龙骨瓣上。单株结荚数 25 ～ 30 个，荚长 3 ～ 3.5cm，披棕色茸毛，成熟荚褐色。每荚有种子 2 ～ 3 粒；种子肾形、椭圆、饱满，种皮黄褐色、黄色、褐色、黑色或相间条纹，种脐有白色、红褐色等，百粒重4.9 ～ 6.8g。

（二）生物学特性

泥豆为短日照作物。种子在 9 ～ 10℃开始发芽，最适温度为 25℃。温度低，发芽缓慢、易烂种。适宜生长温度为 20 ～ 25℃，低于 14℃影响生长。开花时需干燥和少雨，但在结荚成熟时需要较多的水分。适应性强，对土壤要求不严，在疏松肥沃的土壤上种植产量较高。

（三）利用方式

泥豆作为短期绿肥饲草栽培，3—9月均可播种，或与其他作物间套种混播。在安徽合肥，秋前播种，播种后40～50d开花，花期7～10d，结荚期约10d，全生育期90～100d，鲜草产量15～30t/hm²，籽实产量1.5～2.6t/hm²。间作泥豆做绿肥，50～70d即可就地压青。据安徽省农业科学院测定，盛花期鲜草干物质含氮（N）2.29%、磷（P）0.50%、钾（K）0.82%，种子含氮（N）7.36%、磷（P）1.58%、钾（K）1.90%。种子含脂肪14%～16%、蛋白质44%～46%，可用于加工豆豉、豆酱等。

根系　　　　　　　　　　茎及腋生花序　　　　　　　　　花序及小花

大花脸泥豆　　　　　　　　　羊屎豆　　　　　　　　　　一马黄泥豆

图5-15　泥豆

（四）种质资源（图5-16）

泥豆的地方品种一般分为早熟、中熟和晚熟类型。主要品种有安徽大花脸、羊屎豆、一马黄、江西奉新泥豆等。安徽泥豆品种的主要特征特性见表5-3。

大花脸泥豆　　　　　　　　　　羊屎豆　　　　　　　　　　一马黄泥豆

图 5-16　常见泥豆田间长势

表 5-3　安徽泥豆种质资源的主要特征特性

品种	主要特征特性	生育期（d）	百粒重（g）
大花脸	茎直立，花紫白色，种皮褐黄色有黑色条纹，脐白色，苗期早发，耐酸碱土壤，耐阴，抗病虫	100～120	6.7
羊屎豆	茎直立，花紫白色，种皮黑色，脐白色，苗期早发，耐瘠，耐酸碱，耐盐，耐阴，抗蚜虫	100～120	5.3
一马黄	茎直立，花紫白色，种皮黄褐色，脐白色，苗期早发，耐瘠，耐酸，耐盐，耐阴，抗病虫	100～120	5.0

三、长武怀豆（图 5-17）

长武怀豆（*Glycine max*），又称怀豆，陕西长武地方大豆品种。可饲用和食用，也用于绿肥栽培。

（一）主要特征特性

株高 60cm 左右。茎叶有棕茸毛。三出复叶，叶色浓绿。蝶形花冠，白色。荚果矩圆形，肥大，稍弯，下垂，黄绿色，密被褐黄色长毛。每荚含种子 2～5 粒；种子椭圆形、近球形，种皮咖啡色至棕红色，百粒重 10～12g。

（二）利用方式

在陕西省长武县、彬县和甘肃省灵台县及其周边地区广泛种植，一般 6 月中下旬小麦收获后播种，10 月中下旬收获，生育期 110～120d。盛花期鲜草量为 13.5～33t/hm²，干物质含氮（N）2.1%、磷（P）0.33%、钾（K）1.58%。在陕西长武，麦后复种用作绿肥，地上部鲜草产量 16t/hm² 左右，鲜草产量高于同期播种的毛叶苕子和油菜。

茎及叶　　　　　　　　　芙果　　　　　　　　　　种子

图 5-17　长武怀豆

第五节　豇豆类

豆科（Fabaceae）豇豆属（*Vigna*）作物，有许多种类是常见的栽培作物，有部分种类是重要的食用豆类，如豇豆、乌豇豆、赤豆等，也是我国南方红黄壤地区重要的夏季绿肥。

一、乌豇豆

乌豇豆（*Vigna unguiculata* subsp. *cylindrica*），中国植物分类名为短豇豆，又名饭豇豆、眉豆、短荚豇豆等。起源于中国，主要分布在长江中下游地区至淮北、黄河古道以南地区。

（一）主要特征特性（图 5-18）

主根较发达。株高 70 ～ 80cm，茎光滑、有棱，蔓长 100cm 以上。分枝 3 ～ 5 个。三出复叶，两侧小叶斜卵形，顶生小叶心形或菱状卵形，叶面光滑、大而肥厚、浓绿。叶柄和花柄基部呈紫红色。总状花序，每花序着小花 2 ～ 5 朵，花冠浅紫白色。成熟荚果呈黄色或褐色，每荚含种子 6 ～ 13 粒。种子肾形，黑色或深紫色。品种类型大致分直立半直立型和蔓生型。直立半直立型为晚熟种，主茎粗壮，叶片肥大，荚果扁圆稍弯，种子百粒重 11 ～ 12g。蔓生型多为早熟种，茎蔓细长柔软，叶片小，叶色稍淡，荚果细圆柱形，种子百粒重 10g 左右。

乌豇豆为短日照作物，具有速生、早熟特点。在长江下游春播因日照时间逐渐延长，营养生长期相应增加；秋播则因日照渐趋缩短，营养生长期相应缩减。喜温暖湿润气候，不耐霜冻。在 20℃ 以上时生长迅速，开花后对温度敏感，气温骤降及秋霜早至，种子不能完全成熟。播种期越早，营养生长期越长。苗期耐旱但不耐渍，土壤湿度大则影响正常开花结荚，种子产量下降。适应性广，对土壤要求不严，耐阴及耐瘠性强。

茎

复叶

花

成熟荚果

种子

图 5-18 乌豇豆

（二）利用方式

乌豇豆是我国南方粮肥兼用型夏季绿肥作物，适宜粮、棉、肥间套复种，也是果园优良的夏季覆盖绿肥之一。生育期短，播种期宽，较耐阴，适合在短期填闲或果树行间覆盖。鲜草产量 15 ～ 23t/hm²，种子产量 1.2 ～ 1.5t/hm²。盛花期鲜草含干物质 17% 左右、含氮（N）0.42%、磷（P）0.08%、钾

（K）0.30%。在新平整的生土上和瘠薄的酸性红壤上也可以生长，是改良中低产土壤的良好绿肥。

再生能力强，一年可刈割2次。在株高40～50cm时刈割第一次，留茬4～6cm，再生长一个月可刈割第二次。初花期干物质含粗蛋白质16.50%、粗脂肪3.77%、粗纤维19.34%、无氮浸出物49.20%、灰分11.18%。种子产量高，营养丰富，是常见食用豆类之一。

二、印度豇豆

印度豇豆（*Vigna unguiculata*），一年生缠绕草本植物，别名菜豆、长豆、豆角、菜豆仔、裙带豆、红公豆。原产印度等地。20世纪50年代福建从国外引进用于改良红壤。目前主要分布在我国长江流域以南及华南地区，旱地或果园种植。

（一）主要特征特性（图5-19）

半匍匐型，蔓生，蔓长200cm以上。根系发达，根瘤多。茎柔软，方形多棱，光滑无茸毛；多分枝，单株分枝数5～10个。三出复叶，小叶菱卵形，长16.7cm、宽10.6cm左右，叶钝尖，叶基楔形，全缘，色浓绿。无限结荚习性，总状花序，每花序着生小花3～5朵，花冠青紫色。荚果下垂，筒形，长15～20cm，成熟荚壳黄色，每荚有种子8～11粒。种子短矩形，种皮淡黄色，脐白色，百粒重12g左右。

印度豇豆喜温暖湿润气候，生育期间最适温度15～30℃。耐酸、耐瘠和耐阴，耐旱、耐渍及抗病虫能力稍弱。对土壤要求不严，新垦红壤地稍施磷、钾肥及土杂肥即可生长良好。

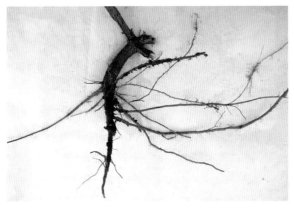
根系

茎及托叶

复叶

种子

图5-19　印度豇豆

（二）利用方式

1.绿肥

根系发达，根瘤固氮能力强，生长迅速。一般肥力水平下，鲜草产量 30 ~ 45t/hm²，盛花期植株干物质含氮（N）2.41%、磷（P）0.44%、钾（K）1.15%。夏秋季节覆盖率在 95% 以上且绿色覆盖时间长，保持水土能力优势明显。印度豇豆是优质的夏季绿肥，特别适合果园夏季覆盖、压草、保水保肥。

2.饲料、食物

茎叶柔软，一年可刈割 3 ~ 4 次。营养价值高，初花期含水分 76.4%、粗蛋白 3.79%、粗脂肪 0.92%、粗纤维 5.32%、无氮浸出物 10.85%、灰分 2.61%，是畜禽的优质的青饲料。印度豇豆种子产量高，种子淀粉和蛋白质含量高，是优质的食用豆类。

三、闽南饲用（印度）豇豆

20 世纪 50 年代福建从国外引进印度豇豆用于改良红壤。多年的生产应用，在自然选择的情况下，印度豇豆发生了性状变异。福建省农业科学院农业生态研究所从福建省闽侯县白沙林场收集逸生的印度豇豆种质，经选育，于 2012 年通过国家审定，定名为闽南饲用（印度）豇豆，品种登记号：453。

（一）主要特征特性（图 5-20）

主根系。茎为三棱形，绿色。半匍匐状，生长后期略缠绕，草层高 30 ~ 60cm，蔓茎长 1.5 ~

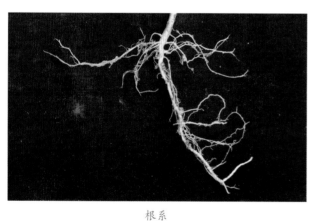

根系 复叶

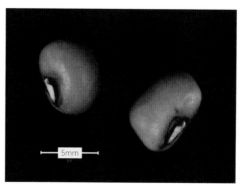

花　　　　　　英果　　　　　　种子

图 5-20　闽南饲用（印度）豇豆

2.8m，有分枝 5～6 个。叶为三出复叶，小叶菱卵形，叶片无毛、光滑油亮，长 3～18cm；托叶长椭圆状披针形。花序腋生，每花梗着 2～6 朵小花，花淡紫色或白色。每花结荚 1 个，果荚圆筒形，长 15～20cm，每荚含 8～12 粒种子。种子短矩形，淡黄褐色，百粒重 10～12g。

喜温暖湿润气候，在 8.5℃ 开始萌动生长，最适生长温度为 15～26℃。夏季生长迅速，耐旱、耐热。对土壤要求不严，适宜 pH 值为 5～8，新垦红壤地稍施磷肥即可。不耐霜冻和水淹，0℃ 时微受冻害，在 -3℃ 下不久即死亡。

（二）生产表现

适宜在我国热带、亚热带地区种植。根系易结瘤，根瘤多，固氮能力强。生长速度快，覆盖度高。在福建 3 月上旬播种，50～80d 可完全覆盖，全生育期在 160～200d，鲜草平均产量 50t/hm² 左右，干草产量为 12～16t/hm²，种子平均产量为 1.2t/hm²。营养丰富，初花期干物质含粗蛋白 19.37%、粗脂肪 3.56%、粗纤维 18.47%、无氮浸出物 34.02%、钙（Ca）1.09%、磷（P）0.24%，适口性好，是牛、羊、猪等的良好饲料。

第六节　赤豆与饭豆

一、赤　豆

赤豆（*Vigna angularis*），豆科（Fabaceae）豇豆属（*Vigna*）一年生草本植物，又名小豆、红小豆、红豆、日本赤豆等。中国是起源地之一，主要分布在东亚地区。中国重要的食用豆类之一，栽培历史悠久，主要分布在华北、东北和江淮地区。赤小豆的品种众多，种皮颜色有红、白、黑及花纹等类型。

（一）黑小豆

赤豆类农家品种，分早熟和晚熟类型。

1. 植物学特征（图 5-21）

早熟品种株高 60～80cm，晚熟品种株高一般在 80cm 左右。直根系，主根粗壮发达，侧根多，根瘤主要分布在侧根上。幼苗时茎和叶脉均为深紫色，有茸毛。茎呈圆柱形，绿色，有稀疏茸毛。三出羽状复叶，互生；两侧小叶斜卵形，叶片大而厚、绿色，有茸毛。

花序为总状花序，花色为淡紫白色，着生 2～5 朵小花。无限结荚习性，豆荚呈细圆柱形，无茸毛，每荚有 6～12 粒种子。种子短矩形，饱满，黑色，百粒重 10.5～11.5g。

2. 生物学特性

早熟品种生育期在 150d 左右，一般鲜草产量 20t/hm² 左右、种子产量 1.5t/hm² 左右。晚熟品种生育期在 175d 上下，一般鲜草产量 25t/hm² 左右、种子产量 1.55t/hm² 左右。适宜发芽温度 20～30℃、土壤含水量 15%～20%，适宜生长温度为 15～30℃。山东 5 月初播种，6 月中旬进入分枝期，一般有 4～5 个分枝。耐阴，抗旱性强。

茎及托叶

复叶

花

种子

图 5-21　黑小豆

（二）红小豆

赤豆类农家品种，我国许多地区有种植习惯。

1. 植物学特征（图 5-22）

株高在 70～90cm。直根系，主根粗壮发达，侧根多，根瘤主要分布在侧根上。茎呈圆柱形，直立，绿色，光滑。有 3～5 个分枝。羽状三出复叶，互生，三出叶的两侧小叶斜卵形，有叶柄，叶柄有茸毛，叶绿色。无限结荚习性。总状花序，花梗腋生，上着 2～5 朵小花，花淡紫色。荚果长柱形，成熟时为黄白色，每荚含种子 6～12 粒。种子短圆形，深红色，脐白色，百粒重为 11.2g 左右。

2. 生物学特性

晚熟，生育期在 170d 左右，为夏季绿肥品种。一般鲜草产量 20t/hm² 左右，种子产量为 1.4t/hm² 左右。红小豆适宜发芽的温度为 25℃ 左右、土壤含水量 15%～20%，适宜生长温度为 20～28℃。抗旱、耐渍、耐阴。

花荚期群体

花

种子

图 5-22 红小豆

（三）红 豆

赤豆类农家品种。

1. 植物学特征（图 5-23）

株高 70 ~ 90cm。主根粗壮发达。茎圆柱形，直立，绿色，有细长茸毛。有 3 ~ 5 个分枝。三出羽状复叶，绿色，互生，有茸毛，两侧小叶斜卵形；有叶柄，叶柄有茸毛。无限结荚习性，总状花序，腋生，有花梗，着生 2 ~ 5 朵小花，花色为淡黄色。自花授粉。荚果长柱形，成熟时为黄白色；每荚有 6 ~ 12 粒种子。种子短圆形，种色为深红色，百粒重为 11.2g 左右。

2. 生物学特性

中熟，生育期 150d 左右。一般鲜草产量 18t/hm² 左右、种子产量 1.4t/hm² 左右。适宜发芽温度为 25℃左右、土壤含水量 15% ~ 20%，适宜生长温度为 20 ~ 28℃。抗旱、耐阴。

复叶

花序

荚果

种子

图 5-23　红豆

二、饭　豆

赤小豆（*Vigna umbellata*）的俗名，豆科（Fabaceae）豇豆属（*Vigna*）一年生草本植物，又名竹豆、米豆、锁匙豆、爬山豆、巴山豆。原产亚洲热带地区，我国南方有野生或栽培，是我国南方红黄壤地区重要的夏季绿肥和食用豆品种。

（一）植物学特征（图 5-24）

主根不发达，侧根细长。茎纤细，茎蔓长 2 ～ 3m，分枝 3 ～ 10 个；幼时被黄色长柔毛，老时无毛。羽状复叶具 3 小叶，小叶心形或菱状卵形，长 7.5 ～ 10cm、宽 3 ～ 6.5cm，叶柄长 6 ～ 12cm，密被白色柔毛；托叶披针形或卵状披针形，长 10 ～ 15mm，两端渐尖。

总状花序，腋生，有小花 5 ～ 20 朵，常 2 ～ 3 朵簇生于一个节上；小花长约 1.8cm、宽约 1.2cm，黄色。荚果线状圆柱形，长 6 ～ 10cm、直径约 5mm，无毛，含种子 6 ～ 10 粒。种子长筒形，米黄色或红色，种脐白色；百粒重 6.3g 左右。

茎　　　　　　　　　　　叶　　　　　　　　　　　花序

图 5-24　饭豆

（二）生物学特性

喜温作物，种子萌发温度为 10 ～ 12℃，14℃以上发芽加快。25 ～ 35℃生长最快，38℃以上生长较慢。在南方，4 月底播种的于 9 月下旬盛花，10 月下旬至 11 月上旬成熟，生育期 180 ～ 200d。喜湿润，耐旱、耐阴，耐瘠并能耐 pH5.2 的酸性土壤。

（三）利用方式

饭豆是良好的覆盖绿肥作物，常用在红壤旱地做填闲或果园间作。草层厚度常达 40cm，保水保土效果良好。生长发育快，生长 2 个月的生物量可达 22.5 ～ 30t/hm²。在江西，盛花期一次性收割，鲜草产量 30 ～ 37.5t/hm²，鲜草含氮（N）0.44%、磷（P）0.06%、钾（K）0.28%。

干草含粗蛋白 20.9%，饲用品质好。茎叶柔软，可青饲、青贮或晒制干草。农家主要用来喂猪、牛、鹅、兔也喜食。在南京作分次收割，4 月下旬播种的在 7 月初、8 月初及 9 月中旬可各收 1 次，可提供青饲料 15 ～ 37.5t/hm²；在江西可刈青 1 次后留茬作采种。籽实供食用和入药。食用时，与大米混合煮粥、饭，有行血补血、健脾去湿、利水消肿之效。

第七节　山黧豆

豆科（Fabaceae）山黧豆属（*Lathyrus*）植物全世界约有 187 个种和亚种，一年生，分布于欧、亚及北美的北温带地区，在南美及非洲也有少量分布。我国有 23 个种和 5 个亚种，主要分布于东北、华北、西北及西南地区，华东地区亦有少量分布。

一、山黧豆起源与分布

我国现有的山黧豆栽培种多为中华人民共和国成立前从苏联引进，首先在江苏、陕西、甘肃、云南和四川等地试种，用作倒茬养地或绿肥饲料作物。种植种类较多的是普通山黧豆（*Lathyrus sativus*）和扁荚山黧豆（*Lathyrus cicera*），另有少量的丹吉尔山黧豆（*Lathyrus tingitanus*）及香豌豆（*Lathyrus odoratus*）栽培。不同类型的山黧豆主要特征特性见表5-4。

　　山黧豆较豌豆抗逆性强，可在土壤含水量9%左右生长，丰产性能好，适合西北高原干旱冷凉地区种植。目前，山黧豆主要种植于甘肃、陕西和四川南充一带。20世纪70年代初在甘肃作为养地作物和饲料作物面积较大。70年代后期，在四川南充一带种植扁荚山黧豆，表现出耐寒、早熟、鲜草和种子产量高等优势，是适宜该地区种植的优良绿肥品种。

表 5-4　我国不同类型山黧豆特征特性比较

栽培种名	分布范围	花冠颜色	种皮颜色	主要特征特性	播种类型	生育期/d
普通山黧豆	甘、陕、滇	白	乳白、麻褐	长势旺，丛状簇生，抗旱、耐瘠，种子产量高	春播	120～150
					冬播	225～260
扁荚山黧豆	陕、甘、川	淡茶褐	褐或有褐斑	长势旺，多分枝，耐寒、早熟	冬播	163～204
丹吉尔山黧豆	陕、甘	深红	褐有黄斑	株型直立高大，抗旱、不耐渍	春播	130～140
香豌豆	陕、甘	白、蓝	白，脐有褐斑	长势旺，分枝多，丰产性好，抗旱、耐渍	春播	130～150

二、山黧豆植物学特征（图5-25、图5-26）

　　山黧豆栽培种的根系发育中等，入土深110cm左右。根瘤大多成块状复瘤。株高40～90cm。茎

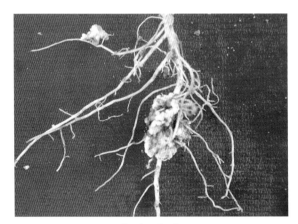
根系及根瘤

茎

复叶及顶端卷须

花

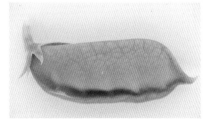
荚果

图 5-25　山黧豆根、茎、叶、花、荚果

普通山黧豆　　　定边杂香豌豆　　　阿白山黧豆　　　白香山黧豆　　　麻香山黧豆

图 5-26　山黧豆种子特征

半直立，簇状丛生，茎基部分枝 6～10 个，具四棱，有翼或棱角。羽状复叶，小叶披针形，叶长 6～8cm、宽 0.6～0.8cm，轴叶顶端有卷须。

单花，自叶腋抽出，有长花梗，蝶形花，花冠白色或蓝色。荚果互生，微扁，荚脊有两直翅，每荚有种子 2～4 粒。种子扁圆形，种皮乳白色、麻色、褐色或有斑。

三、山黧豆生物学特性

耐旱、耐寒、抗病虫害性强，较耐盐碱。适应性广，在西北冷凉地区及黄土高原、水热条件较好的江淮及西南地区以及高纬度的东北地区均能生长良好。种子产量一般在 1～2t/hm²，高可达 3.5t/hm²。种子在 2～3℃时即可萌发。在西北或东北地区早春顶凌播种，地温 5～7℃时即发芽，苗期能耐 −8～−6℃的低温，较豌豆耐春寒能力强。

对土壤要求不严。轻砂壤土到黏土均能生长，但在重黏土上生长发育不良。耐盐碱能力较弱。土壤以硫酸盐为主的全盐量达到 0.3% 时，其生长受到抑制，当全盐量达到 0.45% 时植株枯萎死亡。不耐渍水，积水时基部茎叶腐烂。

四、山黧豆利用方式

（一）绿肥、饲草（图 5-27）

图 5-27　柑橘园间作南选山黧豆做绿肥

在西北地区，山黧豆常与小麦、玉米、马铃薯等作物轮作换茬，可春播或秋播，能收鲜草 15～22.5t/hm²。南方做冬绿肥栽培，鲜草产量可达 22.5～30t/hm²。据四川、云南等 11 份样品分析，鲜草含水分 80.3%、含氮（N）0.58%、磷（P）0.054%、钾（K）0.37%。山黧豆也是西南果园行间间作绿肥的重要种类之一。山黧豆茎叶草质柔嫩，营养丰富，无毒素，鲜草粗蛋白含量 3.4%、粗纤维

9.1%、粗脂肪 1.4%，是优质饲草。

（二）食品加工

籽实淀粉含量高，出粉率与豌豆相似，是优质的淀粉产品。籽实含有毒物质（β - 草酰胺基丙氨酸），但经水浸泡后即可去除，不影响加工后的淀粉或粉丝的食用安全。

五、山黧豆主要品种

（一）普通山黧豆（图 5-28）

普通山黧豆（*Lathyrus sativus*），又名栽培山黧豆、草香豌豆、家山黧豆。国外主要分布于印度、巴基斯坦、伊朗及苏联，在南欧、北美和非洲部分地区也有种植。中华人民共和国成立前从苏联引进该种，现主要分布于甘肃、陕西、新疆、青海、云南等地。

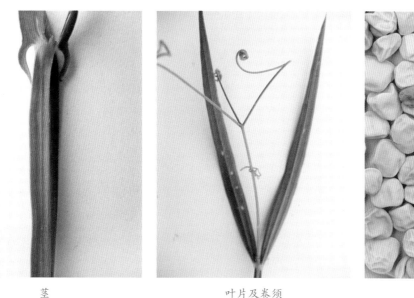

茎　　　　　　　　叶片及卷须　　　　　　　　种子

结荚期

图 5-28　普通山黧豆

【特征特性】株高 40 ～ 90cm。根系发育中等，主根入土深达 110cm，侧根较多，根瘤块状。半直立，茎四棱有翼或棱角，簇状丛生，基部分枝 6 ～ 10 个。羽状复叶，小叶 1 ～ 3 对，披针形或线形，叶长 6 ～ 8cm、宽 0.6 ～ 0.8cm，顶端具卷须 1 ～ 3 个，叶柄有窄翅。花大，单生，花冠白色或蓝色。每荚含种子 2 ～ 4 粒。种子楔形或近圆形，乳白色或麻、褐色，百粒重 20 ～ 25g。

【生产表现】适应性广，西北黄土高原或是高寒地带以及南方旱地或水田，均可种植。在北方早春顶凌播种，地温 5 ～ 7℃ 即可发芽；幼苗能耐 −8 ～ −6℃ 低温。较耐旱、耐瘠，砂土至黏性土均可生长。不耐涝渍。耐盐性较差，在土壤全盐含量达 0.3% 时，生长受到抑制。在甘肃河西灌区鲜草产量达 33t/hm² 以上，种子产量 2.5t/hm² 以上。茎叶干物质含氮（N）2.23% ～ 2.77%、磷（P）0.22% ～ 0.38%、钾（K）1.45% ～ 1.55%。

（二）扁荚山黧豆（图 5-29）

扁荚山黧豆（*Lathyrus cicera*），原产葡萄牙。

【特征特性】根系发达，易结瘤。株高 90 ～ 120cm，半攀缘性，茎和叶柄均生有翅。单株分枝 24 ～ 50 个。叶为复叶，小叶先端有分枝的卷须。花冠蝶形，花色粉红。成熟荚果浅黄色，每荚有种子 4 ～ 5 粒。种皮麻色和肉色混杂，百粒重约 7g。较耐寒、耐旱，忌渍水。

【生产表现】全生育期 150 ～ 210d。生长旺盛，鲜草产量高，适合做短期填闲和轮荐绿肥作物。种子在 10℃ 左右开始发芽，最适生长温度 20 ～ 25℃。出苗 15d 后开始结瘤、分枝。在广西秋季播种做短期绿肥利用，生长期 50 ～ 60d，鲜草产量能达到 11.25t/hm²。在四川用于轮荐绿肥种植，鲜草产量可达 52.5t/hm²。盛花期茎叶鲜草含氮（N）0.53%、磷（P）0.10%、钾（K）0.35%；茎叶含粗蛋白 22.7%、粗纤维 20.1%、粗脂肪 3.4%。种子产量高。在陕西南部地区种子平均产量 3.5t/hm²、关中

盛花期

荚果

种子

图 5-29　扁荚山黧豆

地区的种子平均产量 3.4t/hm² ；在四川雅安种植，种子产量 1.7t/hm²。籽实含粗蛋白 26.9%、粗脂肪 2.35%、粗纤维 4.6%、无氮浸出物 27.5%、灰分 3.7%，可做畜禽精饲料。部分品种含毒素较高，做饲料前应做好检测并去除毒素。

（三）南选山黧豆（图 5-30）

为扁荚山黧豆（*Lathyrus cicera*）的育成种，是四川省南充市农业科学院利用扁荚山黧豆群体中的优异单株，经系统选育而成，2012 年通过四川省农作物新品种审定委员会认定，证书号：川审豆 2012008。

【特征特性】株高 90 ～ 120cm，分枝数 8 ～ 16 个。半攀缘，复叶，先端有卷须。花蝶状、粉红色。有限结荚习性，单株结荚数 60 ～ 122 个，每荚粒数 3 ～ 4 粒。种子百粒重 6.3g。

【生产表现】绿肥、牧草及杂粮兼用型品种。适宜在四川平坝、丘陵地区以及相近气候带推广应用。四川南充地区生育期 230d 左右，平均鲜草产量 31t/hm²、种子产量 1.4t/hm²；套作平均鲜草产量 25.2t/hm²，种子产量 1.0t/hm²。盛花期鲜茎叶含氮（N）0.53%、磷（P）0.10%、钾（K）0.35%。

嫩茎尖

嫩荚

荚果

花期田间长势

种子

图 5-30 南选山黧豆

第八节 鹰嘴豆

鹰嘴豆（*Cicer arietinum*），豆科（Fabaceae）鹰嘴豆属（*Cicer*）一年生草本，又称回鹘豆、桃豆、鸡豆。因种子形如鹰嘴，故称此名。起源于亚洲西部和近东地区，主要分布于地中海、亚洲、非洲和美洲等地，是世界上栽培面积较大和重要食用豆类作物之一。在亚洲，鹰嘴豆为印度和巴基斯坦的重要粮食作物，其种植面积占全世界总面积的80%。我国于20世纪50年代从苏联引种，目前主要在西北、东北等地栽培。

一、鹰嘴豆植物学特征（图5-31）

根系发达，主根入土深度可达2m，易结瘤。茎直立、半直立，株高0.3～0.7m，多分枝，被白色腺毛。羽状复叶，长5～10cm，有叶柄，具小叶7～17片，对生或互生；小叶卵形，长7～17mm、宽3～10mm，边缘具密锯齿，两面被白色腺毛。

单花序腋生，每花序通常为1朵花，有时也有2～4朵花；花梗长0.5～2.5cm。花冠白色或淡蓝色、紫红色、粉红及浅绿色，长8～10mm，有腺毛；萼浅钟状，5裂，裂片披针形，长6～9mm，被白色腺毛。荚果膨胀，扁菱形至椭圆形，约长2cm、宽1cm，成熟后淡黄色，被白色短柔毛和腺毛，每荚有种子1～4粒。种子圆形或半圆形，乳黄、乳白、米黄、黑及绿色，半具皱纹，一端具细尖，形似鹰嘴；百粒重20～40g。

茎及托叶

花

未成熟荚果

种子

图5-31 鹰嘴豆

二、鹰嘴豆生物学特性

鹰嘴豆属长日照作物，但对光周期反应不敏感。耐寒性强，苗期或在雪覆盖下能抗 -9℃的低温，生长期适宜温度为 15 ～ 29℃，适合冷凉干旱的西北、华北和东北地区种植，在热带或亚热带可作为冷季作物栽培。

耐旱性极强，在年降水量 200 ～ 600mm 的地区均可种植，种子产量可达 2.25 ～ 3.75t/hm²，对于我国干旱、半干旱地区的农业开发有重要意义。对土壤要求不严，砂土、壤土和黏土均可种植，但以排水良好的壤土为宜。雨水过多、土壤过湿时，根瘤发育较差，植株生长不良。对盐碱反应敏感，适宜的土壤 pH 值 5.5 ～ 8.6。

三、鹰嘴豆利用方式

是优质短期兼用绿肥种类。籽实、嫩荚、嫩苗均可供食用。鹰嘴豆的淀粉具有板栗香味。鹰嘴豆粉加上奶粉制成豆乳粉，易于吸收消化，是婴儿和老年人的营养食品。鹰嘴豆还可以做成各种点心和油炸豆。鹰嘴豆是控制体重、避免肥胖的优良食品，可做利尿剂、催奶剂，有治疗失眠、预防皮肤病和防治胆病等功效。

四、鹰嘴豆主要品种

（一）陇鹰 1 号鹰嘴豆（图 5–32）

甘肃省农业科学院土壤肥料与节水农业研究所从国际豆类干旱研究中心引进资源，原代号 FLIP94-80C。经系统选育，于 2008 年 4 月通过甘肃省农作物品种审定委员会认定，证书号：甘认豆 2008002。

【植物学特征】主根长 15 ～ 30cm，有四排侧根。茎主干圆形，株高 60 ～ 85cm，直立，近地面分枝，单株分枝 3 ～ 5 个。羽状复叶。全身覆腺毛。蝶形花，两侧对称。荚呈偏菱形至椭圆形，长 14 ～ 35mm、宽 8 ～ 20mm。每荚有 1 ～ 3 粒种子。成熟种子种皮为乳黄色，具喙，圆形，半起皱，无胚乳，种脐小呈白红色；百粒重 30 ～ 40g。

【生物学特征】较耐寒，苗期或在雪覆盖下能抗 -9℃的低温。适宜生长温度为白天 21 ～ 29℃、夜间 15 ～ 21℃。抗旱、耐寒能力强，年降水量为 300mm 以上的地区均可种植。耐瘠薄，可在不能种植小麦的贫瘠地生长。对土壤盐碱反应敏感，适宜的土壤 pH 值为 5.5 ～ 8.5。

【生产表现】我国西北、东北、华北地区均可种植。甘肃地区全生育期 95 ～ 115d，种子平均产量达 2.6t/hm²，平均鲜草产量 38.7t/hm²。在年降水量 300mm 左右的地区，宜以生产种子为目标；在年降水量大于 500mm 的地区，宜作为高蛋白绿肥饲草利用。

复叶

小花

荚果

单枝结果情况

图 5-32　陇鹰 1 号鹰嘴豆

（二）陇鹰 2 号鹰嘴豆（图 5-33）

甘肃省农业科学院土壤肥料与节水农业研究所从国际豆类干旱研究中心引进资源，原代号 FLIP95-68C。经系统选育，于 2010 年 3 月通过甘肃省农作物品种审定委员会认定，证书号：甘认豆 2010004。

【植物学特征】主根长 15～30cm，有 4 排侧根。株高 70～83cm，直立，主茎圆形、长 30～70cm，近地面分枝，单株分枝 3～5 个。全身覆腺毛。羽状复叶。蝶形花，两侧对称。荚果偏菱形至椭圆形，长 14～35mm、宽 8～20mm。每荚含 1～3 粒种子；成熟种子乳黄色，圆形，具喙，半起皱。百粒重 30～40g。

【生物学特征】适宜种植在较冷的干旱地区，苗期或在雪覆盖下能抗 –9℃ 的低温。适宜生长温度为白天 21～29℃、夜间 15～21℃。抗旱耐寒能力强，年降水量为 300mm 以上的地区均可种植。耐瘠薄，可在不能种植小麦的贫瘠地生长。对土壤盐碱反应敏感，适宜的土壤 pH 值为 5.5～8.6。

【生产表现】甘肃地区全生育期 95～105d。种子平均产量 2.3t/hm²，鲜草产量约 40t/hm²。

复叶

小花　　　　　　　荚果　　　　　　　单枝结果情况

图 5-33　陇鹰 2 号鹰嘴豆

第九节　金花菜

　　金花菜（*Medicago polymorpha*），豆科（Fabaceae）苜蓿属（*Medicago*）一年生或越年生草本植物，中国植物分类名为南苜蓿。别名苜齐头、黄花草子、草头、苜心菜、磨盘草子、母齐头、秧草刺苜蓿，也有称其为南苜蓿、黄花苜蓿等。因其开黄花又可作蔬菜食用，故称其为金花菜。陶弘景《名医别录》"各地有野生，亦有栽培。江苏苏州等地将其嫩苗腌作菜蔬，叫金花菜。"原产地中海地区和印度，在澳大利亚东南部也较常见。我国主要分布在沿江、沿海和沿湖等平原地区，有野生也有栽培。目前，主要在江、浙、沪一带种植。

一、金花菜主要特征特性

（一）植物学特征

　　金花菜为半直立草本植物。在苗期和密度较稀疏、光照充足的情况下，株型呈盆状铺开，密植时则向上斜生。

1. 根、茎、叶（图5-34）

根系圆锥形，主根细小，侧根发达，密集在表土层。茎近四棱形，平卧或丛生向上，长30～100cm、粗2.5mm左右，光滑，绿色或紫红，早期为海绵组织，伸长后中空。第一次分枝从主茎下部叶腋抽出，一般4～8个；第二次分枝较发达，从第一次分枝基部叶腋抽出。

三出复叶，中间小叶有短柄，且较两侧小叶略大。小叶倒卵形或心形，叶端稍圆或凹入，叶前缘有浅锯齿，下端楔形，长2～3cm，叶面绿色，叶背稍带白色，有不明显的紫红细条斑。托叶大，贴生在叶柄基部，卵状长圆形，有细裂锯齿。幼嫩植株的叶片昼开夜闭。

图5-34 金花菜根系（左）、茎和托叶（中）、复叶（右）

2. 花、荚、种子（图5-35）

无限开花结荚习性。总状花序，腋生，有总花梗，纤细无毛，长3～15mm，每花序具小花3～6朵。花冠黄色，小花长5～6mm。旗瓣倒卵形，先端凹缺，基部阔楔形，比翼瓣和龙骨瓣长。翼瓣长圆形，基部具耳和稍阔的瓣柄，齿突发达。龙骨瓣比翼瓣稍短，基部具小耳，成钩状。萼钟形，萼齿披针形。

荚果盘形，暗绿褐色；顺时针方向紧旋1.5～2.5圈，多的达6圈；直径（不含刺）4～10mm。螺面平坦无毛，有多条辐射状脉纹，近边缘处环结。每圈具棘刺或瘤突15枚，刺毛有钩、长1.5～2.0mm。每圈种子1～2粒，每荚种子3～7粒。种子长肾形，种皮黄色，千粒重2.4～2.5g。

（二）生物学特性

喜温暖湿润气候，多分布在1月平均气温1.5℃以南的地区。种子发芽适宜温度为20℃左右。气温−5℃，地上部会有冻害；气温−10℃以下时，易冻死。开花适宜的旬均气温为13～18℃；旬均气温达20℃以上，荚果开始成熟，植株逐渐枯死。

耐阴、耐旱、耐瘠性较弱，喜潮湿但不耐渍。在土壤最大持水量60%～70%时，生长良好。对土壤适应性广，在pH值5.5～8.5的土壤均可种植，能耐含盐量（NaCl）0.2%以下的盐碱地，在沿海的轻度盐碱地上生长良好。有一定的耐酸能力，在红壤上也能种植。初荚期后，土壤过湿或雨后骤热，易感染炭疽病，导致茎叶枯萎死亡。

花序　　　　　　　　　　幼荚果

荚果　　　　　　　　　　种子

图 5-35　金花菜花、荚、种子

二、金花菜种植与利用

（一）种植

金花菜早发、早熟、养分含量高、病虫害少、易留种，在我国华东地区种植利用历史悠久。20世纪60年代以前，金花菜在沿海地区棉田种植，是让其自然落荚，秋天再生。20世纪60年代后，普及人工播种。由于果荚携带炭疽病病菌，脱粒可去除，以脱粒播种为主。

目前，苏浙沪一带主要做蔬菜栽培，主要是秋季栽培，亦有春季栽培。秋季栽培从8月至9月下旬分期播种，10月和翌年3月下旬陆续采收上市。春季栽培从2月下旬至5月上旬陆续播种，4月后视长势陆续采收。刈割金花菜时，留茬要短而整齐，以利后期再采收。

（二）利用

1. 绿肥

金花菜是菜、肥、饲兼用作物，可在水稻等收获后复种、冬麦行间间作、与油菜混播、果茶园间作。秋天种植，翌年春天盛花期翻压或收割作蔬菜后翻压做绿肥。盛花期鲜草产量 29 ～ 35t/hm²，干物质含氮（N）2.77% ～ 3.23%、磷（P）0.32% ～ 0.45%、钾（K）1.46% ～ 4.00%。氮积累量以结荚期最高，C/N 值 15 ～ 16，此时翻压做绿肥较适宜。

2. 蔬菜、饲用（图 5-36）

金花菜含有较高的蛋白质和多种氨基酸等成分。在长三角等地常作蔬菜种植，刈割其嫩茎尖，是初冬及早春时令蔬菜之一。苏州人称其"金花菜"，上海人称之为"草头"，可炒食、腌渍及拌面蒸食。金花菜饲料价值高，盛花期干草粗蛋白 23.25%、粗脂肪 3.85%、粗纤维 16.99%。耐刈割，自立春前开始刈割，直至盛花期可刈割 3 ～ 4 次，可鲜饲，也可晒制干草。

图 5-36　金花菜作蔬菜

三、金花菜主要品种

我国金花菜地方品种较多。各地方品种，依其特征特性，可分为大叶和小叶两种类型。大叶类型，如顾山金花菜、温岭金花菜，生长直立，茎较粗长，叶片较大，叶色稍浅，荚果果盘较大，或盘数较多，荚硬刺尖。小叶类型，如南京金花菜，生长较匍匐，茎枝较短，分枝能力强，小叶略小，叶色较深，荚盘略小，耐旱耐寒性较强。

由于原产地相距较近，不同熟期类型品种的生育期差异仅 5 ～ 7d。原产于江苏的金花菜品种相对迟熟，产于浙江沿海的金花菜品种主要是中熟，而产于浙江东部及南部的金花菜品种较为早熟。早熟品种冬前早发，茎粗壮，叶片宽大而薄，抗寒能力较弱；迟熟品种冬前幼苗矮小，叶片较小，茎细，分枝较多。

（一）常见地方品种

1. 顾山金花菜

原产地江苏省江阴市顾山镇。迟熟种，春发性好，中后期生长旺盛。株型高大，茎长 30 ～ 90cm，茎粗约 2.5mm，种子千粒重 2.4g。在浙江杭州秋播，全生育期为 230d 左右。9 月下旬至 10 月中旬播种，翌年 3 月茎枝开始向上生长，4 月中下旬始花，5 月底或 6 月初成熟。花期鲜草产量 34t/hm² 左右，种子产量 420kg/hm² 左右。

2. 南汇金花菜

原产地上海市南汇区。迟熟种。茎长 50 ～ 100cm，茎粗约 2.5mm，种子千粒重 2.5 g 左右。在浙江杭州秋播，全生育期为229d左右。9月下旬至10月中旬播种，翌年3月茎枝开始向上生长，4月中旬始花期、5月底成熟。花期鲜草产量30t/hm² 左右，种子产量200kg/hm² 左右。

3. 镇海金花菜

原产地浙江省宁波市镇海区。早熟种，冬前早发。茎长30～100cm，茎粗约3.0mm，种子千粒重3.0g左右。在浙江杭州秋播，全生育期为224d左右。9月下旬至10月中旬播种，翌年3月茎枝开始向上生长，4月上中旬达到始花，5月中下旬成熟。花期鲜草产量26t/hm² 左右，种子产量550kg/hm² 左右。

4. 岱山金花菜

原产地浙江省舟山市岱山县。早熟种，冬前早发。植株高大，茎粗约3.0mm，茎长60～100cm，种子千粒重2.6g左右。在浙江杭州秋播，全生育期为225d左右。9月下旬至10月中旬播种，翌年3月茎枝开始向上生长，4月上中旬始花、5月中下旬成熟。花期鲜草产量30t/hm² 左右，种子产量460kg/hm² 左右。

5. 温岭金花菜

原产地浙江省台州市温岭市。早熟种，冬前早发，苗期早发，中后期株型高大。茎粗壮2.5～3.0mm，种子千粒重2.5g。在浙江杭州秋播，全生育期为225d左右。9月下旬至10月中旬播种，翌年3月茎枝开始向上生长，4月上中旬始花，5月中下旬成熟。花期鲜草产量30t/hm² 左右，种子产量600kg/hm² 左右。

6. 余姚金花菜

原产地浙江省宁波市余姚市。早熟种，冬前早发。种子千粒重2.6g。在浙江杭州秋播，全生育期为225d左右。9月下旬至10月中旬播种，翌年3月茎枝开始向上生长，4月中旬始花，5月中下旬成熟。花期鲜草产量22.5t/hm² 左右，种子产量420kg/hm² 左右。

7. 玉环金花菜

原产浙江省台州市玉环市。中熟种。茎长30～80cm，茎粗约2mm，种子千粒重2.9g。在浙江杭州秋播，全生育期为226d左右。9月下旬至10月中旬播种，翌年3月茎枝开始向上生长，4月上中旬为始花期，5月底成熟。花期鲜草产量25t/hm² 左右，种子产量510kg/hm² 左右。

8. 坎山金花菜

原产地浙江省萧山市坎山镇。中熟品种。分枝多，但分枝小而短。种子千粒重2.3g。在浙江杭州秋播，全生育期为227d左右。9月下旬至10月中旬播种，3月茎枝开始向上生长，4月上中旬始花期，5月底成熟。花期鲜草产量15t/hm² 左右，种子产量300kg/hm² 左右。

9. 乔司金花菜

原产于浙江省杭州市余杭区乔司镇。中熟品种。分枝多。种子千粒重2.3g。在浙江杭州秋播，全生育期为227d左右。9月下旬至10月中旬播种，3月茎枝开始向上生长，4月中旬始花期，5月底成熟。苗期生长旺盛，易早衰。花期鲜草产量25.5t/hm² 左右，种子产量较低。

10. 东台金花菜

原产地江苏省盐城市东台县（现东台市）。迟熟品种。分枝多，分枝茎斜生能力强。种子千粒重2.5g。在浙江杭州秋播，全生育期为229d左右。9月下旬至10月中旬播种，翌年3月茎枝开始向上生长，4月下旬始花，5月底和6月初成熟。花期鲜草产量30t/hm² 左右，种子产量435kg/hm² 左右。

（二）育成种（图5-37）

宁引1号金花菜，由江苏省农业科学院系统选育而成。

迟熟类型。茎长50～100cm，茎粗约2.5mm；茎铺散，分枝多。种子千粒重3.0g。在浙江杭州秋播，全生育期为235d左右。9月下旬至10月中旬播种，翌年3月茎枝开始向上生长，4月中旬始花期，5月底至6月初成熟。花期鲜草产量23t/hm²左右，种子产量360kg/hm²左右。植株干物质含量13.9%；干物质含氮（N）3.85%、磷（P）0.14%、钾（K）10.96%。

茎及托叶

复叶

花序

嫩荚

图5-37　宁引1号金花菜

第六章

肥饲兼用型豆科绿肥

第一节 苜　蓿

　　苜蓿（*Medicago sativa*），豆科（Fabaceae）苜蓿属（*Medicago*）多年生草本植物，又称紫花苜蓿、紫苜蓿、牧蓿。一种古老的栽培牧草绿肥作物，是重要的养地倒茬作物。其产草量高、草品质好、营养丰富及蛋白转化效率高，在牧草中有"牧草之王"美称。

一、苜蓿起源与分布

　　原产于小亚细亚、伊朗及外高加索一带。有文献记载，古代波斯约在公元前 700 年就栽培苜蓿。公元前 500 年左右，从古米甸国（今伊朗西北部）引入希腊，于公元 1 世纪传入意大利，公元 8 世纪再传入西班牙，后传入法国、德国及比利时，于公元 16 世纪传入美洲。

　　苜蓿是我国最早有记载的栽培牧草绿肥作物。《史记·大宛列传》载："马嗜苜蓿。汉使取其实来，天子始种苜蓿、蒲陶肥饶地。……则离宫别观旁尽种蒲陶、苜蓿，极望。"《汉书·西域传》载："汉使采蒲陶、目宿种归。"表明在西汉汉武帝时期由汉使于大宛或周边地区引入苜蓿，至今已逾两千年。全国有 20 多个省（区、市）种植苜蓿，主要在黑龙江、甘肃、内蒙古、新疆、陕西、宁夏、河北等地。

二、苜蓿主要特征特性

（一）植物学特征

1. 根（图 6-1）

　　株高 30 ～ 100cm，不同品种株高差异较大。根系强大，深入土层可达 3 ～ 10m。支根发达，根瘤多集中于 5 ～ 30cm 土层内的支根上。根的顶端是根颈，其直径大小与种植年限有关，一般生长 2 ～ 3 年的苜蓿根颈直径为 1 ～ 3.5cm；根颈上端的分枝成为根冠，位于表土以上 10cm 处，是越冬芽和再生枝着生的部位。

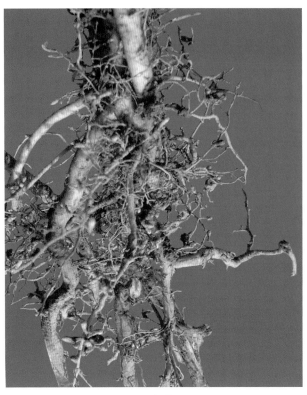

图 6-1　苜蓿根系

2. 茎与叶片（图 6-2）

　　茎直立、丛生，四棱形，无毛或微被柔毛，老熟时光滑。茎长 60 ～ 120cm、粗 2 ～ 5mm。枝叶茂盛，每株基部有分枝 25 ～ 40 个，最多能达 100 个以上。第一片真叶为单叶，以后为三出复叶，深绿色。复叶基部有两枚托叶，托叶较大，卵状披针形，先端锐尖，基部全缘或具 1 ～ 2 齿裂。叶柄比小叶短；小叶长卵形、倒长卵形至线状卵形，三出复叶等大或顶生小叶稍大，长 5 ～ 40 mm、宽 3 ～

图 6-2　苜蓿茎、复叶及小叶形态

10mm，基部狭窄，边缘 1/3 以上具锯齿，上面无毛，下面被贴伏柔毛，侧脉 8 ～ 10 对。茎叶比是反映苜蓿鲜草质量的指标之一，现蕾开花前，茎叶比一般为 1.4 左右，至种子成熟时其茎叶比为 1.0 左右。

3. 花（图 6-3）

总状花序，密生，由叶腋间抽出，长 1 ～ 2.5cm，每花序具小花 15 ～ 30 朵，小花长 6 ～ 12mm。总花梗挺直，比叶长；苞片线状。小花梗长约 2mm。萼钟形，长 3 ～ 5mm，萼齿 5 裂、线状锥形，比萼筒长。花冠蝶形，紫色至深紫色；旗瓣长圆形，先端微凹，明显较翼瓣和龙骨瓣长，翼瓣又较龙骨瓣稍长。开花期一般为 5—7 月，品种间早晚相差可达 30d。

图 6-3　苜蓿花序

4. 荚果与种子（图 6-4）

异花授粉，花谢后一周左右形成嫩荚，荚果成熟时为深褐色或褐色。荚果螺旋状，卷绕 2 ～ 6 圈，无刺，不开裂。每荚含种子 10 ～ 20 粒，种子肾形，长 2.2 ～ 2.8mm、宽 1.2 ～ 1.5mm、厚 1 ～ 1.5mm，种皮黄色或棕色，表面平滑，千粒重 1.5 ～ 2.0g。结荚期为 6—8 月。

图 6-4　苜蓿荚果（左）、种子（右）

（二）生物学特性

苜蓿生长年限长，能达 10 ～ 20 年，长的可达 30 年，但盛产期一般为 6 ～ 8 年。苜蓿喜温暖的半干旱气候。地温达到 5 ～ 6℃时种子即可发芽，春季气温 7 ～ 9℃时开始生长，幼苗能耐 −5℃的低温，成长后能在 −30℃的低温条件下越冬，在有雪覆盖下能耐 −44℃严寒。

根系发达，能吸收深层土壤水分，故抗旱能力较强，在年降水量 200 ～ 300mm 的干旱地区也能生长。生长过程耗水量大，但在降水量超过 1 000mm 的地区却生长不良。对土壤要求不严，但不耐强酸性或强碱性土壤，适合土壤 pH 值为 6.5 ～ 8。在含盐量 0.3% 的盐碱土壤上能良好生长。喜钙质含量高、排水较好和土层深厚的砂壤土。不耐渍水，苗期浸渍 48h 会死亡。

三、苜蓿利用方式

（一）绿　肥

利用苜蓿做绿肥在西北地区较为普遍，主要采取套复种或轮作换茬，既可压青做绿肥，也可以刈割鲜草后根茬还田。多年种植苜蓿后，换茬种植其他作物增产显著。鲜草除富含氮素外，还含有较高的磷钾养分。据测定，紫花苜蓿鲜草含氮（N）0.61%、磷（P）0.065%、钾（K）0.69%。

（二）饲　料

苜蓿是全球最主要的饲草作物，是最有价值的饲草。据测定，单位面积紫花苜蓿产出的粗蛋白总量要高出同等面积的大豆 1 倍多。同时，苜蓿粗蛋白消化率高，可消化蛋白高于麦麸、米糠等精饲料。刈割苜蓿做饲料的最佳时期是初花期，产量高、草质好。刈割宜早不宜晚，以保证冬前再生以利越冬。

第二节　草木樨

草木樨（*Melilotus* spp.），豆科（Fabaceae）草木樨属（*Melilotus*）一年生或二年生草本植物，俗名叫野苜蓿、香马料木樨、野木樨、黄花草，是我国重要的绿肥饲草作物之一。我国草木樨栽培种主要是黄花草木樨（*Melilotus officinalis*）和白花草木樨（*Melilotus albus*）。

一、草木樨起源与分布

一般认为草木樨属植物起源于小亚细亚，后传至整个欧亚大陆的温带地区。W. K. Smith 认为，典型草木樨亚属（包括典型二年生种，如白花和黄花草木樨）起源于中欧至远东的西藏，小型草木樨亚属（包括比较小的一年生种，如印度草木樨和细齿草木樨）则起源于地中海地区。草木樨是世界性的牧草绿肥和蜜源植物。早在两千年以前，就已在地中海地区作为绿肥和蜜源植物栽培。草木樨在印度也有很久的栽培历史，主要用作饲草。

除高寒草甸和荒漠区外，草木樨在温带、亚热带均有分布。全世界的草木樨属植物约有 20 种。我国也有草木樨属野生植物资源，目前发现有草木樨生物种 11 个，主要分布于内蒙古、黑龙江、吉林、辽宁、河北、河南、山东、山西、陕西、甘肃、青海、西藏、江苏、安徽、江西、浙江、四川和云南等地区。在西藏海拔 3 700m 的地区，或海滩海拔仅数米的地段，亦有分布记录。

我国试种栽培草木樨，始于 1922 年在山东利用一年生野生草木樨做观察试验。作为绿肥作物和水土保持植物栽培，始于 1942 年的甘肃天水水土保持试验区。叶培忠教授首先从国内征集到美国白花草木樨和黄花草木樨两个栽培种，后在甘肃和青海采集到细齿草木樨和香甜草木樨。1944 年，当时的美国副总统华莱士访问国民政府，转赠 6 个草木樨品种，即：二年生印度草木樨、一年生印度草木樨品种 annua、二年生白花草木樨、白花草木樨品种 Madrid、一年生白花草木樨品种 Hubam 及二年生黄花草木樨品种 Madrid。1942—1946 年，经天水水土保持实验区试验比较，野生的细齿草木樨、香甜草木樨和引进的印度草木樨因生长不良和易感白粉病而被淘汰，白花草木樨和黄花草木樨则表现优良。

二、草木樨植物学特征（图 6-5）

根系属于主根 – 分根系，易结瘤。主根粗壮发达，入土深达 150 ～ 200cm，主根上部肉质，二年

花序　　　　　　　　　　　　　　　　　荚果、种子

图 6-5　草木樨

生较一年草木樨根系更为发达。肉质根对于二年生草木樨不仅是越冬的重要器官，也是组成绿肥的主要部分。茎直立，多分枝，高 50～120cm，最高可达 200cm 以上。三出羽状复叶，顶生小叶有叶柄，小叶披针形至椭圆形，长 1.0～3.5cm、宽 0.8～1.5cm，先端钝，基部楔形，叶缘有疏齿；托叶条形或三角形，贴生于叶柄基部。

总状花序，腋生或顶生，长而纤细，每花序着小花 30～80 朵；花小，长 3～4mm；花萼钟状，具 5 齿；花冠蝶形，颜色白、淡黄至金黄；旗瓣长于翼瓣。荚果卵形、椭圆形、球形或披针形，长约 3.5mm，具网纹，网纹形态多样；荚果成熟时近黑色，有香气，易落荚。每荚含种子 1 粒；种子黄色或黄绿色，千粒重 1.9～2.5g，硬实率 30%～60%。

三、草木樨生物学特性

白花草木樨是自花授粉植物，黄花草木樨则为异花授粉。一年生草木樨在生长期内完成发育周期，故地上部生长旺盛而根系发育不发达。二年生草木樨生长第一年是营养生长期，以根颈上形成的越冬芽呈休眠状态越冬，第二年越冬芽萌发成新枝后进入生殖生长期，并开花结实。无限花序，一个小穗的花期为 6～7d，单株花期约 20d，群体花期能维持 30d 以上。

耐旱、抗寒。草木樨根系发达，能充分利用不同土层空间的水分。在砂土上种植，分枝期的草木樨遇到土壤含水量降低至 5.8% 时仍然正常生长。当土壤含水量处于凋萎系数范围内仍可生存，在遇久旱导致叶片全部脱落、生长点休眠时也能维持 30d 左右。在年降水量 350mm 地区，遇旱影响鲜草和种子产量。在年降水量 300mm 以下时生长困难。种子在平均地温 3～4℃就能萌动发芽。第一年发育健壮的植株，在冬季 −30℃严寒下能安全越冬；在黑龙江黑河地区，−40℃的极端低温下的越冬率也能达到 70%～80%。

耐瘠、耐盐，不耐渍。草木樨对土壤要求不严，黏土、砂土、壤土上均能较好地生长。耐盐能力强于紫花苜蓿，0～20cm 土层含盐量为 0.14%～0.30% 时，草木樨生长良好；当含盐量达到 0.49%～0.52% 时生长受到抑制。适宜的土壤 pH 值为 7～9，土壤 pH 值小于 4.5 时难以出苗。草木樨在低洼积水地或地下水位较高的土壤种植，主根发育受阻，植株生长不良。

四、草木樨利用方式

（一）绿 肥

草木樨根系发达，根系上部肉质，根瘤多。根及茎叶氮、磷、钾养分含量高，是我国北方地区轮作换茬和间作套种的优良绿肥作物。在白浆土种植草木樨，其鲜草产量一般 27t/hm^2。在苏北地区，2 月中旬播种，6 月初鲜草产量可达 22.5t/hm^2 左右。在北方地区，二年生草木樨一般 3 月末至 4 月初返青，6 月末现蕾，8 月上中旬成熟，生育期 150～160d。

（二）饲 草

草木樨干草含粗蛋白 12%～24%、粗脂肪 2%～5%、粗纤维 17%～19%，营养成分不低于其他饲草。不同生长年限、不同生育期的营养成分含量不同，第一年营养价值高于第二年，生长第二年的植株蛋白质含量以开花前最高。一年生白花草木樨茎及叶蛋白质含量均以分枝期最高，进入现蕾期后则显著下降。值得注意的是，二年生白花草木樨茎叶中碱性氨基酸总量达 1.56%，尤其是赖氨酸含量高达 0.54%，比玉米高出 1 倍多，相当于或高于小麦。

草木樨茎叶中因含有香豆素和草木樨酸等成分，初饲牛羊并不喜欢，经过人工驯饲后则嗜食。草木樨用作饲草，主要是鲜饲和青贮，做青贮饲料最好是在初花期刈割。

（三）蜜源植物

草木樨在做绿肥饲草之前，就已经被作为一种良好的蜜源植物。草木樨茎叶含有香豆素，气味强烈浓厚，对蜜蜂具高度诱惑力。草木樨花小且多，花期长，泌蜜量大，一般情况下，$1hm^2$ 草木樨可产蜜 $60 \sim 120kg$。草木樨蜜外观洁白，浓稠透明，气味芳香，品质优良。

（四）保持水土

草木樨具有较强的蓄水保土作用，在保持水土的同时增加绿肥和饲草供应。据在陕西绥德、延安和甘肃天水等地观测，草木樨地与耕地或同等坡度的撂荒地比较，地表径流量减少 $14.4\% \sim 80.7\%$，冲刷量减少 $63.7\% \sim 90.8\%$。

（五）医药原料

中医以草木樨全草入药，有清热解毒、消炎和杀虫化湿之功能，主治暑热胸闷、胃病、疟疾、痢疾和头痛等症。现代药理学研究证实，草木樨中含有以香豆素（苯并 - α 吡喃酮）为母核的天然产物，多以游离态或与糖结合成甙的形式存在，具有很强的抗炎、镇痛、消肿、改善血管通透性、抗菌和抗病毒等作用。

五、草木樨主要种质资源

目前，我国种植面积较广的草木樨种类是白花草木樨、黄花草木樨。

（一）白花草木樨

白花草木樨（*Melilotus albus*），一年生或两年生草本植物，又名甜三叶、白香草木樨、金花草、马苜蓿、野苜蓿等，是我国分布面积最大的主要栽培种。原产于中欧至远东的西藏，广布于全球温带地区。我国东北、华北、西北均有野生种分布，栽培种多从国外引入。

1. 植物学特征（图 6-6）

株高 $1 \sim 2m$，全株含香豆素，有香气。根系粗壮发达，主根附有许多根瘤，根长达 $1 \sim 2m$。茎圆中空，直立或稍弯，光滑或稍有茸毛。叶为三出复叶，小叶椭圆形或披针椭圆形，长 $2.0 \sim 3.3cm$、

盛花期

种子

图 6-6 白花草木樨

宽 0.5 ～ 1.2cm，先端截形，微凹陷，边缘有细齿，一般为 10 ～ 30 个。托叶三角形，先端尖，长 8mm 左右。总状花序，腋生，花轴细长，长 9 ～ 25cm；每花序着生小花 40 ～ 90 朵，花柄弯曲，花冠白色。荚果卵球形或倒卵圆形，长 3 ～ 3.5mm、宽 2 ～ 2.5mm；成熟荚灰棕色，具凸起脉网，无毛。每荚含有种子 1 ～ 2 粒，多数为 1 粒。种子肾形，略扁平，细小，直径约 1.5mm，种皮灰黄色，坚硬，有蜡质。

2. 生物学特性

最适宜发芽温度 15 ～ 20℃，最适宜生长温度 15 ～ 28℃。耐低温，种子在 3 ～ 4℃可以发芽，越年生的草木樨，第一年生长健壮的植株可在 -30℃下越冬。春、夏、秋播种均可。抗旱能力强，在分枝期，表层土壤含水量降到 5.8% 仍能正常生长，2.1% 时才枯萎，久旱则落叶休眠，可维持 30d 左右，有水分时恢复生长。土壤适应性广，黏土、砂土、贫瘠碱性土均可生长。抗盐碱，在耕层含盐量 0.1% ～ 0.3% 的轻中度盐碱土壤中可正常生长。

（二）黄花草木樨

黄花草木樨（*Melilotus offcinalis*），又名黄甜车轴草、黄香草木樨。原产欧洲，地中海东岸、中东、中亚、东亚均有分布。我国东北、华北、西北、西藏、四川及长江流域均有野生种，北方各地有栽培利用。

1. 植物学特征（图 6-7）

一年生或二年生草本，全株含香豆素，有香气。主根肉质发达，形如分枝状胡萝卜，入土深可达 60 ～ 180cm。株型较散，株高较白花草木樨矮。茎高 1 ～ 2m，茎较白花草木樨要细。三出复叶，小叶椭圆形至狭长圆状倒披针形，长 1 ～ 2.5cm、宽 0.6 ～ 1.1cm；小叶柄长约 1mm，淡黄褐色；托叶三角形，基部宽，有时具分裂。总状花序，腋生；每花序着小花 30 ～ 80 朵，小花花冠黄色，旗瓣较龙骨瓣略长。荚果卵圆形，长 3 ～ 4mm、宽约 2.5mm，稍有毛，网脉明显，浅灰色；每荚含种子 1 粒，稀有 2 粒。种子矩形，褐色。

盛花期群体　　　　　　　　　　种子

图 6-7　黄花草木樨

2. 生物学特性

最适宜发芽温度 15 ～ 20℃，最适宜生长温度 15 ～ 28℃。耐低温，种子在 3 ～ 4℃可以发芽，第一年生长健全的植株可在 -30℃下越冬。春、夏、秋播种均可。花期 5—6 月，较白花草木樨早 10 ～ 15d，异花授粉，果期 6—7 月。

抗旱能力强。对土壤的适应性广，黏土、砂土或贫瘠碱性土均可生长。耐盐碱，在耕层含盐量 0.3% ～ 0.5% 的中度盐碱土壤中可正常生长。在做绿肥栽培利用和保持水土方面均不及白花草木樨。鲜草产量比白花草木樨低 20% ～ 30%，氮养分含量高于白花草木樨，现蕾期干草含氮（N）3.02%、磷（P）0.57%、钾（K）2.73%，茎叶易腐烂分解，是北方荒地、盐碱地或干旱地区轮作倒茬的优良绿肥作物。

第三节　沙打旺

沙打旺（*Astragalus laxmannii*），豆科（Fabaceae）黄芪属（*Astragalus*）多年生草本植物，俗名麻豆秧、地丁、薄地犟、沙大王、直立黄芪等，是中国特有的绿肥、牧草和水土保持兼用的绿肥作物种类。

一、沙打旺起源与分布

沙打旺原产中国黄河故道地区，人工栽培历史已逾百年。1958 年，孙醒东根据沙打旺的形态学特征首次将其定名为直立黄芪（斜茎黄芪，*Astragalus adsurgens*）。20 世纪 80 年代初，吴永敷提出"沙打旺与直立黄芪同属一个种，沙打旺栽培种是由直立黄芪野生种栽培驯化而来，起源于中国华北与西北地区的直立黄芪野生种"。1982 年，富象乾、刘玉红等通过沙打旺的形态学、生物生态学、细胞学等研究，提出"沙打旺实际上是由斜茎黄芪在中国黄河故道地区特定的环境条件下经过人工驯化栽培选育所分化出来的一个种群"，据此将沙打旺定名为 *Astragalus adsurgens*。后国际上又修订为现用拉丁名。

20 世纪 70 年代中期起，北方各地大面积引种沙打旺，至 80 年代中期成为"三北"地区人工种植的主要绿肥品种之一。目前，黑龙江、吉林、辽宁、河北、山东、河南、江苏、安徽、内蒙古、山西、陕西、宁夏、甘肃、新疆等地均有种植。

二、沙打旺植物学特征

（一）根、茎、叶

深根系，主根长而弯曲，侧根发达，细根较少。入土深度 1 ～ 2m，深可达 6m。根瘤多着生于二级分枝根上。根部上方有粗壮根颈，是分枝和越冬芽着生的地方。

茎圆形，中空，稍着白色茸毛。一年生植株主茎明显，有数个到十几个分枝，间有二级分枝出现；二年生以上植株主茎不明显，一级分枝由基部分出，每株数个到数十个二级或三级分枝。生长二年以上的株高可达 150 ～ 170cm，高者能达 230cm 以上。

奇数羽状复叶，复叶长 5 ～ 17cm。单复叶具小叶 3 ～ 25 枚；小叶长 2.0 ～ 3.5cm、宽 0.5 ～

1.5cm，互生，椭圆形或卵状椭圆形，全缘，先端钝或圆，基部圆形或近圆形，叶表面无毛、背面被白毛；叶柄极短。托叶宽卵形，渐尖，基部分离或稍连合。

（二）花、荚、种子（图6-8）

总状花序，花梗长 4 ～ 17cm，花序长圆柱形或穗形、长 2 ～ 15cm。每个花序有小花 22 ～ 35 朵，多则超百朵。花冠蓝色、紫色或蓝紫色，具短梗；萼筒状 5 裂，翼瓣和龙骨瓣短于旗瓣。荚果长圆筒形或长椭圆形，长 7 ～ 18mm、宽 2 ～ 6mm，具三棱，先端具下弯的短喙，被黑、褐、白或彼此混生的毛。每荚含种子数十粒，种子肾形，种皮褐色，千粒重 1.4 ～ 1.8 g。

初花期　　　　　　　　　　　　　　　　花序

图 6-8　沙打旺

三、沙打旺生物学特性

具有抗寒、抗旱、抗风沙、耐瘠薄等特性，较耐盐碱，但不耐涝。越冬芽至少可忍受 −30℃ 的地表低温，在连续 7d 日均气温达到 4.9℃ 时越冬芽即可萌动。种子于 3 ～ 5℃ 时可萌发，较适宜温度为 15 ～ 30℃。在黑龙江北部、内蒙古大部分地区，沙打旺可在无保护措施下安全越冬。发芽的适宜土壤水分为田间最大持水量的 75% 左右。根系具有明显的旱生结构，在年降水量 350mm 以上的地方均能正常生长。

沙打旺具有裂荚习性，种子的脱落损失率达 70% 以上。种子产量高低，与种植区域无霜期长短及生长年限有关。在江苏北部、河北省中部，春播当年种子产量 150kg/hm² 左右，第二、第三年可达 600 ～ 675kg/hm²；在辽宁西部、内蒙古南部、陕西北部等地区，春播当年不结实，第二年种子产量 75 ～ 150kg/hm²；在山西右玉、内蒙古锡林浩特等地，一般不结实。

四、沙打旺利用方式

（一）绿　肥

沙打旺在无霜期多于 180d 的地区，春播当年鲜草产量可达 30 ～ 45t/hm²，第二、第三年可达 52.5 ～ 75t/hm²。在无霜期 150 d 左右的地区，春播当年鲜草产量可达 15 ～ 37.5t/hm²，第二、第三年可达 22.5 ～ 75t/hm²。据测定，一年生沙打旺盛花期茎叶干基养分含量为氮（N）2.54%、磷（P）0.18%、钾（K）1.70%。做绿肥利用，可直接压青作基肥、异地压青作追肥，或以其秸秆制作堆沤肥。在辽宁西部褐土上试验，种植 4 年的沙打旺土壤，0 ～ 20cm 土层有机质增加 22.3%、全氮增加 10.2%。

（二）治沙保土

沙打旺治沙保持水土的生态效益明显。沙打旺草地水分有效利用率比荒山高 4 ～ 10 倍，产草量为荒山植被的 8 倍。黄河故道区的山东菏泽，1957—1962 年每年种植沙打旺 200hm²，固定了流沙，改良了沙地，使荒滩变绿洲、砂地变良田。在陕西榆林地区，种植沙打旺区比对照区泥沙冲刷量减少 99.6%，地表径流减少 83.5%，植被覆盖度由 10% 提高至 70%。

（三）饲草、蜜源

沙打旺茎秆既是良好的粗饲料，也可部分替代精饲料。沙打旺返青后 30cm 高时可以刈割喂养牲畜。据测定，1 ～ 7 年生沙打旺初花期，其风干基平均含粗灰分 5.6%、粗脂肪 1.9%、粗蛋白 12.3%、粗纤维 31.3%、无氮浸出物 35.9%，各种氨基酸 9.6%，微量元素含量也较丰富。沙打旺花期长，是良好的蜜源植物。

第四节　扁茎黄芪

扁茎黄芪（*Phyllolobium chinense*），豆科（Fabaceae）黄芪属（*Astragalus*）多年生草本植物。中国植物分类名为蔓黄芪，又名沙苑子、夏黄芪、潼蒺藜、背扁黄芪。其实生苗第一年就能开花结实，可生长 5 年左右。因其茎横切面呈扁圆形，故称扁茎黄芪。为中国特有的黄芪种类，主要分布在东北、华北和黄土高原地区。

一、扁茎黄芪植物学特征（图 6-9）

直根系发达，主根肥大呈圆柱形，侧根少而小。根部上部为根颈，是分枝和越冬芽着生的地方。翌年春天，根颈上着生一圈分枝。根瘤多，呈珊瑚状。茎和分枝细长，平卧地面成全匍匐茎，茎节上着生不定根。奇数羽状复叶，互生，有小叶 9 ～ 25 片，小叶椭圆形，长 7 ～ 15mm、宽 3 ～ 6mm，全缘，无毛，叶面绿色，叶背灰绿色。

总状花序，腋生，总花梗细长，每花序具小花 5 ～ 7 朵，小花梗基部有 1 枚线状披针形的小苞片。花萼钟形，绿色，长 4 ～ 5mm，先端 5 裂，外侧被灰黑色短硬毛，萼筒基部有 2 枚卵形的小苞片，外侧密被短硬毛。花冠蝶形，紫色或乳白带紫红色。旗瓣近圆形，先端微凹，基部有爪，长约 10mm、宽

图 6-9 扁茎黄芪

约 8mm；翼瓣稍短，龙骨瓣与旗瓣等长。荚果呈扁舟形，长 2 ～ 2.5cm，两端翘起，先端有较长的尖喙，被黑色短硬毛。每荚含种子 20 ～ 30 粒；种子圆肾形，绿褐色，质地坚硬有特殊的芳香气味，千粒重 2.7g 左右。

二、扁茎黄芪生物学特性

生长发育快，春播当年即可收获种子。种子在 10℃左右萌动；在 15 ～ 20℃播种，5 ～ 6d 即可出苗。在生出 4 ～ 5 片真叶以前，生长比较缓慢，以后逐渐加快，分枝可达 10 个左右，常匍匐地面向四周伸展，分枝上又可长出许多侧枝，多枝交叉，呈半匍匐状。与此同时根部迅速生长，到 7 月中旬至 8 月中旬开始现蕾时，根系深达 1.5m 以上。开花期较长（7—9 月），一般在 10 月下旬多数种子成熟。第一年春季播种，到秋季收获种子，生育期约需 210d。播种期要求不严，根据陕西试验，一年四季均可播种。冬季可采用寄籽的方法播种。

耐旱、耐寒、耐阴、耐践踏、耐瘠薄，在 −31℃无覆盖的条件下能安全越冬，在寒冷的黑龙江也有野生分布，最适宜在凉爽的北方种植。耐旱力强，潮湿多雨对其生长结实不利，忌积水，喜通风透光，宜栽种于排水良好的山坡地。对土壤的要求不严，除低湿地、强酸碱地外，喜砂质壤土，但在各类旱坡地、瘠薄荒地等不同质地土壤上皆能生长。

三、扁茎黄芪利用方式

（一）绿 肥

扁茎黄芪主根发达，易结瘤，根瘤固氮能力强。茎叶鲜嫩，易于腐解，是优良的培肥改土和轮作换茬的绿肥作物。再生能力强，产草量高，一年可刈割 3 ～ 4 次，能产鲜草 75t/hm²。茎匍匐性生长，在果园种植，可以抑制杂草和防止水分蒸发；在微盐碱地种植，可以抑制春季返盐，是培肥保水的优良作物。以现蕾期养分含量最高，生长第一年的花期干物质含氮（N）3.58%、磷（P）0.62%、钾（K）2.47%。在山西苹果园覆盖扁茎黄芪，6—7 月土壤含水量始终高于未覆盖的对照，播种一次能覆盖 4 ～ 5 年。

（二）饲料、药用及蜜源

扁茎黄芪茎叶质地柔软，适口性好，稍有气味，但猪、鸡、兔以及牛、羊喜食，无论青饲或是调制成青干草粉搭配饲喂均可。籽实可供药用，中药名沙苑子，又名白蒺藜。花期长达 3 个月之久，是良好的蜜源植物。

第五节 红豆草

红豆草（*Onobrychis viciifolia*），豆科（Fabaceae）驴食草属（*Onobrychis*）多年生草本植物。中国植物分类名为驴食草，又名红羊草、驴食豆、驴喜豆。驴食草属植物在全世界大约有140种，多数是野生种。我国新疆天山北麓有野生种分布。栽培种有2个，普通红豆草栽培种原产法国，外高加索红豆草原产于苏联。我国各地引种栽培的品种来自苏联、波兰、加拿大等国家，在北方表现良好，具有耐旱、耐寒、抗病和速生等特点。

一、红豆草植物学特征（图6-10）

根系发达，主根粗壮，直径2cm以上，入土深3～4m；侧根多，易结瘤。茎直立、中空，高50～90cm、直径约6mm，绿色或紫红色，分枝5～15个不等。奇数羽状复叶，复叶有小叶13～17枚，小叶卵圆形、长圆形或椭圆形，叶背边缘有短茸毛。托叶三角形，上缘有白色茸毛。

穗状总状花序，花序长25～35cm、有小花40～75朵；花冠蝶形，花瓣粉红色、红色或深红色，也有粉白色。荚果扁平，黄褐色，果皮粗糙，有凸形网状脉纹，边缘有锯齿或无。每荚内含种子1粒。种子肾形，种皮红褐色，表面光滑，长2.4～2.5mm、宽2.0～3.5mm、厚1.5～2.0mm，千粒重13～16g，带荚壳的种子千粒重18～26g。

| 分枝期 | 花序 | 种子 |

图6-10 红豆草

二、红豆草生物学特性

红豆草一般可以生长7年以上，属异花授粉植物，自花不结实。性喜温凉、干燥气候。在年均气温12～15℃、年降水量350～500mm的地区生长最好。种子在1～2℃的温度条件下即开始发芽。两年以上植株，春季气温回升 3 ～ 4℃时，开始返青再生。在甘肃河西地区，4 月中旬播种，6 月中旬开花，7 月中旬种子能成熟；越冬性好，翌年 3 月中旬能返青。在鲁西北地区生长发育快，越冬后 4 月下旬开花，6 月中下旬种子成熟。

红豆草耐干旱、寒冷、早霜、深秋降水、缺肥贫瘠土壤等不利因素。抗寒性稍弱，再生性不如苜蓿。

三、红豆草利用方式

（一）绿　肥

红豆草生育期较短，从返青到孕蕾期只需 30d 时间，4 月底、5 月初即可刈割翻压。播种当年鲜草产量一般在 22.5 ～ 45t/hm²，翌年能达 37.5 ～ 45t/hm²。盛花期干物质含氮（N）2.46%、磷（P）0.50%、钾（K）2.18%。茎叶柔嫩，纤维素含量低，木质化程度轻，压青和堆肥易腐烂。固氮能力与苜蓿相当，根系强大，一般生长一年残留鲜根茬 12t/hm²，两年可达 40t/hm² 左右，因而种植红豆草可明显增加土壤有机质含量。活化土壤中钙、磷能力较强。

（二）饲草、蜜源、水土保持

红豆草叶片数量多，叶量大，植株干物质含粗蛋白 13% ～ 25%，适口性较好。含很高的浓缩单宁，反刍家畜在青饲、放牧利用时不发生臌胀病。可青饲、青贮、放牧、晒制青干草，加工草粉。红豆草根系强大，护坡保土作用好。红豆草花期长，是很好的蜜源植物。此外，花序长，小花数多，花色粉红、紫红各色兼具，具香味宜人，是理想的美化和观赏植物。

第六节　小冠花

小冠花（*Coronilla varia*），豆科（Fabaceae）小冠花属（*Coronilla*）多年生草本植物。中国植物分类名为绣球小冠花，又名多变小冠花。茎匍匐丛生，枝叶繁茂，适应性广，抗逆性强，是较好的覆盖绿肥作物，也是反刍动物理想的高蛋白饲草，还有观赏和药用价值。

一、小冠花起源与分布

原产地中海地带，分布于欧洲中部和东南部，以及亚洲东南部。1935 年，在美国宾夕法尼亚州废弃的山地发现小冠花，此后传至美国东部地区等地种植。目前，欧洲、北美、亚洲西部和非洲北部均有栽培。我国引种较早，推广较迟。1964 年、1973 年、1974 年和 1977 年，我国先后从欧洲和美洲少量引入江苏南京、山西太谷、陕西武功和北京等地种植。

二、小冠花植物学特征（图 6-11）

主侧根发达，根系主要分布于 10 ～ 20cm 土层并横向审生长达 2.5 ～ 3.0m，侧根上抽生有较多不定芽。条件适宜时，不定芽可破土出苗生新枝。株高 70 ～ 130cm，草丛高 60 ～ 70cm。全株无毛，茎半匍匐散生，中空有棱，质软柔嫩。奇数羽状复叶，互生，有小叶 11 ～ 27 片；小叶长圆形或倒卵圆形，尖端钝圆微凹，长 1.3 ～ 1.9cm、宽 0.6 ～ 0.9cm，无柄或近无柄。

伞形花序，腋生，有小花 8 ～ 22 朵，多为 14 朵以上，呈环状紧密排列于花梗顶端，形似皇冠，因此而得名。蝶形花冠长 1.3cm，初呈粉红色，后为淡紫色，花色多变。荚果细长，几个聚集在一起形如鸡爪，荚长 3 ～ 4cm；每荚有 3 ～ 11 节，每节有种子 1 粒。种子棒状，种皮黄褐色或深红色，长约 3.5mm、宽约 1.0mm，种皮坚硬，蜡质层厚，多硬实，千粒重 3.7 ～ 4.1g。

茎及叶腋抽生花序

奇数羽状复叶

叶腋抽生的伞状花序

荚果

种子

盛花期长势

图 6-11　小冠花

三、小冠花生物学特性

小冠花适应性广，抗逆性强，耐旱、耐寒、耐瘠、耐高温，耐涝性差。

越冬期能耐 -28℃ 的低温。当地温达 4℃ 以上时就可返青，最适宜生长温度 20 ～ 30℃，青绿期可保持到 12 月上旬。根系入土深、根幅宽，抗旱性优于紫花苜蓿和红豆草。在夏季 34℃ 以上连续高温天气，茎叶无萎蔫状态。当土壤含水量降到 5% ～ 10% 时，根芽仍能萌发出土；在年降水量 300mm 无灌溉条件下，枝叶生长茂密，覆盖度可达 100%。

对土壤要求不严，在瘠薄地、山坡荒地能生长繁茂。最适宜在中性至微碱性土壤生长，也能适应 pH 值 6.0 以上的微酸性土壤，但不适宜强酸性土壤。苗期耐盐碱性较差，但覆盖地面后，因能减少地面水分蒸发、抑制盐分上升，在含盐量 0.3% ～ 0.6% 的土壤上仍能正常生长。

四、小冠花利用方式

（一）绿肥及生物覆盖

小冠花根系发达，固氮能力强。植株生物量大，可分期刈割，一年可刈割 4 ～ 5 次，鲜草产量达 60 ～ 90t/hm^2。茎叶鲜嫩，易于腐解，养分含量高，干草含氮（N）2.62%、磷（P）0.63%、钾（K）2.77%，是优良的绿肥作物。耐瘠薄、耐盐碱，在废弃地、瘠薄地、矿迹地、盐碱地种植，是恢复植被、增加土壤有机质、培肥地力和改良土壤的优良作物。据山西农业大学测定，种植小冠花 1 年后的 0 ～ 20cm 土层内有机质提高 0.14%。在盐碱地种植，植株覆盖地面可减少水分蒸发，抑制盐分上升，起到改良盐碱地的作用。

小冠花具根蘖特性，一年长出两次枝条，能迅速形成密集草层，覆盖度大，固土和防止水土流失的作用突出，是高原荒山、公路铁路和河堤渠两旁的理想保护作物及观赏作物。

（二）饲草、蜜源

小冠花茎叶繁茂柔嫩，营养物质含量高而全面，青草和干草的营养价值与紫花苜蓿相当。鲜草含干物质 20%、粗蛋白 3.96%、粗脂肪 0.58%、粗纤维 4.24%、无氮浸出物 9.24%、灰分 1.98%。但由于植株内含有 β- 硝基丙酸，对单胃动物有毒性，而对反刍动物无毒害作用。花期长，蜜腺发达，可作蜜源植物利用。

第七节　三叶草

三叶草（*Trifolium* spp.），豆科（Fabaceae）车轴草属（*Trifolium*）一年生或多年生草本植物，中国植物分类名为车轴草。几乎遍及全世界，其中以地中海区域为中心。种植面积最大的是西欧、北美、苏联和大洋洲。该属植物有许多种类是重要的牧草绿肥作物，我国先后从美国、澳大利亚和日本等国家引种用作绿肥栽培，以白三叶、红三叶、绛三叶应用较广。

一、白三叶草

白三叶草（*Trifolium repens*），中国植物分类名为白车轴草，又名荷兰翘摇，生长期 5 ～ 8 年。原产欧洲、小亚细亚和北非，主要分布在温带地区，尤其是西北欧、美洲北部和新西兰面积较大。我国新疆北部、四川、云南、贵州、江苏、上海等地有野生或逸生种。

（一）植物学特征（图 6-12）

1. 根、茎、叶

主根细短，侧根发达；易结瘤，固氮量可达 150kg/hm^2 左右。茎实心光滑，匍匐蔓生，长 30 ～ 60cm，上部稍上升，茎节着地能生根，并长成新的匍匐茎，具有较强的侵染性，易建植形成密集草层。掌状三出复叶；托叶较小，卵状披针形，基部抱茎成鞘状，端尖；复叶柄长 10 ～ 30cm；小叶倒卵形至近圆形，中央有"V"形白斑，长 8 ～ 30mm、宽 8 ～ 25mm，先端凹头至钝圆，基部楔形渐窄至小

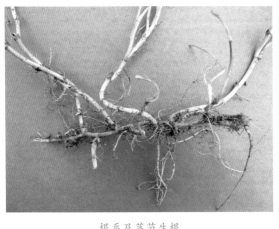

根系及茎节生根

茎及茎节

复叶

花序

种子

盛花期

图 6-12　白三叶草

叶柄，叶缘有锯齿，叶背光滑；小叶柄长 1.5mm。

2. 花、荚果、种子

叶腋生花梗，长 30cm。总状花序，顶生，球形，密聚小花 20 ～ 80 朵，直径 15 ～ 40mm。萼钟形，具脉纹 10 条，萼齿 5，披针形，萼喉开张，无毛。花冠白色或带淡红色，具香气。旗瓣椭圆形，比翼瓣和龙骨瓣长近 1 倍，龙骨瓣比翼瓣稍短。荚果细长而小，每荚有种子 3 ～ 4 粒。种子心脏形，种皮黄色或棕黄色，千粒重 0.5 ～ 0.7g。

（二）生物学特性

白三叶适应性广，抗逆性强。喜温暖湿润气候，种子在 1 ～ 5℃开始萌发，生长期适宜温度 19 ～ 24℃，夏季平均温度 35℃能安全越夏，冬季最低温度 -15℃能安全越冬，耐热性较红三叶强。较耐阴、耐旱、耐潮湿，在年降水量 600 ～ 1 000mm 地区均能生长良好。耐酸性土壤，但不耐盐碱，有较强的耐瘠薄能力。适宜土壤 pH 值为 5.6 ～ 8.0，土壤 pH 值 4.5 时能生长。

（三）利用方式（图6-13）

白三叶生长速率快，是适宜放牧、水土保持以及覆盖绿化的绿肥牧草作物。我国早期从新西兰引种栽培的中叶型品种胡依阿（Huia），鲜草产量高；从美国引进的大叶型品种 Regal，茎较直立，叶片肥大，鲜草产量高，适宜肥饲兼用，但抗寒性较差。从澳大利亚引入并于2002年通过牧草品种审定的海法（Haifa）白三叶，适宜性广，侵占性、再生能力强，病虫害少，利用年限长，鲜草产量高，品质好，适合长江以南地区种植利用。

白三叶是优质的果茶园覆盖绿肥，能抑制杂草、平衡土壤温度、改善果茶园小生境、改良土壤，提高果茶品质。鲜草产量37.5～45t/hm²，干物质含氮（N）3.87%、磷（P）0.53%、钾（K）2.94%。适口性好，分枝期鲜茎叶含干物质13.0%，干物质粗蛋白2.05%、粗脂肪0.36%、粗纤维2.58%、灰分1.81%。

图6-13 红壤果园覆盖白三叶草

二、红三叶草

红三叶草（*Trifolium pratense*），中国植物分类名为红车轴草，短期多年生草本，生长期2～9年。原产小亚细亚及欧洲西南部，后经引种至世界各国，在全世界广泛分布。我国新疆西北部很早就引种栽培，自20世纪40年代以来，我国又陆续引种栽培，在江淮流域以南除夏季极干旱高温地区外均能生长良好。

（一）植物学特征（图6-14）

1. 根、茎、叶

主根明显，深入土层达1m，侧根发达，易结瘤。有不定根，不定根起源于地上部茎丛。茎节能生根。主茎通常不发育，茎圆形中空，具纵棱，直立或斜上，有稀短茸毛，长100cm左右。基部分枝多，一般有分枝10～15个，开花前形成较大的叶丛。托叶近卵形，每侧具紫色或绿色脉纹8～9条。掌状三出复叶；叶柄较长，茎上部的叶柄短。小叶卵长椭圆形至倒卵形，长 1.5 ～ 5cm、宽 2 ～ 3.5cm，先端钝，两面疏生褐色长柔毛，叶面具灰白色倒 "V" 字形斑点。

2. 花、果、种子

头状花序，聚生枝梢或腋生小花梗上，具小花 30 ～ 150 朵。萼钟形，被长柔毛，具脉纹 10 条，萼齿丝状，比萼筒长，最下方 1 齿比其余萼齿长 1 倍，萼喉开张，具一多毛的加厚环。花冠紫红色至淡红色，旗瓣匙形，明显比翼瓣和龙骨瓣长，龙骨瓣稍比翼瓣短。花期可达 5 个月。荚果小，卵形，每荚含种子 1 粒。种子肾性或近三角形，种皮黄褐色或紫色，千粒重 1.5 ～ 2.0g。异花授粉植物，种子成熟后不易脱落。

根系   茎及托叶

复叶   花序   种子

图 6-14 红三叶草

（二）生物学特性

红三叶草分为早熟、中熟和晚熟类型。喜湿润海洋性气候，在夏季不过热、冬季不严寒的地区生长最为适宜。种子萌发最低温度 2 ～ 3℃，生长期间最适温度 15 ～ 25℃；夏季高温生长停滞且易受杂草危害死亡。不耐旱，高温干旱尤其对其生长不利；耐阴湿环境。在年降水量 500mm 以下又无灌溉条件的地方不宜种植。适宜土壤 pH 值 6.0 ～ 7.5，对磷肥反应敏感。

（三）利用方式（图 6-15）

红三叶草固氮能力强，是世界上主要豆科牧草绿肥种类之一。在水田、旱地和果园均可种植。南方秋播做绿肥利用，翌年 4 月中下旬现蕾初花期翻压。作果园覆盖绿肥利用时，宜自然覆盖或者在高温干旱季节刈割就地覆盖。初花期红三叶草干物质含氮（N）2.61%、磷（P）0.25%、钾（K）1.20%。北方春播为宜，适宜期为 2 月下旬至 3 月上旬，当年可刈割 2 ～ 3 次，第一次刈割在初花期，鲜草产量 30 ～ 45t/hm^2；在停止生长前 20 ～ 25d 刈割最后一次，留茬 10 ～ 12cm 越冬。秋播时，翌年 6 月前可刈割 2 次，鲜草产量 60 ～ 75t/hm^2。

图 6-15　东北春播红三叶草盛花期

三、绛三叶草

绛三叶草（*Trifolium incarnatum*），中国植物分类名为绛车轴草，又称深红三叶草、地中海三叶草、猩红苜蓿。原产欧洲地中海沿岸、北非，是欧洲南部、美国和澳大利亚等国重要的绿肥饲草作物。我国于 20 世纪 50 年代初引种栽培，目前在全国各地均有分布。

（一）植物学特征（图 6-16）

1. 根、茎、叶

主根明显，深入土层达 30 ～ 50cm。分枝能力强，苗期基部分枝成簇生。茎具纵棱，直立或上升，粗壮，被长柔毛，高 40 ～ 100cm。掌状三出复叶，叶柄长；托叶大，椭圆形，大部分与叶柄合生，每侧具脉纹 3 ～ 5 条，被毛。小叶阔倒卵形至近圆形，长 1.5 ～ 3.5cm，先端钝，有时微凹，边缘具波状钝齿，两面疏生长柔毛，侧脉 5 ～ 10 对。

2. 花、荚果、种子

圆柱状花序，顶生，具小花 50 ～ 120 朵，小花长 10 ～ 15mm。萼筒形，密被长硬毛，具脉纹 10 条，萼齿狭三角状锥形，近等长，萼筒较短。花冠深红色，少有白色、淡黄、粉红和杂色。旗瓣狭椭圆形，锐尖头，明显比翼瓣和龙骨瓣长。自花授粉。荚果卵形，每荚有 1 粒黄褐色种子，种子千粒重 2.7 ～ 3.2g。

苗期　　　　　　　　　　　　　花序　　　　　　　　　　　　　种子

图 6-16　绛三叶草

（二）生物学特性

喜温暖湿润气候，耐寒性较好，与光叶苕子相似。不耐盐碱，耐湿性和耐阴性一般较紫云英弱。在排水良好、pH 值 5.6 ～ 8.0、较肥沃的土壤最为适宜。春发较慢，易受杂草侵害；抗病虫能力较强，不易倒伏。在江苏南京，9 月下旬至 10 月上旬播种，越冬时株高 10 ～ 25cm，翌年 3 月底现蕾，4 月初盛花，5 月底种子成熟，生育期 240 ～ 245d。

（三）利用方式

绛三叶草是良好的绿肥和牧草。花美丽有蜜，可作蜜源植物。根系发达，亦可做水土保持植物。株型直立，适宜间套种，在江苏、浙江、安徽、江西和广东稻田种植。在晚稻收获期 10 ～ 15d 稻底套种，播种量 30 ～ 37.5kg/hm²，盛花期翻压做早稻绿肥，鲜草产量 30 ～ 45t/hm²，鲜草干物质含氮（N）2.66%、磷（P）0.33%、钾（K）1.78%。

第八节　香豆子

香豆子（*Trigonella foenum-graecum*），豆科（Fabaceae）胡卢巴属（*Trigonella*）一年生草本植物，中国植物分类名胡卢巴，又名香苜蓿、雪莎、苦豆、香草、卢巴、胡巴、季豆等。原产西亚、北非及我国西藏。公元前 7 世纪左右，开始在中东进行人工栽培，尔后逐渐东传至印度、巴基斯坦等地。相传西汉初年张骞通西域时引入中国，作为香料植物栽培。现我国西北多地有栽培。

一、香豆子植物学特征 (图 6-17)

直根系, 根系发达。主根、侧根均生根瘤。株高 70 ～ 100cm。茎直立丛生, 分枝自叶腋抽出, 轮生于主茎四周, 一般分枝 3 个左右, 多者 6 ～ 7 个, 疏被长柔毛。三出复叶, 互生, 总柄长 6 ～ 12mm; 中间小叶稍大, 呈倒卵形, 两侧小叶椭圆形; 小叶长 1.2 ～ 3.0cm、宽 1 ～ 1.5cm, 近先端有边缘锯齿, 两面均有稀疏柔毛, 小叶柄长 1 ～ 2mm。

总状花序, 着生于叶腋间或顶端。花无梗, 1 ～ 2 朵腋生。花冠蝶形, 初为白色, 后渐变淡黄色, 基部微带紫晕。萼筒状, 萼齿 5 个, 披针形, 外被长柔毛。旗瓣长圆形, 先端具缺刻, 基部尖楔形。龙骨瓣偏匙形, 长约为旗瓣的 1/3, 翼瓣耳形。荚果细长圆筒状, 先端有长喙, 具明显网纹, 长 9 ～ 12cm、宽 0.5cm 左右, 被柔毛。每荚含种子 11 ～ 20 粒; 种子呈方形或长方形, 稍扁, 略皱缩, 约长 4 mm、宽 3mm, 种皮橙黄色、黄褐色或有深棕色; 千粒重 10g 左右。种子粉碎时有特异香气, 味淡微苦。

田间长势　　　　　　　　　　　　　种子

图 6-17　香豆子

二、香豆子生物学特性

喜冷凉干旱气候, 低温冷凉有利于营养生长, 遇高温则生殖生长提前。抗霜冻能力强, 冬初在 −10℃情况下能保持生机。西北地区 3 月下旬春播, 至 7 月中旬种子就能成熟, 生育期 120 ～ 130d; 如推迟至 5 月初播种, 生育期仅 90d 左右。在江淮地区 9 月下旬秋播, 翌年 6 月中旬种子成熟, 生育期达 220d。

较耐干旱, 不耐渍。耐盐碱能力差。在以硫酸盐为主的甘肃河西走廊盐渍土种植, 当耕层土壤全盐量大于 0.3%, 即受盐渍危害而死亡。

三、香豆子利用方式

（一）绿 肥

我国西北地区常见的地方栽培种有武威香豆子、兰州香豆子、玉门香豆子、青海香豆子和新疆香豆子。香豆子适应性较强，耐寒冷，生长迅速，鲜草产量高。在甘肃、青海等地，原为零星种植用于香料。1953年，甘肃省农业科学院在兰州试做复种绿肥，自播种至开花仅需要32d，株高就达60cm，鲜草产量能达7.5t/hm²，故在春麦灌区种植较广泛。在新疆炮台水浇地麦后复种，其花期鲜草产量为16.8t/hm²；在江淮地区晚秋播种做越冬绿肥，翌年盛花期鲜草产量能达45t/hm²。盛花期植株干物质养分含量因区域及土壤而异，甘肃地区香豆子植株干物质含氮（N）3.0%、磷（P）0.18%、钾（K）2.57%，新疆地区香豆子植株干物质含氮（N）1.61%、磷（P）0.34%、钾（K）0.83%。

（二）饲料、原料

香豆子茎叶鲜嫩，富含香味，适口性好，做饲草饲喂牲畜，容易嚼食消化，是优质的饲草种类。干茎叶含粗蛋白13.0%～22.9%、纤维22%～28%。

植株和籽实均能食用。植株和种子含有香豆素，是天然香精的重要原料，在西北地区传统饮食调味中广泛使用。种子含有多种生物碱及丰富的半乳甘露聚糖胶，是重要的工业原料。

第九节　苦豆子

苦豆子（*Sophora alopecuroides*），豆科（Fabaceae）槐属（*Sophora*）多年生宿根性草本或亚灌木植物，又名苦豆根、苦甘草、苦豆草等。常见于甘肃、青海、新疆、内蒙古、山西、陕西、宁夏、西藏等省区，多生于干旱沙漠和草原边缘地带。苏联、阿富汗、伊朗、土耳其、巴基斯坦和印度北部也有分布。

一、苦豆子植物学特征（图6-18）

主根发达，入土深50～100cm。草本或基部木质化成亚灌木状，株高60～120cm。茎枝被白色或淡灰白色长柔毛或贴伏柔毛；分枝多，成扫帚状。羽状复叶，叶柄长1～2cm。小叶7～13对，对生或近互生，披针状长圆形或椭圆状长圆形，长15～30mm、宽约10mm，常具小尖头，灰绿色，叶面被疏柔毛、叶背茸毛较密。

总状花序或圆锥花序，顶生，花梗长3～5mm，花密生。花萼斜钟状，5个萼齿明显，三角状卵形。花冠白色、淡黄色或红色。旗瓣通常为长圆状倒披针形，长15～20mm、宽3～4mm，先端圆或微缺，或呈倒心形。翼瓣常单侧生，卵状长圆形，长约16mm，具三角形耳。龙骨瓣与翼瓣相似。荚果圆柱形或稍扁，种子之间紧缩成念珠状，灰褐色或灰黑色，长8～13cm。每荚具种子6～12粒，种子卵球形稍扁，褐色或黄褐色。在甘肃河西地区，6月上旬开花，荚果9月成熟，10月初枯死，翌年在根茎各节由地下芽生出数条新枝。

图 6-18　苦豆子复叶及荚果

二、苦豆子生物学特性

苦豆子属中旱生植物，地上部分冠幅小，地下部分大，冠根比为 1 :（2.4 ～ 5），耐旱、耐寒能力强。耐轻盐碱，一般生于全盐量小于 0.2% 的土壤上，当全盐量上升到 0.3% 时生长受到抑制。耐沙埋、抗风蚀，有良好的沙生特点。沙生苦豆子群落的特征是连片生长，分布稀疏，结构简单，伴生种少，一般覆盖度为 40% ～ 50%。适合生长于荒漠、半荒漠区内较潮湿的地段，如半固定沙丘和固定沙丘的低湿处，地下水位较高的低湿地、绿洲边缘及田边地头。

三、苦豆子利用方式

苦豆子是优良的固沙植物，可作牧草、绿肥，也是重要的药用植物资源。在西北干旱风沙地区农业生产上可用作绿肥和畜禽饲料，也可作蜜源植物和药用。苦豆子资源丰富，开发利用价值极高。由于苦豆子多数零散分布，种子采集困难，年有效利用率仅占苦豆子产籽总量的 15% ～ 20%。

（一）绿肥

苦豆子在西北流动沙丘治理及土壤熟化中作用重大，当流动沙丘固定后首先生长的即是苦豆子。可以利用其作为先锋作物，发挥固氮功能，将固定沙丘逐渐熟化成可利用土地。苦豆子可割青用作绿肥，肥效较好，每年可刈割 2 次。据新疆农业大学测定，苦豆子茎、叶干物质含氮（N）量分别为 3.69% 和 4.90%、磷（P）0.15% 和 0.22%、钾（K）1.11% 和 1.27%。

（二）饲料

苦豆子全株干物质平均蛋白质含量为 21.95%、粗脂肪 4.12%、粗纤维 24.85%、无氮浸出物 37.90%、灰分 6.38%、钙（Ca）0.65%。叶和种子中含有动物所必需的各种氨基酸。

（三）药用

苦豆子是重要的药用植物资源。含有多种生物碱、黄酮类物质以及有机酸、氨基酸、蛋白质和多糖类成分，同时含有抗癌、免疫等药理活性物质。早在 1914 年国外就从苦豆子籽实中提出"苦参总碱"。苏联学者用提取的"苦参总碱"入药，发现具有清热解毒、抗菌消炎等作用，又分离出槐定碱、槐胺碱。随后美国抗癌研究中心发现苦豆子所含的槐果碱在临床上有抗癌效果。1977 年，苦豆子生物碱制剂"苦豆子片"作为治疗腹泻新药，被载入 1977 年版《中国药典》，现改名为"克泻灵片"。1983 年开发出"苦参碱制剂妇炎栓"。

多年生木本豆科绿肥

第一节　紫穗槐

　　紫穗槐（*Amorpha fruticosa*），豆科（Fabaceae）紫穗槐属（*Amorpha*）多年生落叶灌木，又名紫花槐、紫翠槐、穗花槐、绵槐、椒条、棉条、槐树。原产美国东北部和东南部，墨西哥也有分布。20世纪20年代末从美国引入上海作庭院观赏植物，30年代又从日本引入我国东北地区。1949年前主要用于道路两旁护坡及观赏，50年代以后全国各地广泛种植。

一、紫穗槐植物学特征（图7-1）

（一）根、茎、叶

　　根系发达，当年播种的幼苗根系可深入70cm土层。3～5年的根系，根深能达1.5m以上。根瘤多分布在0～30cm土层内的新根上。茎高1～4m，直立或斜上，初生茎密被灰褐色柔毛，后渐脱落。新枝萌发能力强，刈割枝条平茬后，每一老枝条能萌发2～4个新枝条，多年刈割平茬后成簇生长。木质化的老枝柔软光滑有弹性。

　　奇数羽状复叶，互生，长10～15cm，有小叶9～39片，基部有线形托叶。小叶矩形或椭圆形，小叶长1.5～5.0cm、宽0.6～1.5cm，全缘，先端圆形、锐尖或微凹，有一短而弯曲的尖刺，基部宽楔形或圆形；小叶柄长1～2cm；叶色浓绿；叶背面有白色短柔毛，色淡绿。

（二）花、果、种子

　　穗形总状花序，着生在茎顶端或枝端腋生。顶生花穗，每穗有3～6个分枝，穗长7～25cm。花有短梗，花长不及7mm，深紫色。苞片长3～4mm；花萼钟状，长2～3mm，萼齿三角形。旗瓣心形，长3～6mm。荚果长6～10mm、宽2～3mm，顶端具小尖，棕褐色，表面有凸起的疣状腺点，内藏浓香挥发性芳香油。每荚含种子1粒；成熟种子淡褐色，千粒重约12g。

图 7-1 紫穗槐花穗及雄蕊、花药

二、紫穗槐生物学特性

紫穗槐要求光线充足，但也较耐阴，适宜与各种乔木混合种植形成混交林。喜干冷气候，有较强的耐寒性。在 −30℃枝梢虽冻死，但翌年茎能萌发出新枝。

荚果果皮含有油脂，种子坚硬，硬粒较多，不易吸水透气，发芽缓慢，萌发时需要较多水分。根系入土深，有较强的耐旱能力。较耐水淹，较长时间淹水后，其成活率也能达到 50% 以上。适应性广，对土壤要求不严。无论是南方酸性红壤，还是黄河沙碱地、西北沙荒盐滩均能生长。耐盐碱能力较强，苗期根际土壤全盐含量 0.3% 左右能正常生长，当全盐含量达到 0.5% 时会明显受害。

三、紫穗槐利用方式

（一）绿　肥

紫穗槐为高肥效高产量的木本绿肥，耐瘠、耐湿和耐轻度盐碱。利用边坡等"五边"地种植，刈割茎叶用于绿肥，是培植绿肥肥源的有效方法。20 世纪 50 年代初，紫穗槐用作绿肥，春天刈割一茬绿肥，秋天收枝条用于编织。当年定植秋季能刈割新鲜枝叶 7.5t/hm² 以上，种植 2 ～ 3 年后，每年可刈割茎叶 25.5 ～ 37.5t/hm²。5 月上旬刈割，茎叶干物质含氮（N）3.34%、磷（P）0.16%、钾（K）1.49%。

（二）饲料、蜜源、藤条

紫穗槐叶量大且营养丰富，枝叶可直接利用也可调制成草粉。风干叶含蛋白质 21.56%、粗脂肪 5.55%、粗纤维 11.10%。紫穗槐花量大、花期较长，是较好的蜜源植物。种子富含香精油和维生素 E。据分析，籽实含油量 13% ～ 22%，含香精油 2.5% 左右，维生素 E 的含量显著高于谷类作物。其枝条柔韧细长，干滑均匀，是编织藤制品的好材料。

第二节　胡枝子

豆科（Fabaceae）胡枝子属（*Lespedeza*）植物为多年生草本、半灌木或灌木。全世界有 120 余种，分布于东亚至澳大利亚东北部及北美地区。我国产 26 种，除新疆外，广布于全国各省区海拔 150 ～ 1 000m 的山坡、林缘、灌丛及路旁。

做绿肥利用的野生胡枝子种类较多，主要有：二色胡枝子（*Lespedeza bicolor*）、美丽胡枝子（*Lespedeza thunbergii* subsp. *formosa*）、铁扫帚胡枝子（*Lespedeza cuneata*）、多花胡枝子（*Lespedeza floribunda*）、细叶胡枝子（*Lespedeza juncea*）、达呼里胡枝子（*Lespedeza davurica*）及短穗胡枝子（*Lespedeza cyrtobotrya*）等。二色胡枝子广泛分布于华北、华中及西南等地，在山区一般用作护坡绿肥。铁扫帚胡枝子在我国大部分地区均有分布，是一种良好的水土保持绿肥。美丽胡枝子在黄土高原及南方红壤地区作水土保持绿肥。

一、胡枝子植物学特征（图 7-2）

（一）根、茎、叶

根细长，生长 2 ～ 3 年的植株主根入土深 1.5m 以上，主根及侧根多根瘤。灌木，茎直立，高 1 ～ 3m，光滑无毛。多分枝，小枝黄色或暗褐色，有条棱，被疏短毛。三出复叶，托叶 2 枚，线状披针形，长 3 ～ 4.5mm；中央小叶长 3 ～ 5cm、宽 1 ～ 4cm，两侧小叶较小；小叶卵形、倒卵形或卵状长圆形，先端钝圆或微凹，具短刺尖，基部近圆形或宽楔形，全缘，上面绿色、无毛，下面色淡、被疏柔毛，老时渐无毛。

（二）花、荚果、种子

单型或复型总状花序，腋生，常簇生成大型较疏松的圆锥花穗。总花梗长 4 ～ 15cm。小苞片 2 枚，卵形，长不及 1cm，先端钝圆或稍尖，黄褐色，被短柔毛。花梗长约 2mm，密被毛。花萼长约 5mm，5 浅裂，裂片卵形或三角状卵形，先端尖，外面被白毛。花冠长约 1cm，红紫色。旗瓣倒卵形，先端微凹；翼瓣较短，近长圆形，基部具耳和瓣柄；龙骨瓣与旗瓣近等长，基部具较长的瓣柄。在黄河流域，通常 7 月中旬盛花，花呈现紫、白二色。荚果倒卵形，稍扁，约长 1cm、宽 5mm，无柄，表面具网纹，密被白色短柔毛。每荚含种子 1 粒。

二、胡枝子生物学特性

胡枝子生长旺盛，适应性强，对土壤要求不严。耐干旱、耐酸、耐瘠薄，酸性红壤、钙质土及荒漠土均能种植，在瘠薄的高寒地带也能生长，在极端干旱的季节也未见其植株凋萎。耐阴，可夹杂在乔木中生长。主茎腋芽能越冬，翌年 4 月再萌发新枝。

盛花期植株

茎及三出复叶

单花序

多花序簇生的花穗

图 7-2 胡枝子

三、胡枝子利用方式

用作绿肥利用的有二色胡枝子、美丽胡枝子、大叶胡枝子、多花胡枝子及短穗胡枝子等。播种第一年，鲜生物量较低，约 4.5t/hm²；生长 2 ~ 3 年后每年可刈割 2 ~ 3 次。新鲜幼嫩的茎叶也是优良饲草，适口性好，含粗蛋白 4.57%、粗脂肪 0.82%、粗纤维 2.10%。

多数耐干旱，为良好的水土保持植物及固沙植物，也能用于混交防护林。老枝条可用于编制藤制品，籽实油可作机器润滑油。

第三节　多花木蓝

多花木蓝（*Indigofera amblyantha*），豆科（Fabaceae）木蓝属（*Indigofera*）多年生灌木，又名景栗子、野蓝枝、多花槐蓝。我国华北及以南地区常见于山坡草地灌丛中、水边和路旁。

一、多花木蓝植物学特征（图7-3）

直立灌木，植株高1～4m。根系发达，侧枝根较多。茎圆柱形，褐色或淡褐色，具棱，密被白色平贴丁字毛，后变无毛。分枝少。奇数羽状复叶，小叶数为5～15个，对生，长1.5～4cm、宽1～

单株

花序

荚果

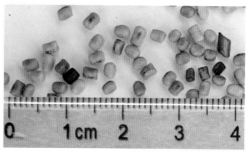

种子

图7-3　多花木蓝

2cm，倒卵形，先端圆钝，具小尖头，上面绿色、疏生丁字毛，下面苍白色；小叶柄长约1mm。托叶三角状披针形，长约1.5mm。

总状花序，腋生，花轴长2.5～16cm，近无总花梗。每个花轴着生小花20～35朵，花冠淡红色，长约5mm。旗瓣倒阔卵形，长6～6.5mm，外面被毛；翼瓣长约7mm，龙骨瓣较翼瓣短。荚果浅红色、红色或棕褐色，线状圆柱形，长3.5～6cm，被短毛。种子褐色，长圆形，长约2.5mm，千粒重6.5g左右。种子硬实率较高。

二、多花木蓝生物学特性

喜温暖而湿润的气候，适宜在南温带及亚热带中低海拔地区栽培。夏季高温、雨量充足的地区，生长最旺。在冬季温度低，但无持久霜冻情况下，可保持青绿。在湖北，6—8月生长旺盛，9月底至10月中旬开花，11月初种子成熟。黄淮海地区在气温15℃左右时开始返青，6月上中旬孕穗，7月初开花，花期持续至8月底，9月结荚，11月种子成熟。耐旱，但不耐水渍。在pH值4.5～7.0的红壤、黄壤和紫色土上均能生长良好。抗病抗虫能力强。

三、多花木蓝利用方式

多花木蓝根系强大，有固氮能力，能吸收利用深层土壤中的水分和养分，可作为果园、林地护坡绿肥作物。在株高1m左右时刈割用作绿肥，第一年可刈割3～4次，第二年6～7次，鲜草产量30～45t/hm²。干草含氮（N）2.4%、磷（P）0.51%、钾（K）1.58%。幼嫩茎叶质地柔软，有甜香味，适口性好，可作畜禽饲料。全草可入药，可清热解毒、消肿止痛。

第四节　马　棘

马棘，河北木蓝（*Indigofera bungeana*）的俗称，豆科（Fabaceae）木蓝属（*Indigofera*）小灌木植物。我国长江流域及以南常见于海拔100～1 300m的山坡林缘及灌木丛中。日本也有分布。

一、马棘植物学特征（图7-4）

（一）根、茎、叶

直根系，主根粗壮，侧根较少。茎直立，多紫色，少有青绿色。分枝多，枝细长，幼枝灰褐色，明显有棱。羽状复叶，长3.5～6.0cm；叶柄较长，叶轴上面扁平；托叶小、长约1mm，狭三角形。小叶3～5对，对生，椭圆形、倒卵形或倒卵状椭圆形，长1.0～2.5cm、宽0.5～1.5cm，先端圆或微凹，有小尖头，基部阔楔形或近圆形。

（二）花、果、种子

穗形总状花序，长3.0～11.0cm，花密集，总花梗短于叶柄。花萼钟状，萼筒长1～2mm，萼齿不等长。花冠淡红色或紫红色。旗瓣倒阔卵形，长4.5～6.5mm，先端螺壳状，基部有瓣柄。翼瓣基部有耳状附属物，龙骨瓣近等长，基部具耳。荚果直线圆柱形，长2.5～5.5cm、直径约3mm，顶端渐尖。成熟种子近圆形，灰褐或淡黄色，千粒重4.5～5g。

茎及分枝

复叶

花穂

成熟荚果

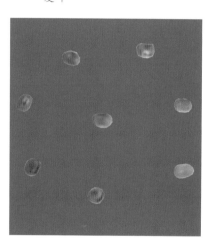

种子

图 7-4 马棘

二、马棘生物学特性

春播一般气温稳定在 15℃时即可播种。在浙江省栽培，4 月上中旬播种，5 月中下旬始花，一直开到 8 月底，无限花序，6 月初前开的花，大多不能正常结实，或结实后脱落。8—9 月结荚，11 月下旬种子成熟。抗旱性较强；耐渍性差，雨季需清沟排渍。

三、马棘利用方式（图 7-5）

作为耐瘠耐旱性强的豆科半灌木植物，马棘可一次播种利用多年，适合作先锋植物种植，具有固氮、水土保持、生物植被和植物围栏等多重作用，可用于南方新增耕地改良利用。近年来马棘作为边坡复绿灌木，应用较广。为了保证种子供应，浙江省已实现人工大田繁种。

图 7-5　人工驯化的马棘繁种田

第八章
十字花科绿肥

十字花科（Brassicaceae）绿肥是我国传统的绿肥类型。一般认为，由于其根系能分泌较多的有机酸，具有较好的解磷和解钾功能。可以单独播种，也可与豆科绿肥混播，例如，肥田萝卜、油菜与紫云英或苕子等混播，株型高矮搭配能充分利用光温水土资源，提高绿肥产量，改善绿肥品质；同时能实现油肥、菜肥兼用，提高土地的产出效益。

第一节　肥田萝卜

肥田萝卜（*Raphanus sativus*），是十字花科（Brassicaceae）萝卜属（*Raphanus*）越年生或一年生草本植物，为常见的冬绿肥种类。又称满园花、茹菜、大菜、萝卜青、冬菜子、蓝花子等；古籍称莱菔、芦菔等。

一、肥田萝卜起源与分布

肥田萝卜是白萝卜的生态类型。萝卜起源于欧亚温暖海岸，远在4 500年前，萝卜已成为埃及的重要食品。肥田萝卜在我国的种植区域主要在长江以南，朝鲜、日本也有种植。

《抚郡农产考略》（1903）"萝卜，叶青花白，秆直上长二尺三、四寸，较大者稍高。萝卜有大小两种，大者为蔬菜，小者专为肥田之用。"中国种植利用萝卜历史悠久，《陈旉农书》载："七夕已后，种萝卜、菘菜，即科大而肥美也。"在明朝之前的南方地区就已经利用萝卜做绿肥。明·宋应星《天工开物》载："勤农粪田，多方以助之。人畜秽遗、榨油枯饼（枯者，以去膏而得名也。胡麻、莱菔子为上；芸薹次之）。"清《齐民四术》："有先择田，种大麦或莱子、蚕豆，三月犁掩杀之为底。"

二、肥田萝卜植物学特征（图8-1）

直根系，主根肉质或肉质根不膨大，侧支根不发达。茎粗壮直立，圆形或带棱，光滑或有疏

抽薹后的茎及分枝

叶片

花序及花　　　　　　　　　　种子

盛花期大田长势

图 8-1　肥田萝卜

齿，株高1～1.5m，分枝较多，色淡绿或微带青紫；老熟时中空有髓。苗期，叶片簇生于短缩茎上，现蕾抽薹后渐次伸长为直立型单株。叶长椭圆形，疏生粗毛，有深裂，叶缘有锯齿，叶柄粗长。

抽薹后，各茎枝先端逐渐发育成总状花序。花序无限，每一花序着小花10朵；花冠四瓣呈十字形排列，花色白或略带青紫。花萼淡绿，四裂呈长条形。角果长圆肉质，长约4cm，末端渐尖，角果柄长1.5cm左右；老熟角果黄白色。每角有种子3～6粒，不爆裂，也不易脱落。种子多为不规则扁圆形，夹杂圆锥形或圆形，种皮黄褐或红褐色，微有螺纹，千粒重8～15g。

三、肥田萝卜生物学特性

沿江地区秋播，早、中熟品种全生育期180～220d，迟熟品种全生育期210～230d。种子发芽最适温度15℃左右，最低温度4℃。苗期日平均温度降到0℃也不至冻死，0℃以下叶片会受冻害，但春季能恢复生长。全生育期要求的最适温度为15～20℃；气温在15℃左右时最有利于肉质根生长膨大；高于25℃，对开花结实不利。种子发芽和苗期生长对水分要求虽然不严，但耐旱能力有限，在秋冬干旱条件下死苗缺株严重。

对土壤要求不严，除渍水地和盐碱地外，各种土壤均能种植，适宜土壤pH值4.8～7.5。耐瘠薄、耐酸能力强，对土壤难溶性磷、钾等养分活化能力较强，故在南方红黄壤地区种植广泛。耐渍、耐阴性较差。

四、肥田萝卜利用方式

（一）绿 肥

肥田萝卜是南方主要的冬季绿肥作物，是南方红壤生土改良的先锋绿肥作物。其苗期生长快，是秋季短期绿肥的重要选择。适宜我国西南地区、长江中下游及华北南部区域秋季种植，也适合在北方地区春播利用。

无论在稻田、旱地或果茶园，对于后茬作物的供肥增产以及培肥改土等方面的效果均较为明显。一般情况下，鲜草产量可达30～45t/hm²，高的能达75t/hm²。据全国多点采样分析，肥田萝卜鲜草含干物质14.2%、氮（N）0.36%、磷（P）0.055%、钾（K）0.37%。

（二）蔬菜、饲料

肥田萝卜苗期可直接采摘用作蔬菜，肉质根膨大后采挖萝卜食用或用于腌制加工，抽薹时也可采集菜薹食用。由于其分枝能力较强，采薹后仍然有较高的生物量，待开花结角后翻压用作绿肥，从而实现一种多用。

苗期或肉质根膨大期，均可采集供饲用。肥田萝卜鲜草含粗蛋白2.66%、粗脂肪0.09%、粗纤维1.53%、无氮浸出物4.32%、灰分1.86%。

五、肥田萝卜主要品种

（一）湖南长沙肥田萝卜（图8-2）

肥田萝卜地方品种，产于湖南省长沙县。

【特征特性】一般株高1～1.5m。抽薹后茎秆粗壮直立，圆形，有疏刺，茎色淡绿色或微带青紫，

| 茎 | 叶片 | 花 |

种子

图 8-2　湖南长沙肥田萝卜

分枝较多。叶长椭圆形，簇生，疏生茸毛，浅绿色，有长叶柄。短总状花序，每一花序着小花 10 朵，花白色或略带淡紫色。每角果内含种子 3 ~ 8 粒，千粒重 8.0g 左右。苗期生长快，春发性能一般，开花结角较迟。抗旱、耐寒、耐酸和耐瘠性强。

【生产表现】早熟类型。在江西红壤地区，生育期约 190d，平均鲜草产量 36t/hm^2，种子产量约 360kg/hm^2。盛花期茎叶干物质含氮（N）1.14%、磷（P）0.15%、钾（K）2.09%。

（二）湖南浏阳肥田萝卜（图 8-3）

肥田萝卜地方品种，产于湖南省浏阳市。

【特征特性】一般株高 1 ~ 1.5m。抽薹后茎秆粗壮直立，圆形，有疏刺，茎色淡绿色或微带青紫，分枝较多。叶长椭圆形，簇生，疏生茸毛，浅绿色，有长叶柄。短总状花序，每一花序着小花 10 朵，花白色或略带淡紫色。每角果内含种子 3 ~ 8 粒，种子呈浅黄至红褐色，千粒重 8.9g 左右。冬前较早发、春发性能一般，对土壤要求不高，耐酸、耐瘠、耐旱。

【生产表现】早熟类型。在江西红壤地区，生育期 190d 左右，平均鲜草产量约 36t/hm^2、种子产量约 345kg/hm^2。盛花期茎叶干物质含氮（N）1.19%、磷（P）0.29%、钾（K）1.87%。

（三）江西进贤肥田萝卜（图 8-4）

肥田萝卜地方品种，产于江西省进贤县。

【特征特性】一般株高 1 ~ 1.5m。抽薹后茎秆粗壮直立，圆形，有疏刺，茎色淡绿色或微带青紫，分枝较多。叶长椭圆形，簇生，疏生茸毛，浅绿色，有长叶柄。短总状花序，每一花序着小花 10 朵，

茎　　　　　　　　　　　叶片　　　　　　　　　　　花序

种子

图 8-3　湖南浏阳肥田萝卜

茎　　　　　　　　　　　叶片　　　　　　　　　　　花序

种子

图 8-4　江西进贤肥田萝卜

花白色或略带淡紫色。每角果内含种子 3 ~ 8 粒，种子呈浅黄至红褐色，千粒重 9.4g 左右。早发性能差、抗旱、耐寒、耐酸及耐瘠性强。

【生产表现】早熟类型。在江西红壤地区，生育期 178d 左右。一般平均鲜草产量为 37.5/hm² 左右，种子产量在 300kg/hm² 左右。盛花期茎叶干物质含氮（N）1.14%、磷（P）0.29%、钾（K）1.67%。

（四）江西信丰肥田萝卜（图 8-5）

江西省信丰县地方萝卜良种。自明万历年间以来，一直是该县当家萝卜品种。

【特征特性】株高 60 ~ 120cm。主根肉质膨大，根长 14cm 左右、直径 7 ~ 9cm、重 1 ~ 1.5kg。抽薹后茎秆粗壮直立，茎粗约 2.5cm，圆形带棱，色淡绿，有疏刺，分枝数 10 ~ 12 个。总状无限花序，每花序着小花 10 朵，花色白或略带青紫。种子扁圆形，黄褐色，千粒重 12.3g。

【生产表现】早熟类型。在江西红壤地区，秋季播种，从播种到收获肉质根约需 100d，全生育期 220d 左右。一般情况下，肉质根（萝卜）产量 32.5t/hm²；在轻质砂壤土上种植，其肉质根产量高达 55 ~ 60t/hm²。稻田整地播种，盛花期鲜草产量（含肉质根）平均 65t/hm²。信丰肥田萝卜肉质细嫩，适宜加工，是优良的地方品种。在冬前收获 1/3 面积的萝卜食用或用于加工，其余留做绿肥，其生物产量不受明显影响。

茎　　　　　　　　　　叶片　　　　　　　　　　花序

种子

图 8-5　江西信丰肥田萝卜

（五）贵州施秉肥田萝卜（图8-6）

肥田萝卜地方品种，产于贵州省施秉县。

【特征特性】一般株高1～1.5m。抽薹后茎秆粗壮直立，圆形，有疏刺，茎色淡绿色或微带青紫，分枝较多。叶长椭圆形，簇生，疏生茸毛，浅绿色，有长叶柄。短总状花序，每一花序着小花10朵，花白色或略带淡紫色。种子呈浅黄至红褐色，千粒重5.9g左右。早发性能差，对土壤要求不高，耐酸、耐瘠和耐旱。

【生产表现】早熟类型。在江西红壤地区，生育期182d左右。一般平均鲜草产量为39t/hm²左右，种子产量在300kg/hm²左右。盛花期茎叶干物质含氮（N）1.24%、磷（P）0.34%、钾（K）2.15%。

茎　　　　　　　　　　　叶片　　　　　　　　　　　花序

种子

图8-6　贵州施秉肥田萝卜

（六）赣肥萝1号肥田萝卜（图8-7）

江西省红壤研究所和江西省农业科学院土壤肥料与资源环境研究所通过系统选育方法，从信丰萝卜中选育而成。2014年通过江西省农作物品种审定委员会认定，证书号：赣认肥萝001。

【特征特性】盛花期株高90cm左右。主根肉质膨大，单个萝卜平均鲜重103g。抽薹后茎秆直立生长，分枝多；茎圆形，浅绿，具有稀疏刺。叶片深绿色，大而具稀疏茸毛，长圆披针形，叶缘有缺刻，具有较长的叶柄。总状花序排列十几朵小花，白色或带青莲紫色。角果长柱形，每角含种子3～6粒。

种子浅黄色，扁圆形，千粒重 12.8g。

【生产表现】早熟类型。在江西红壤地区，盛花期比信丰肥田萝卜提早 15d 左右。鲜草产量 74t/hm² 左右。盛花期干基含碳（C）41.0%、氮（N）2.87%、磷（P）1.73%、钾（K）2.49%。早熟优势明显，适合接茬春季早熟作物。

| 肉质根 | 茎 | 花序 |

| 角果 | 种子 |

图 8-7　赣肥萝 1 号肥田萝卜

（七）矮早萝 1 号肥田萝卜（图 8-8）

中国农业科学院油料作物研究所与安徽省农业科学院土壤肥料研究所合作，从云南农家种质资源中发现叶片宽大、生育期较短、花期较长、株高相对较矮单株，经选育而成。2020 年通过安徽省非主要农作物品种鉴定委员会鉴定登记，证书号：皖品鉴登字第 2008019。

【特征特性】株型较矮。肉质根短圆柱形，直径 4～5cm。株高 0.8～1.0m，茎叶绿色，一次有效分枝数 8～12 个。叶片大，肾形完整叶，叶面有刺毛，叶缘有锯齿或近全缘。花瓣白色。角果圆柱形，肉质，在种子处稍向内缢缩，先端具较长的尖喙。成熟期种子呈卵圆形而微扁，黄褐色，千粒重 11g。

【生产表现】早熟类型。在湖北、安徽等地区，10 月中旬至 11 月初播种，从出苗到盛花期平均

148d 左右，全生育期平均 192d。鲜草产量适中，在基施 45kg/hm^2 氮（N）的低施肥水平下，10 月中旬至 11 月初播种，翌年 3 月中下旬盛花期地上部生物量鲜重平均为 35.9t/hm^2、干基含氮（N）1.34%、磷（P）0.45%、钾（K）1.8%。种子产量平均为 940kg/hm^2。

角果　　　　　　　　　小花

种子　　　　　　　　　盛花期

图 8-8　矮早萝 1 号肥田萝卜

第二节　绿肥油菜

油菜（*Brassica rapa* var. *oleifera*），十字花科（Brassicaceae）一年生草本作物，是我国最主要的食用油料作物，也是广泛使用的优良兼用绿肥作物，具有繁殖系数大、用途广、生育期短、肥效高等特点。

一、绿肥油菜起源与分布

我国历史上用作绿肥的油菜有两大种类：一种是白菜型油菜（*Brassica chinensis* var. *oleifera*），又称小油菜、甜油菜；一种是芥菜型油菜（*Brassica juncea*），又称苦油菜、腊油菜。近年来，甘蓝型油菜（*Brassica napus*）作为绿肥利用发展较快，已成为我国绿肥油菜常用的类型。

亚洲是白菜型油菜的起源中心，中国是芥菜型油菜原产地之一，欧洲地中海地区是甘蓝型油菜的起源中心。中国油菜栽培历史悠久，古称芸薹。东汉末期服虔撰《通俗文》载："芸薹谓之胡菜"。最早种植于古"胡、羌、陇、氐"等地，即现在的青海、甘肃、新疆、内蒙古一带，其后逐步发展至黄河流域，以后再传播至长江流域。我国历史上栽培的油菜种类都是白菜型和芥菜型油菜，甘蓝型油菜自1960 年后才引入我国。

油菜分冬油菜和春油菜，冬油菜产区主要在长江流域及其以南地区，春油菜产区主要在西北和华北偏北地区。目前，甘蓝型油菜在我国普遍种植；白菜型油菜多见于我国北部和西部高寒山区，在南方高海拔地区也有一定种植；芥菜型油菜主要种植在我国西南、西北等地。

二、绿肥油菜植物学特征（图8-9、图8-10）

油菜株型随类型及品种不同而异。直根系，根圆锥形，入土50～70cm，最深可达100cm以上，侧支根较多，向水平方向分布。油菜茎在苗期短缩，抽薹后直立；表面光滑，或披蜡粉。白菜型油菜较矮小，分枝性强。芥菜型油菜株高，茎粗，分枝较少。白菜型油菜叶片较小，多全缘。芥菜型油菜叶片较大，有锯齿或缺刻，抽薹的茎出叶，叶具短柄。白菜型油菜茎出叶，在基部全抱茎着生。甘蓝型油菜茎出叶，半抱茎着生。

甘蓝型油菜现蕾期　　　　　　白菜型油菜盛花期　　　　　　芥菜型油菜现蕾期

图8-9　三种类型绿肥油菜

图8-10　三种类型绿肥油菜种子（左：甘蓝型油菜；中：白菜型油菜；右：芥菜型油菜）

总状花序，顶生，发育于主茎或分枝，每一花序着小花 10 朵；花色黄。角果细长圆，长 3 ～ 7cm、直径 0.4 ～ 1.0cm，芥菜型油菜的角果一般短且细。每角果含种子 10 ～ 30 粒。种子圆形或卵圆形，种皮色有淡黄、金黄、淡褐、深褐乃至黑色，白菜型油菜种子种皮一般为淡黄或黑褐色。甘蓝型、白菜型、芥菜型油菜种子千粒重分别为 3.5g、2.7g、2.2g。

三、绿肥油菜生物学特性

种子无休眠期，发芽最适温度 16 ～ 20℃，最低温度 2 ～ 3℃；条件适宜时，播后 2 ～ 3d 即可出苗。苗期耐低温，生育期长而冬性强的品种，短期 -10 ～ -8℃不受冻害；生育期短的春性品种，只能经受 -3 ～ -2℃低温。角果发育和种子成熟期间，要求天气晴朗、日照稍强，气温 20 ～ 25℃为宜。秋播生育期 180 ～ 220d；春、秋播种做短期绿肥，60 ～ 70d 即进入花期。耐旱、耐渍、耐阴、抗病虫能力均弱于肥田萝卜，白菜型油菜的抗性表现相对较差。

四、绿肥油菜利用方式

油菜做绿肥利用，对后茬作物有较好的肥效。结角初期是单位面积油菜养分总量最高期，由此，生产实践经验是"油菜沤角"。鲜草产量可达 30 ～ 45t/hm²。如与玉米、小麦间作套种，白菜型油菜鲜草产量 15 ～ 22.5t/hm²，芥菜型油菜则为 22.5 ～ 30t/hm²。南方稻田，常采用紫云英 + 油菜、紫云英 + 油菜 + 黑麦草或苕子 + 油菜的方式混种。混种较之各品种单种，鲜草产量单位面积提高 30% ～ 50%。据全国 30 个点采样分析，新鲜油菜茎叶含干物质 10.8%、碳（C）4.6%、氮（N）0.33%、磷（P）0.042%、钾（K）0.42%。油菜根系分泌的有机酸对土壤难溶性磷的活化能力较强，种植和翻压油菜后土壤有效磷增加。

白菜型油菜原本为蔬菜，既可以在幼苗期采集，也可以在抽薹时采摘菜薹作为蔬菜，待开花结角后翻压做绿肥。双低（低芥酸、低硫苷）甘蓝型油菜在蕾薹期也可采收油菜薹作为蔬菜食用。此外，油菜也是重要的观赏和蜜源作物。

五、绿肥油菜主要新品种

（一）中油肥 1 号绿肥油菜（图 8-11）

中国农业科学院油料作物研究所通过甘蓝型油菜耐瘠资源 TR168 与 83169 杂交，以耐瘠和植株生物量为目标性状选育获得的绿肥油菜新品种。2020 年通过国家非主要农作物新品种登记，证书号：GDP 油菜（2020）420193。

【特征特性】半冬性甘蓝型油菜类型。平均株高 154cm，平均一次有效分枝 5.3 个。幼苗半直立，茎叶绿色；叶片大，叶面少蜡粉，无刺毛，叶缘缺刻弱。花瓣黄色。单株平均角果数 107.2 个，平均每角粒数 15.1 粒。种子黑褐色，圆形，千粒重 3.55g。

【生产表现】耐瘠、盛花期植株营养体大、养分累积量高，适宜长江中游种植。武汉地区 10 月中旬至 11 月初播种，从出苗到盛花期平均 136d 左右，全生育期平均 195d。在基施 45kg/hm² 氮（N）的情况下，翌年 3 月中下旬盛花期地上部生物量鲜重平均为 40.2t/hm²，地上部干物质含氮（N）1.37%、磷（P）0.11%、钾（K）1.15%。种子产量平均为 1.7t/ hm²。

苗期群体

盛花期群体

种子

图 8-11　中油肥 1 号绿肥油菜

（二）油肥 1 号绿肥油菜（图 8–12）

湖南省农业科学院作物研究所通过甘蓝型油菜与白菜品种种间杂交，经多代选择的育种技术，获得的绿肥油菜新品种。2015 年通过湖南省品种登记，证书号 XPD013-2015 号；2020 年通过农业农村部登记，证书号：GPD 油菜（2020）430002。

【特征特性】春性甘蓝型油菜。直根系，入土较深，一般主根长 21cm 左右。湖南秋播时，株高 1.1 ~ 1.5m，分枝数 5 ~ 6 个，单株角果数 100 ~ 120 个，每角粒数 20 ~ 22 粒。种子圆形，种皮黑褐色，千粒重 3.75g。

【生产表现】适宜在湖南及相近生态区作绿肥，薹茎可作蔬菜，摘薹后可继续翻压肥田。在长江中游地区适宜播种期为 9 月下旬到 11 月底。长沙地区 9 月底播种，11 月初初花，12 月上旬盛花。低温籽实发育不好，春后会重发并可开花结实，终花期延至翌年 3 月中旬，4 月中下旬种子成熟。春播可在 2 月初播种，3 月中下旬达到盛花期。盛花期鲜草产量 51t/hm² 左右。

（三）油肥 2 号绿肥油菜（图 8–13）

湖南省农业科学院作物研究所通过甘蓝型油菜矮秆资源 ZH1 与 053R 杂交，以矮秆紧凑为目标性状系选获得的绿肥油菜新品种。2018 年通过农业农村部新品种登记，证书号：GDP 油菜（2018）430132。

【特征特性】半冬性甘蓝型油菜。株型较矮，株高 0.9 ~ 1.0m，分枝数 4 ~ 6 个。角长 5.5cm，每角粒数 16 ~ 18 粒，千粒重约 3.5g。种子近球形，种皮黑褐色。对土壤要求不严，耐密植、抗倒性、抗寒性强，抗病性好。

盛花期　　　　　　　　　　　　　　　　　　花角期

种子

图 8-12　油肥 1 号绿肥油菜

盛花期　　　　　　　　　　　　　　　　　　花角期

图 8-13　油肥 2 号绿肥油菜

【生产表现】适宜在湖南及相近生态区作冬季绿肥种植。9 月下旬到 11 月下旬均可播种。长沙地区种植，9 月底播种，翌年 3 月中下旬盛花，5 月上旬种子成熟。盛花期鲜草产量 48.6t/hm² 左右。株高明显低于一般甘蓝型油菜，适合机械翻压肥田。

（四）绿油 1 号绿肥油菜（图 8-14）

中国农业科学院油料作物研究所从广西收集的地方农家品种群体材料中，选择优异单株系统选育而成的绿肥油菜新品系。

【特征特性】半冬性白菜型油菜。株型较矮，株高 1.1～1.2m。丛生型分枝类型，分枝性较强，分枝部位低，一次有效分枝数为 10 ～ 14 个。幼苗半直立，茎叶浅绿色。叶片大且完整，无刺毛，叶缘波状，新叶略有内卷。总状花序，花瓣黄色。单株角果数 100 ～ 140 个，成熟角果为棕黄色。种子圆形，黑褐色，千粒重约 1.8g。

【生产表现】株型较矮、鲜草产量适中，适宜长江中游区域稻田或旱地秋季种植。武汉地区，10 月中旬至 11 月初播种，从出苗到盛花期平均 140d 左右，全生育期平均 182d 左右。在基施 45kg/hm² 氮（N）的情况下，翌年 3 月中下旬盛花期地上部生物量鲜重平均为 30.8t/hm²，干物质含氮（N）1.53%、磷（P）0.22%、钾（K）2.14%。种子产量平均为 1.06t/hm²。

苗期群体　　　　　　　　　　　　　　盛花期群体

种子

图 8-14　绿油 1 号绿肥油菜

（五）紫芥 1 号绿肥油菜（图 8–15）

中国农业科学院油料作物研究所通过芥菜型油菜紫叶资源辰溪腊油菜与前锋 11 号杂交，以紫叶和生物量为目标性状选育获得的绿肥油菜新品系。

【特征特性】半冬性芥菜型油菜。株高 1.8 ～ 2.0m，一次有效分枝平均 6.8 个。幼苗半直立。叶紫色，叶片大，叶缘钝齿。花瓣中等黄色。单株角果数 250 ～ 280 个，平均每角含种子 12.3 粒。种子棕褐色，千粒重 1.83g。

【生产表现】耐瘠性强，适宜长江中游稻田或旱地秋季种植。武汉地区，10 月中旬至 11 月初播种，从出苗到盛花期平均 143d 左右，全生育期平均 197d。在基施 45kg/hm² 氮（N）的情况下，翌年 3 月中下旬盛花，地上部生物量鲜重平均为 29.1t/hm²，地上部干物质含氮（N）、磷（P）、钾（K）分别为 1.01%、0.15%、1.37%。种子产量平均为 978kg/hm²。

苗期群体

成熟期群体

种子

图 8-15　紫芥 1 号绿肥油菜

第三节　二月兰

　　二月兰（*Orychophragmus violaceus* L.），十字花科（Brassicaceae）诸葛菜属（*Orychophragmus*）一年或越年生草本植物，又称诸葛菜、二月蓝。因在农历二月前后始开蓝紫色花，故称二月蓝。我国广泛分布，东北、华北至长江流域均有野生或种植，西北的陕西、青海、新疆等地也试种成功。在朝鲜也有分布。宋·高承《事物纪原·草木花果·诸葛菜》载："今所在有菜野生，类蔓菁，叶厚多歧差，小子如萝卜，腹不光泽，花四出而色紫，人谓之诸葛亮菜。"

一、二月兰植物学特征

（一）根、茎、叶（图 8-16、图 8-17、图 8-18、图 8-19）

　　主根不明显，侧根发达，入土深 50 ～ 80cm。根系肉质。盛花期株高 40 ～ 70cm。基叶簇生，茎直立，无毛，浅绿色或带紫色。基生叶和下部茎生叶羽状深裂，叶基抱茎呈耳状，叶缘有钝齿；上部茎生叶长圆形或窄卵形，叶长 3 ～ 7cm、宽 2 ～ 3.5cm。叶柄长 2 ～ 4cm，疏生细柔毛。现蕾与抽薹几乎同步进行。

图 8-16　二月兰根系

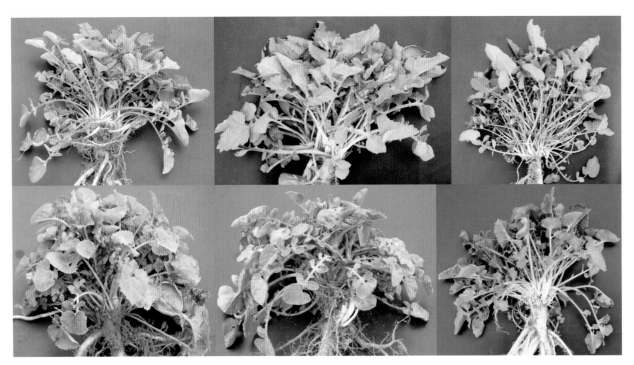

图 8-17　返青期二月兰株型

图 8-18　盛花期二月兰株型

图 8-19　二月兰叶片（左：基生叶及下部茎叶；右：上部叶片）

（二）花、角果、种子（图 8-20、图 8-21）

总状花序，顶生，着生小花 5 ～ 20 朵。花瓣中有幼细的脉纹，花多为蓝紫色或淡红色，杂有白色及粉红色；随着花期的延续，花色逐渐转淡。花梗长 5 ～ 10mm；花萼筒状，紫色，萼片长约 3mm；花瓣宽倒卵形，长 10 ～ 15mm、宽 7 ～ 15mm。角果细长，长 5 ～ 14cm。具 4 棱，裂瓣有 1 凸出中脊，喙长 1.5 ～ 2.5cm。种子卵形至长圆柱形，长 1 ～ 2mm，稍扁平，黄褐色至黑棕色。京津地区秋播，花期在 4—5 月，结角期在 5—6 月。

图 8-20 二月兰花

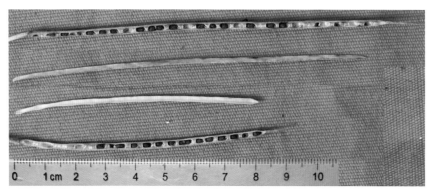

角果

种子

图 8-21 二月兰角果、种子

二、二月兰生物学特性

短日照植物。耐寒性强，我国大多地区能安全越冬。耐阴性强，在具有一定散射光的情况下，就可以正常生长、开花、结实。最适宜的生长和开花温度为 15 ～ 25℃。对土壤要求不高，既适应中性或弱碱性土壤，也能在酸性土壤中生长良好。在肥沃、湿润、阳光充足的环境下生长健壮，在阴湿环境中也表现良好。除潜叶蝇外，少有其他病虫害发生。

三、二月兰利用价值（图 8-22）

中国农业科学院农业资源与农业区划研究所于 2008 年首次将野生的二月兰用于绿肥种植，系统研究其营养特性及绿肥效应，目前已在华北、西北及南方等地推广应用。在北京玉米地秋季播种二月兰，至翌年 4 月中旬翻压做玉米基肥，鲜草产量在 16 ～ 20t/hm^2。盛花期植株养分含量（干基）：氮（N）2.96%、磷（P）0.42%、钾（K）2.75%。

在华北地区，二月兰秋季播种，苗期至返青期生长缓慢，进入蕾薹期后快速生长，在盛花期达到高峰。二月兰返青明显早于其他作物及杂草，是北方春季增加绿色覆盖、实现生物压制杂草的有效措施。生命力顽强，即使在荒坡及较干燥地方也有较好的景观绿化效果。

图 8-22 二月兰菜薹、蜂蜜

二月兰在早春萌发，其嫩茎叶营养丰富，3—4 月采集，是优质露地蔬菜。据测定，每 100g 二月兰菜薹鲜品中含胡萝卜素 3.32mg、维生素 B$_2$ 0.16mg、维生素 C 59mg。二月兰花量多，花期较长，采蜜期能达 30d 以上，每箱蜂能产蜜 20 ～ 25kg，蜜乳白色，果糖和葡萄糖含量、淀粉酶等含量高，为优质蜂蜜。种子含油量高达 50% 以上，亚油酸比例较高。

第九章
禾本科绿肥

禾本科（Poaceae）植物适应性广，根系发达，抗逆性强，繁殖系数高，生物量大，含碳量高。作绿肥不仅能提高土壤有机碳的含量，有益于土壤团粒结构的形成，同时还能供给土壤矿质养分。可单独种植，也能与各种豆科绿肥作物混播，提高绿肥产量和品质。

第一节　黑麦草

黑麦草（*Lolium perenne*），禾本科（Poaceae）黑麦草属（*Lolium*）多年生、一年生或越年生草本植物。全世界有 20 多种，其中种植面积广泛的为黑麦草（*Lolium perenne*）和多花黑麦草（*Lolium multiflorum*）。黑麦草，又称宿根黑麦草，多年生草本植物。多花黑麦草，又称意大利黑麦草，一年生草本植物。

黑麦草原产于欧洲地中海沿岸、北非及西南亚洲等地，是欧洲最古老的牧草之一。多花黑麦草主要分布于非洲、欧洲及西南亚洲，13 世纪已在意大利北部草地种植，故称意大利黑麦草。我国于 20 世纪 40 年代中期引进黑麦草和多花黑麦草栽培种。50 年代初在江苏盐城滨海地区试种，发现多花黑麦草耐瘠、耐盐、耐湿、适应性强，鲜草及种子产量均比黑麦草高，故生产上以多花黑麦草为主。

一、黑麦草植物学特征（图 9-1）

（一）根、茎、叶

根系发达，入土深 1～1.1m；根系的垂直分布以 0～10cm 土层最多，其次是 10～20cm。茎直立或基部偃卧节上生根，圆柱形，中空，具 4～5 节，高 50～130cm；分蘖能力强。叶由叶鞘、叶片、叶舌和叶耳组成。叶片扁平，长 10～20cm、宽 3～8mm，无毛。

（二）花、穗、种子

穗状花序，由带节的穗轴和着生其上的小穗组成，长 15 ～ 30cm、宽 5 ～ 8mm。穗轴柔软，节间长 10 ～ 15mm，无毛。小穗含 10 ～ 15 朵小花，长 10 ～ 18mm、宽 3 ～ 5mm。颖披针形，质地较硬，具 5 ～ 7 脉，长 5 ～ 8mm，通常与第一小花等长。外颖长圆状披针形，长约 6mm，具 5 脉，基盘小，具长约 5 ～ 15mm 的细芒，或上部小花无芒。颖果长圆形，长为宽的 3 倍。穗成熟时为淡黄色，种壳淡黄色，种子千粒重 2.2g 左右。

根系

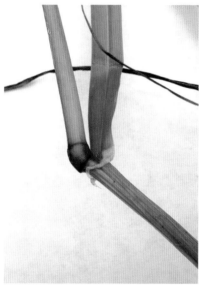
茎及叶鞘

花穗

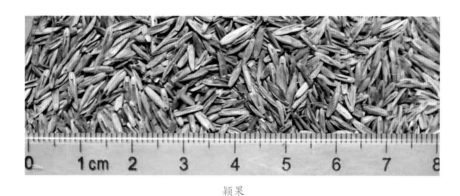
颖果

图 9-1　黑麦草

二、黑麦草生物学特性

喜温润气候。耐低温，10℃左右生长良好，27℃以下生长最适宜，35℃以上生长不良。1 月份平均温度不低于 0℃，绝对低温不低于 −16℃ 的地区均可种植。耐盐碱，在含盐量 0.25% 以下的土壤中生长良好，含盐量高于 0.4% 则不能出苗生长。耐瘠性强，在新平整的土地或新垦的盐碱地及红壤上均可生长，适宜土壤 pH 值 4.7 ～ 9，在壤土或黏土上均可种植。生长期分蘖、再生能力强，耐割耐收。

三、黑麦草利用方式（图 9-2）

生长迅速，冬前早发，鲜草产量高。秋季播种，翌年可刈割 3 ～ 5 次，鲜草产量 30 ～ 37.5t/hm^2；在良好的水肥条件下，鲜草产量可达 75t/hm^2。鲜草含（N）0.248%、磷（P）0.03%、钾（K）0.44%，以冬前、越冬期和返青期的鲜草含氮量高。黑麦草根系发达，根系产量可达 15 ～ 22.5t/hm^2，地上部刈割做饲草后，根茬还田也有很好的培肥改土及增产效果。在生产中，将黑麦草与豆科绿肥作物混播，能提高绿肥产量和养分含量。

图 9-2　黑麦草与紫云英混播作绿肥

供草期可达 4 个月以上。早期收获叶量丰富，抽穗以后茎秆比重增加。多花黑麦草适于收割青饲，调制优质干草，亦可放牧利用。适口性好，各种家畜均喜采食。也是优质鱼饵料，可在鱼塘岸旁种植，作草鱼等饵料。

第二节　鼠茅草

鼠茅草（*Vulpia myuros*），禾本科（Poaceae）鼠茅属（*Vulpia*）一年生或越年生植物，中国植物分类名为鼠茅。分布于欧、亚、美、非各洲。我国江苏、浙江、江西、广西、西藏及台湾有野生种，栽培用的鼠茅草引自日本。

一、鼠茅草植物学特征（图 9-3）

丛生，种子成熟后自然倒伏。须根系，根系发达，一般深 30cm，最深达 60cm。秆直立，细弱，光滑，高 40 ～ 60cm，直径约 1mm，具 3 ～ 4 节。叶线状，色绿，长 7 ～ 11cm，宽 1 ～ 2mm，内卷；

叶鞘光滑无毛，叶舌长 0.2 ～ 0.5mm。

圆锥花序，长 10 ～ 20cm、宽约 1cm；小穗长 8 ～ 10mm（不含芒），每穗含 4 ～ 5 朵小花；颖先端尖，第一颖长约 1mm，第二颖长 3 ～ 4.5mm；外稃狭披针形，背部近于圆形，粗糙或边缘具较长的毛，具 5 脉，第一外稃长约 6mm，先端延伸成芒，芒长 13 ～ 18mm。颖果红棕色，长 4 ～ 5mm。

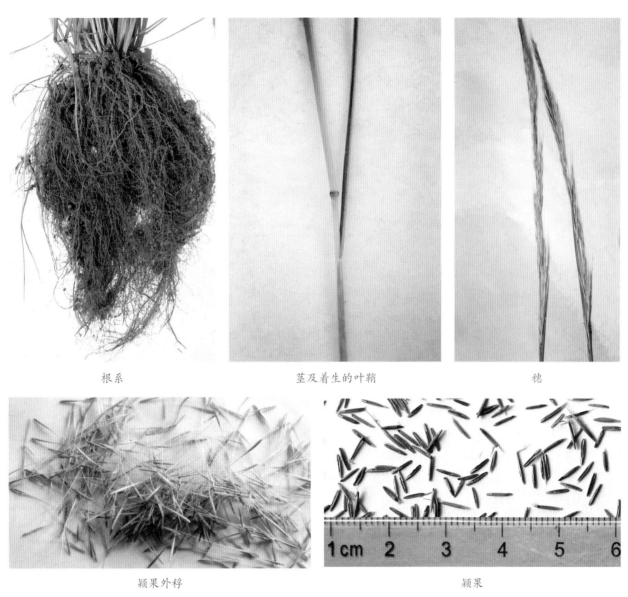

根系　　　　　　　茎及着生的叶鞘　　　　　　　穗

颖果外稃　　　　　　　　　　颖果

图 9-3　鼠茅草

二、鼠茅草生物学特性

耐冷凉、不耐高温。在山东胶东地区 8 月播种、长江以南地区在 9 月中下旬至 10 月上旬播种较适宜，翌年 3—5 月为旺长期，在地面形成 20 ～ 30cm 草层。6 月上中旬种子成熟后，茎倒伏形成枯草层，厚度达 7cm 左右，形如草毯。种子能落籽自生。

三、鼠茅草利用方式（图9-4）

目前，鼠茅草主要用于果园人工生草，能够抑制杂草生长，减少土壤侵蚀。根系密集穿插土壤，增加土壤通气性。夏季枯草覆盖后，保水保墒。根茎叶腐烂后，增加土壤有机质含量，改善土壤结构。

北方果园覆盖（旺长期）

北方果园覆盖（枯草期）

南方果园覆盖（旺长期）

南方果园覆盖（枯草期）

图9-4 果园覆盖鼠茅草

第三节　龙爪稷

龙爪稷（*Eleusine coracana*），禾本科（Poaceae）穆属（*Eleusine*）一年生直立簇生草本植物。中国植物分类名为穆，俗称龙爪稷、鸭脚粟（广西）、鸭距粟（广东）、鸡爪谷（西藏）、广粟或拳头粟（海南）、龙爪粟、鸡爪粟、鹰爪粟、鸭爪稗、碱谷、非洲黍等。原产于非洲和南亚，在非洲埃塞俄比亚发现有龙爪稷近缘野生种。在古代，由埃塞俄比亚传入印度，此后由印度传到印度尼西亚及马来西亚，后再传入中国，再由中国传至日本。

一、龙爪稷植物学特征（图9-5）

须根系，根系发达。茎高50～120cm，直立，簇生，一般分蘖6～13个。叶片线形，长25～65cm、宽0.8～1.5cm，叶面粗糙有毛，叶背光滑；叶鞘长于节间，光滑；叶舌顶端密生长柔毛，长

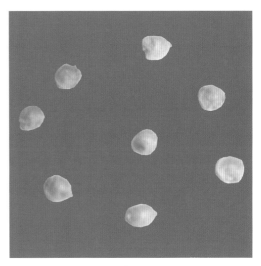

抽穗前单株　　　　　　　　穗　　　　　　　　种子

茶园间作龙爪稷（浙江）

图9-5　龙爪稷

1 ～ 2mm。穗状花序 3 ～ 9 枚，呈指状排列于茎顶，成熟时作弓状弯曲，形似龙爪。小穗含 5 ～ 6 朵小花，无柄，密生于穗轴一侧。颖顶端急尖；第一颖长约 3mm；第二颖长约 4mm。外稃三角状卵形，长约 4mm；内稃狭卵形。种子直径 1 ～ 1.8mm，圆球形，黄色至深棕色。胚大，种脐点状。千粒重 2g 左右。

按穗形、籽粒颜色和粒质可分直立状和拳状、红粒种和黄粒种、粳性和糯性等不同类型。拳状黄粒品种产量较高，抗病力较强。

二、龙爪稷生物学特性

耐瘠薄能力较强。适应性好，在海拔 500 ～ 2 400m 的地方均能生长，耐旱、耐盐碱，土壤 pH 值 5.0 ～ 8.2 范围内均能正常发育，在含盐量 0.2% ～ 0.4% 的土壤上能生长繁茂。播种期较长，在浙江省 3 月下旬至 7 月初均可播种。耐湿性强。

三、龙爪稷利用方式

龙爪稷主要作牧草或果园、茶园覆盖绿肥（图 9-5）。植株长到约 60cm 时刈割、覆盖在果树或茶树根部，具有保水保墒、提供有机物等功效。刈割留茬高度 5 ～ 10cm，刈割前后应施尿素 75 ～ 150kg/hm² 以提高再生草产量和质量。

龙爪稷是传统农作物，在海南部分地区常以救荒作物加以栽培。营养价值高，具有较高的膳食纤维、多酚、矿物质和含硫氨基酸，是一种耐贮藏的集食用、饲用及药用的作物。

第四节　御　谷

御谷（*Pennisetum glaucum*），禾本科（Poaceae）狼尾草属（*Pennisetum*）一年生草本植物，也称珍珠粟、猫尾粟。原产非洲，适应性广，抗逆性强，亚洲和美洲引种栽培为粮食作物。我国河北、黑龙江等地有栽培。

一、御谷植物学特征（图 9-6）

须根系，强壮发达。基部茎节可生不定根。茎直立，粗壮，株高 1.3 ～ 3m，每株分蘖 5 ～ 20 个，多者达 30 个。叶披针形，叶长 60 ～ 100cm、宽 2 ～ 3cm，叶缘粗糙，上面有稀疏毛。圆筒状圆锥花序，长 40 ～ 50cm，主穗轴坚硬，密生柔毛。小穗有短柄，两小穗合成一簇，短柄长 3.5 ～ 4.5mm，倒卵形。种子长约 3mm，千粒重 4.5 ～ 5.1g。

二、御谷生物学特性

种子发芽最适温度 15 ～ 20℃，生长最适温度 30 ～ 35℃。耐旱性较强，在降水量 400mm 地区可以生长。对土壤要求不严，可适应酸性土壤。喜水肥，尤对氮肥敏感。御谷为短日照作物，由南向北推移，生育期延长。适应性广，我国华北、东北多地可以种植。河北在 4 月中下旬至 5 月上旬播种，7 月初抽穗开花，8 月初结实。黑龙江在 5 月上旬播种，9 月结实。

三、御谷利用方式

在黑龙江省采用大豆－御谷轮作，起倒茬、养地作用。直接翻压作绿肥能快速提升土壤有机质含量。在抽穗前或抽穗初期、株高约 1m 时刈割，可刈割 2 ~ 3 次 / 年，年鲜草产量 60 ~ 70t/hm²，种子产量 1.4 ~ 1.5t/hm²。叶量大，适口性好，可青饲和调制干草，鲜草约含粗蛋白质 3.31%、粗脂肪 0.31%、粗纤维 5.04%、灰分 2.09%。

苗期

穗

种子

成熟期

图 9-6　御谷

第五节　无芒雀麦

无芒雀麦（*Bromus inermis*），禾本科（Poaceae）雀麦属（*Bromus*）多年生草本。原产于欧洲，其野生种分布于亚洲、欧洲和北美洲的温带地区。我国东北 1923 年开始引种栽种，东北、华北、西北等地有野生种。

一、无芒雀麦特征特性（图 9-7）

具横走根状茎，须根发达。茎直立，圆形，粗壮光滑，株高 80 ～ 120cm，具 5 ～ 7 节。单株分蘖达 5 ～ 20 个。穗状圆锥花序，长 15 ～ 25cm，着生 2 ～ 6 枚小穗，每小穗含 6 ～ 12 花。颖狭披针形，长 4 ～ 5mm。颖果长椭圆形。种子千粒重 2.5 ～ 4g。

在我国北方年降水量 350 ～ 500mm 的地区旱作，生长发育良好，喜中性或微碱性砂壤或壤土。早春（4 月上旬）播种为宜，秋播（9 月上中旬）亦可。

二、无芒雀麦利用方式

产草量大，营养价值高，营养价值高，利用季节长，耐寒耐旱，耐放牧，适应性强，是优质的牧草绿肥种类。在我国南方种植，夏季不休眠，是水土保持和改土培肥的优良种类。再生能力强，鲜草产量 30 ～ 40t/hm²。种子产量 120 ～ 150kg/hm²。鲜草约含粗蛋白质 3.47%、粗脂肪 1.26%、粗纤维 19.92%、灰分 4.18%。适口性好，可青饲、调制干草和青贮。

花序

种子

图 9-7　无芒雀麦

第六节　苏丹草

苏丹草（*Sorghum sudanense*），禾本科（Poaceae）高粱属（*Sorghum*）一年生草本植物。全世界有30多种。原产于非洲北部苏丹地区，于20世纪初从苏丹引入美国故而得名，后又传到南非、澳大利亚、南美等地。我国从20世纪40年代从国外引进试种，目前在东北、华北及南方各省分布较广。

一、苏丹草特征特性（图 9-8）

须根系，随着生育进程，根部不断有不定根生长。株高1.5～2.5 m，茎直径5～13 mm，光滑无毛。主茎有5～12节，单株分蘖数2～4个，多者可达6个以上。叶鞘无毛；叶片宽条形，长45～60cm、宽4～4.5cm。圆锥花序，穗散形或尖塔形，长30～40cm。圆锥花序，顶端最上边2～3朵花完全开放后逐渐向下开放。颖果倒卵形，略扁，长3.5～4.0 mm、宽2.0～2.5 mm。成熟种子为淡黄色或黑褐色不等，千粒重9～15 g。异花授粉，成熟期不一致。

喜温作物，种子发芽的最低温度为8～10℃，最适温度为20～30℃。在适宜的温度条件下，播后4～5d即可出苗，7～8d即达全苗。一般在土壤温度稳定在16℃时播种，播种越早，产量越高。对土

根系

幼穗

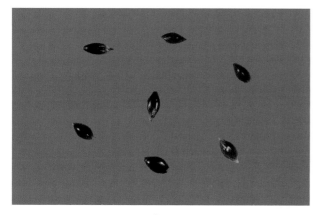

种子

茶园间作苏丹草

图 9-8　苏丹草

壤的适应性较强，较喜水肥，耐碱，抗寒，抗旱。分迟熟和早熟种两类。

二、苏丹草利用方式

在果园、茶园用作绿肥时（图9-8），一般株高80～100cm时刈割、覆盖在果树或茶树根部，一年可刈割3次，鲜草产量可达60t/hm²。用于新整耕地培肥时，进入苗期后要多施肥，提高生物产量，刈割后将鲜草开沟埋于新整耕地。鲜草约含粗蛋白质4.72%、粗脂肪0.31%、粗纤维7.92%、灰分2.38%，是家畜的优良饲草。种子产量300～450kg/hm²左右。

第七节　谷　稗

谷稗（*Echinochloa frumentacea*），禾本科（Poaceae）稗属（*Echinochloa*）一年生草本植物。中国植物分类名为湖南稗子，因穗如谷子、籽粒似稗子，故名谷稗。原产于印度、日本等亚洲国家，北美洲东部亦有生长。我国于1964年引种，现分布较广，为优良饲草兼绿肥作物。

一、谷稗特征特性（图9-9）

株高1.5～2.5m。茎粗壮，直径5～10mm，直立。分蘖多，单株分蘖达25个以上。叶鞘光滑无毛，叶片线形，扁平，长60～70cm、宽1.5～3.5cm，质地柔软，无毛，先端渐尖。圆锥状花序，直立，穗长10～30cm，穗轴粗壮。种子千粒重4g左右。

谷稗对土壤要求不严，喜水耐涝，也抗旱、抗盐碱，在pH值为8.0～8.5的土壤上能很好生长。喜温暖气候条件，地温稳定在10℃以上时，种子才可萌发；秋季当气温低于10℃时即停止生长。播种期为5月上旬至7月中旬，在北方干旱地区，夏季播种有利于出苗。

拔节期根系

灌浆期

图9-9　谷稗

二、谷稗利用方式

在黑龙江种植，鲜草产量 50 ～ 60t/hm²，翻压作绿肥能快速增加土壤有机质，是改土培肥的优质种类。适口性好，是牛、羊等喜食的优良饲料作物，可刈割作鲜草、调制干草、青贮备用。鲜草约含粗蛋白质 2.14%、粗脂肪 0.26%、粗纤维 5.92%、灰分 2.49%。种子产量 400 ～ 500kg/hm²。

第八节　墨西哥玉米

墨西哥玉米（*Euchlaena mexicana*），禾本科（Poaceae）类蜀黍属（*Euchlaena*）一年生草本植物。中国植物分类名为类蜀黍。原产于中美洲的墨西哥和加勒比群岛以及阿根廷。我国于 1979 年从日本引进试种，目前在南方各省和华东地区有较大种植面积。

一、墨西哥玉米特征特性（图 9-10）

须根系，主侧根均较粗壮，入土较深，近地面的茎节能长出不定根。形似玉米，植株高大，茎直立，圆形或椭圆形，一般株高 2 ～ 3m，直径 1.5 ～ 2.0cm，植株中部以下各节较短，分蘖发达。叶鞘长于节间，松弛包茎。叶片剑状，叶缘微细齿状，中脉明显，叶面光滑，叶背具短茸毛，叶舌呈环状。

根系

茎及叶鞘

花序

种子

图 9-10　墨西哥玉米

穗状花序。雌雄同株，雄花顶生。雌穗着生于叶腋中，由苞叶包被。穗轴扁平，有 4～8 节；每节生 1 小穗，互生。常 4～8 个颖果呈串珠状排列。种子长椭圆形，成熟时呈褐色，颖壳坚硬，千粒重 75～80 g。

适应性好，pH 值 5.5～8.0 的土壤均可种植。浙江一般在 4 月初气温达 15℃以上时播种，播种后的 30～50d 内生长较慢，出苗 60～70d 后生长加快，分蘖增多。墨西哥玉米生育期长，留种田必须适期早播。

二、墨西哥玉米利用方式

具有栽培简单、产量高、品质好、适应性强、生产成本低等优点。用于果园、茶园覆盖时，株高达到 80～100cm 时刈割、覆盖在果树或茶树根部。在新整耕地培肥时，应在生长期多施化肥提高生物产量，每次刈割后将鲜草开沟深埋于土中，2 年即可显著提高新整耕地的土壤理化性状。生长期一般可刈割 3 次左右，鲜草产量高者达 150～225t/hm^2，是热带、亚热带地区饲用价值很高的饲料作物。

第十章
水生绿肥

常用的水生绿肥为"三水一红",即水葫芦、水浮莲、水花生和红萍。发展水生绿肥,不占用耕地,在开辟肥源途径的同时改善水系及农田生态环境。水生绿肥分布广泛,以红萍分布最广,南至琼、粤、桂,西南、西北可抵滇、陕、甘,北至辽、吉、黑,均能生长、利用。

第一节 红 萍

红萍,植物分类名为满江红,也称绿萍、红浮萍等,槐叶苹科(Salviniaceae)满江红属(*Azolla*),为水生小型漂浮蕨类植物。满江红属有 2 个亚属,即三膘满江红亚属(subgen. *Azolla*)和九膘满江红亚属(subgen. *Rhizosperma*)。三膘满江红亚属有 5 ~ 6 种,分别分布于欧洲、美洲、亚洲和大洋洲。九膘满江红亚属有 2 ~ 3 种,分布于亚洲和非洲。我国的红萍野生种,从海南岛到北纬 37° 的黄河中下游以南地区各地均有分布。

红萍是蕨类和藻类的共生体,具有生物固氮功能。蕨类为其叶腔中生存的红萍鱼腥藻(*Anabeana azollae*)提供碳水化合物,鱼腥藻则可将空气中的氮气吸收并转化为有机态氮,进而合成氨基酸和蛋白质。因此,红萍在贫瘠的水质条件下仍能繁殖生长。

中国是世界上利用红萍最早的国家,作为水生绿肥、饲料或饵料已有几千年的历史。早在公元 540 年贾思勰所著的《齐民要术》中就有红萍的记载。明朝末期以来,东南沿海许多地方府志都有红萍作为稻田肥料的记述。在我国,红萍最早由福建、浙江、广东传播到南方各省并大范围应用,因此我国长江流域以南稻区曾经都有利用红萍的历史。随着国外红萍资源的引进、新品种的育成和越夏越冬技术的研究改进,红萍可在全国各地水田利用。

一、红萍植物学特征

（一）根（图 10-1）

红萍的根属于不定根，着生于茎基部下侧，多为单生，长 2 ～ 3cm，呈圆锥形悬垂于水中。幼时绿色，含叶绿体；老时褐色，逐渐衰老而脱落。幼根的外部有根套，随幼根的生长根套脱落或破裂，根毛向四周散开，根也随之延长。健壮萍体，根系发达，一般有根约 10 条甚至更多，每 5 ～ 10d 换根一次。

图 10-1　红萍着生于茎基部的不定根（左：小叶红萍；右：羽叶红萍）

（二）茎、叶（图 10-2）

植物体呈不规则四方形、卵形或三角状，根状茎细长，横卧或直立，上面被叶片覆盖。茎绿色，羽状分枝或假二歧分枝，通常横卧漂浮于水面，在水浅或植株生长密集的情况下，茎可高出水面 5cm，易折断。

叶小如芝麻，互生，无柄，覆瓦状排列成两列互生于茎上，每个叶片深裂而分为背裂片和腹裂片两部分，背裂片长圆形或卵形，肉质，绿色，但在秋后常变为紫红色，边缘无色透明，上表面密被乳状瘤突，下表面中部略凹陷，基部肥厚形成共生腔，腔内共生鱼腥藻；腹裂片贝壳状，无色透明，多少饰有淡紫红色，斜沉水中，当茎直立并长出水面时，则腹裂片向背裂片形态转化，具有和背裂片同样的光合作用功能。叶片会因外界温度的影响而由绿色变为红色或黄色。

图 10-2 红萍叶片（左：背叶；右：腹叶）

（三）孢子果（图 10-3）

孢子果是在侧枝第一叶的叶腋间发生，其形态、结构是分类的重要标志。孢子果有大小两种，多为双生，少为 4 个，簇生于侧枝的基部，大孢子果位于小孢子果下面。大孢子果，是红萍的雌性生殖器官，体积小，长圆锥形，顶部喙状，内藏一个大孢子囊，大孢子囊只产一个大孢子，大孢子顶端覆盖着 3 ～ 9 个无色海绵状浮胶和鱼腥藻；小孢子果，是红萍的雄性生殖器官，体积是大孢子果的 4 ～ 6 倍，呈球形或桃状，顶端有短喙，果壁薄而透明，内含多个具长柄的小孢子囊，每个小孢子囊内有 32 个或 64 个小孢子，分别埋藏在 5 ～ 8 块无色透明海绵状的泡胶块上，泡胶块上有丝状毛。

在自然生长条件下，多数红萍品种无法形成孢子果或无法同时形成雌雄孢子果。因此，无性繁殖是红萍的主要繁殖方式。

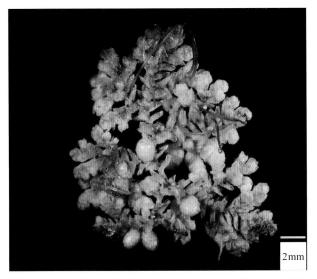

图 10-3 红萍孢子果（左：细叶红萍，右：小叶红萍）

二、红萍生物学特性

对温度敏感，温度的变化直接影响其生长速率和固氮能力。最适温度是 25℃ 左右，在此温度下，如果其他环境条件适宜，一般 3～5d 可增殖一倍。温度 10℃ 以下和 25℃ 以上，叶片可能转红，繁殖能力减弱。5℃ 以下或 43℃ 以上，生长基本停止。0℃ 以下或 45℃ 以上易受冻害、热害。因此，在南方的生长旺季在 3—5 月及 9—11 月。光照是红萍生长的必备条件，低于 3 000 lx 的环境下难以长期生存。在低光照条件下，植株一般为嫩绿色，不结孢子果，根系短小，生长势弱，碳氮比值低。

红萍对磷钾养分的要求比较高。磷是决定红萍固氮和光合强度的重要元素。磷素不足，其生长和固氮受到影响。钾素能促进其光合作用，增强抗寒性能，促进共生蓝藻生长。钾素不足时，萍体瘦弱变黄、根系退化。正常生长的植株，在无氮条件下能良好生长。红萍群体密度提高会逐渐抑制个体的生长，随着群体密度的增加，其生长率和固氮量会下降。

三、红萍利用价值

（一）绿肥（图 10-4）

红萍光合作用高效，具有生物固氮功能并可高效吸收利用水体中的磷钾等营养物质，因此繁殖迅速。利用红萍作水生绿肥，不仅能开辟重要的绿肥来源，也有重要的环境保护意义。在春、秋季节放养，每 20d 即可收获鲜萍 22.5～30.0t/hm^2，全年可收获鲜萍超过 200t/hm^2。根据全国 11 个省 124 个样品分析，红萍干物质平均含量为 7.94%，干物质中氮（N）含量平均为 3.61%；新鲜萍体含有机碳 2.9%、氮（N）0.23%、磷（P）0.029%、钾（K）0.18%。红萍做稻田绿肥，可做基肥也可做追肥。在有机稻米生产中，可以用红萍作为全部的肥料来源。20 世纪 80 年代福建省农业科学院研究提出的"稻－萍－鱼""稻－萍－鸭"生态农业模式，既稳定了稻田产出，还可以减少 50%～70% 的化肥和农药使用。

图 10-4 池塘自生（左）和稻田放养（右）的红萍

（二）饲料及药、食

红萍营养丰富，适口性好，个体大小适中，可直接喂养畜禽和鱼类。据浙江省农业科学院测定，风干红萍含粗蛋白 16.18%、粗脂肪 2.17%、粗纤维 9.77%、无氮浸出物 54.07%、粗灰分 12.94%。红萍以全草入药，有解表、祛风、利湿的功效。利用红萍提取的叶蛋白具有良好性能，其中吸油性、乳化能力及乳化稳定性与大豆分离蛋白相当。

四、红萍种质资源

由于大部分红萍资源在自然条件下不产生生殖器官或无齐全的雌雄生殖器官，因此，红萍种质资源主要依靠营养体培养的方式进行保存。20 世纪 80 年代，福建省农业科学院与国际水稻研究所（IRRI）合作，在福州市建立了红萍种质资源保存圃，并分别于 1987 年被国家农牧渔业部批准设立"国家红萍资源中心"，于 2013 年被国家农业部列为"国家红萍种质圃（福州）"。目前，该圃保存了来自美国、德国、澳大利亚等 32 个国家及国内 18 个省市收集的红萍 6 个种共 560 余份种质资源，并建立茎尖组培、温室水培和网室土培的三级长期保存体系，是目前世界上收集品系最多的红萍资源圃。

根据孢子的形态和结构，在植物分类学上，一般将红萍分为 7 个种、2 个亚种（表 10-1）。在生产上主要应用的种类有细绿萍、卡州萍、小叶萍、羽叶萍和中国萍（覆瓦状萍）。

表 10-1 红萍主要种的分布及特点

种名	拉丁名	原产地	主要特点
细绿萍	*Azolla filiculoides*	智利、巴西、玻利维亚	抗寒、高产、耐盐、怕热
日本萍	*Azolla japonica*	日本四国、九州	抗寒、耐盐、怕热
卡州萍	*Azolla caroliniana*	南北美洲	耐热、抗虫
墨西哥萍	*Azolla mexicana*	美国、墨西哥	耐热、怕寒、结孢多
小叶萍	*Azolla microphylla*	美洲热带和亚热带	个体大、具芳香、耐热、怕寒
洋洲萍	*Azolla rubra*	澳大利亚、新西兰	色茜红、直立性差、产量低
尼罗萍	*Azolla nilotica*	非洲中部地区	个体大、难养殖
羽叶萍	*Azolla pinnata*	澳大利亚、东南亚	羽状分枝、萍体较大、春发性好
中国萍（覆瓦状萍）	*Azolla imbricata* var. *imbricata*	中国	分布广、羽状分枝、主轴不明显

（一）覆瓦状萍 500（图 10-5）

也称为中国萍或红萍，属覆瓦状萍（*Azolla imbricata* var. *imbricata*）品系。1980 年收集于福州市。经单朵培养、扩繁而成。

植株三角形，平面浮生，羽状分支。同化叶呈疏覆瓦状排列，叶边缘呈透明状，萍体长 1～2cm、宽 1～1.2cm，春、秋萍体颜色为绿色，夏、冬季颜色为浅红色。根长 1～3cm；背叶斜方形，腹叶淡红色。不结孢。适宜生长温度 25～30℃。较耐热，30～35℃条件下仍生长较好，但耐寒性较差，10℃以下生长缓慢，较易感病虫害。

适宜热带、亚热带地区水域。在福建，年产鲜萍 88～112t/hm²。干物质含氮（N）3.75%、磷（P）0.11%、钾（K）3.32%。

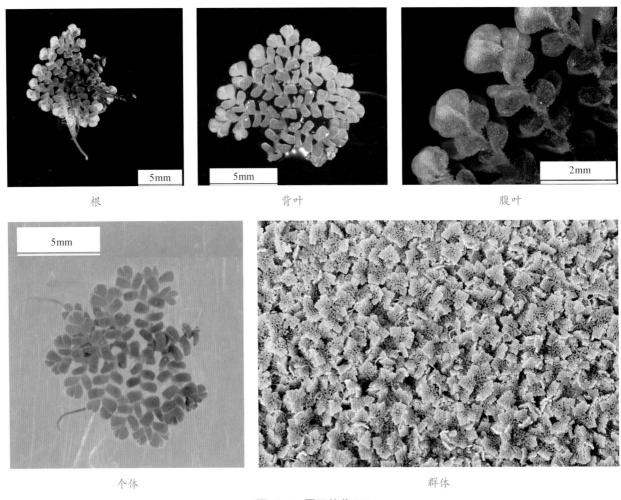

根　　　　　　　　　　　背叶　　　　　　　　　　　腹叶

个体　　　　　　　　　　　　　　　群体

图 10-5　覆瓦状萍 500

（二）细绿萍 1001（图 10-6）

属细绿萍（*Azolla filiculoides*）品系，原产于德国。20 世纪 70 年代由中国科学院植物研究所从原东德引入中国并推广应用。

植株多边形。萍体长 1.5 ～ 4cm、宽 1 ～ 2cm，春秋季萍体颜色绿色，夏冬季萍体紫绿，根长 2 ～ 5cm。背叶近椭圆形，叶面突起粗、短；腹叶白绿色、边缘红色。抗寒性强，气温 5℃开始生长。其个体形态可随萍群密度的高低，从平面浮生型向斜立浮生型、直立浮生型演变。可结孢，有雌雄孢子果。耐盐、不耐热。

在福建，能年产鲜萍 75 ～ 90t/hm²。干物质含氮（N）3.42%、磷（P）0.14%、钾（K）3.67%。适口性好，适宜稻萍鱼模式推广；抗寒性强，可在北方稻田栽培。

（三）卡州萍 3001（图 10-7）

系满江红属（*Azolla*）三膜亚属（subgen. *Euazolla*）水生蕨类植物，原始资源收集于美国俄亥俄州，福建省农业科学院于 1978 年从 IRRI 引进。

抗寒、抗热、抗病虫害，耐阴性强，氮含量高（固氮能力强）。植株呈多边形，萍体长 1 ～ 1.5cm、宽 0.8 ～ 1.2cm，春秋季萍体颜色紫绿，夏季萍体暗红，冬季萍体紫红，根长 1.5 ～ 4cm，背叶蝶翅

根　　　　　　　　　　　背叶　　　　　　　　　　　腹叶

孢子果　　　　　　　　　　个体　　　　　　　　　　群体

图 10-6　细绿萍 1001

根　　　　　　　　　　　背叶　　　　　　　　　　　腹叶

个体　　　　　　　　　　群体

图 10-7　卡州萍 3001

形，背叶面突起细、短，腹叶白色、边缘红色。适宜生长温度 15～25℃。平面浮生，较长时间不分萍、不搅动，可多层叠生。在福州地区不结孢。

全国各地水域（有水或土壤湿润状态的水稻田）均可生长。周年繁殖速度较稳定。年产鲜萍 73～102t/hm²；干物质养分含量氮（N）4.21%、磷（P）0.20%、钾（K）4.36%。

（四）小叶萍 4018（图 10-8）

属小叶萍（*Azolla microphylla*）品系，原产于巴拉圭，福建省农业科学院于 1978 年从 IRRI 引进。

植株三角形或多边形，平面浮生或斜立浮生于水面，萍体长 1～1.5cm、宽 1～1.5cm，春夏秋季萍体颜色浅绿，冬季萍体中心褐色边缘绿色。根长 2.5～4cm，背叶长椭圆形、叶面突起细、短，腹叶白至绿色。生长适宜温度 15～25℃，在 30～35℃下繁殖也较快，较抗热，但耐寒性较差。具芳香味，故又称芳香满江红。可结孢，有雌雄孢子果。

适宜热带、亚热带地区栽培。在福建，年产鲜萍 65～80t/hm²。干物质含（N）3.78%、磷（P）0.19%、钾（K）4.08%。

根　　　　　　　　　　　背叶　　　　　　　　　　　腹叶

孢子果　　　　　　　　　　个体　　　　　　　　　　群体

图 10-8　小叶萍 4018

（五）羽叶萍 7001（图 10-9）

属羽叶萍（*Azolla pinnata*）品系，原产于澳大利亚，1984 年福建省农业科学院从 IRRI 引进。

植株三角形，平面浮生，萍体羽状分支明显。萍体长 1.5～3.5cm、宽 1.5～2.5cm，春秋冬季萍体紫红，夏季萍体浅绿；根长 1～3cm，背叶长椭圆形、叶面突起粗且较长，腹叶红色。生长适宜温度 25～30℃，较抗热，耐寒性较差。可结孢，有雌雄孢子果。

适宜热带、亚热带地区水域。在福建，年产鲜萍 67～86t/hm²。干物质含氮（N）3.37%、磷（P）0.11%、钾（K）3.29%。

根　　　　　　　　　背叶　　　　　　　　　腹叶

个体　　　　　　　　　　　　群体

图 10-9　羽叶萍 7001

（六）回交萍 3 号（图 10-10）

系福建省农业科学院以小叶萍 × 细绿萍的杂交种榕萍 1 号为父本，再与小叶萍 4018 为母本回交而获得的新品种，于 1992 年 2 月通过福建省农作物品种审定委员会认定，定名为回交萍 3 号。

植株多边形，平面浮生或斜立浮生于水面，萍体长 1～2cm、宽 1～1.5cm，翠绿色，腹叶边缘深红色。适宜生长温度 10～30℃。抗热，耐盐（0.6%以上），能产生雄孢子果。富集氮、磷以及微量元素能力强，具有水体净化的开发利用潜力。

在福建，年产鲜萍 132 ～ 168t/hm^2，干物质含氮（N）4.05%、磷（P）0.17%、钾（K）3.68%。

| 根 | 背叶 | 腹叶 |

| 个体 | 群体 |

图 10-10　回交萍 3 号

（七）闽育 1 号小叶萍（图 10-11）

杂交红萍新品种。系福建省农业科学院于 1986 年以小叶萍为母本、细绿萍为父本进行有性杂交而得。2015 年通过全国草品种审定委员会审定，定名为闽育 1 号小叶萍，品种审定号：498。

植株多边形，平面浮生或斜立浮生于水面，萍体长 1 ～ 2cm、宽 1 ～ 1.5cm，背叶长椭圆形，背叶表面突起细短，腹叶白或绿。抗寒，气温 0℃以上可生存，5℃开始生长；耐热，40℃以下均可生存，气温 35℃以下可以正常生长，适宜生长温度 10 ～ 30℃。耐盐性强，可在 0.6% 的盐浓度下生长。可以结孢，但仅有雄孢子果，主要以无性繁殖为主。

在福州地区一年可生长 260d 左右，年产鲜萍 156 ～ 185t/hm^2。干物质含氮（N）3.77%、磷（P）0.18%、钾（K）3.96%。蛋白含量高，脂肪含量低，适合提取叶蛋白。

根　　　　　　　背叶　　　　　　　腹叶

个体　　　　　　　群体

图 10-11　闽育 1 号小叶萍

（八）闽北官路红萍（图 10-12）

属细绿萍（*Azolla filiculoides*），系福建省农业科学院于 2016 年从福建省浦城县官路乡稻田收集的细绿萍地方品种资源。当地 20 世纪 70 年代开始推广该种类，经长期自然适应，冬天生长表现良好。后选择单朵进行扩大培养，其后代品系命名为闽北官路红萍。

植株三角形或多边形，萍体黄绿色，长 1.5 ～ 4cm、宽 1 ～ 2cm，平面浮生或斜立、直立浮生于水面，背叶长椭圆形，背叶表面突起细短，腹叶白或绿。抗寒性强，气温 0℃以上可生存，5℃开始生长，适宜生长温度 10 ～ 30℃。无性繁殖为主，可以结孢，但多为雄孢子果。

在福建闽北地区可以周年养殖，繁殖快，产量高，年产鲜萍 178 ～ 192t/hm²。干物质养分含氮（N）3.60%、磷（P）0.71%、钾（K）3.26%。

根   背叶   腹叶

个体   孢子果

图 10-12   闽北官路红萍

第二节   水葫芦

水葫芦，学名凤眼蓝（*Eichhornia crassipes*），雨久花科（Pontederiaceae）凤眼蓝属（*Eichhornia*）的多年生水生草本植物，又称凤眼莲、水荷花、野荷花、洋水仙等。原产南美洲巴西，中国首见于珠江流域，主要广布于长江、黄河流域及华南、西南各省。

一、水葫芦植物学特征（图 10-13）

（一）根、茎、叶

浮生水面，高 30 ～ 50cm。须根发达，长达 15 ～ 25cm，丛生于短缩茎上，悬垂于水中呈分散状。茎为缩短茎，实心，节间不明显，具长匍匐枝，匍匐枝与母株分离后长成新植株。叶在基部丛生，莲座状排列，一般 6 ～ 14 片。叶片圆形、宽卵形或宽菱形，长 4.5 ～ 14.5cm、宽 5 ～ 14cm，全缘，具弧形脉，深绿色，表面光滑有蜡质，叶肉肥厚，两边微翘，顶部略向下翻卷。叶柄长 5 ～ 20cm，中下部膨大成葫芦状，内为海绵组织，有气室，黄绿色至绿色。叶柄基部有鞘状苞片，长 8 ～ 11cm，黄绿色。

叶腋具腋芽，能抽出匍匐枝，顶端长出分株。

（二）花、果实

花葶从叶柄基部的鞘状苞片腋内伸出，长 34～46cm，多棱。穗状花序长 17～20cm，通常具 9～12 朵花。花冠直径 4～6cm，瓣状，卵形、长圆形或倒卵形，紫蓝色；四周花瓣淡紫红色，中间花瓣蓝色，在蓝色花瓣的中央有 1 黄色圆斑，形似凤眼。蒴果，卵形，每蒴果有种子 30～150 粒，种子微小。在自然条件下，结实率低。花期 7—10 月，果期 8—11 月。花分批开放，每次每葶开 1 朵，花期 1～2d，凋谢后花茎弯曲伸入水中，受精子房在水中发育成熟。

根系及匍状枝

叶片及囊状气室

花序

群体

图 10-13　水葫芦

二、水葫芦生物学特性

喜温暖湿润、阳光充足的环境，光照较弱的荫蔽地方也能生长，犹喜流速不大的浅水水体。适宜水温 18 ～ 25℃，超过 40℃ 时生长受到抑制，在 43℃ 以上则逐渐死亡。气温 13℃ 以上开始繁殖，20℃以上长势加快；有一定耐寒性，1 ～ 5℃ 能在室外自然越冬，0℃ 以下叶片枯萎，但其根茎和腋芽经短期冰冻仍保持生长活力。耐肥、耐瘠，适应性强，繁殖迅速，生物量大。

三、水葫芦利用方式（图 10-14）

（一）绿　肥

水葫芦繁殖快，一般水面年产新鲜体 400 ～ 600t/hm²。对氮、磷、钾、钙等多种元素有较强的富集作用，其中对钾的富集作用尤为突出。据分析，水葫芦干物质含氮（N）2.8% ～ 3.5%、磷（P）0.18% ～ 0.44%、钾（K）1.66% ～ 2.90%。收集后直接埋压做绿肥，其肥效较高。可堆沤制成有机肥或用其厌氧发酵生产沼气。

（二）饲料及药用

鲜茎叶柔软多汁、鲜嫩可口、营养丰富，可作为鸡、鸭、鹅、鱼、猪的优良饲料。其鲜草含水量 93%、粗蛋白 1.2%、粗脂肪 0.2%、粗纤维 1.1%、无氮浸出物 2.3%、粗灰分 1.3%。可生喂、干饲和发酵青贮。全株也可供药用，有清凉解毒、除湿祛风热以及外敷热疮等功效。

（三）环保污染治理

控制性放养水葫芦，是治理湖泊污染的重要生物手段。在富营养化的水体中，旺盛生长的水葫芦每公顷每天可以从水体中吸收氮（N）44kg、磷（P）7.5kg。水葫芦对砷的反应敏感，当水体中含砷 0.06mg/L 时就中毒受害，可作为地表水砷污染监测的指示植物。同时还可净化水中汞、镉、铅等重金属及其他有机污染物，且净水效率高。

图 10-14　池塘水葫芦

第三节　水浮莲

　　水浮莲，学名大藻（*Pistia stratiotes*），天南星科（Araceae）大藻属（*Pistia*）多年生飘浮草本植物，又名水白菜、天浮萍、水浮萍、大萍叶、水荷莲、肥猪草等。全球热带及亚热带地区均有分布。在中国福建、台湾、广东、广西、云南等省区的热带亚热带地区野生。经人工养殖，在湖南、江西、湖北、江苏、浙江、安徽、山东、四川等省也有分布。

一、水浮莲植物学特征（图 10-15）

（一）根、茎、叶

　　根系发达，须根呈羽状、细长，密集悬浮于水中。主茎节间缩短，称缩短茎，叶腋能生匍匐茎，顶端可生出新株。叶簇生成莲座状排列在缩短茎上。叶片因发育阶段不同呈倒三角形、倒卵形、扇形或倒卵状长楔形，长 1.3 ～ 10cm、宽 1.5 ～ 6cm，先端截头状或浑圆，基部厚。叶脉扇状伸展，背面明显隆起呈褶皱状。叶面密生茸毛，叶肉疏松，有发达的通气组织。

（二）花、果实

　　花白色，长在叶腋间，呈螺旋排列。肉穗花序，具佛焰苞，长 0.5 ～ 1.2cm，外被茸毛。水浮莲雌

漂浮水中的须根

匍匐茎生出新株

簇生叶片

叶片正、反面

图 10-15　水浮莲

雄同株，异花授粉。其开花结实不一致，在夏季高温多雨季节，陆续开花结实，花期 5—11 月，江浙一带 7 月开花，北京 8 月开花，从开花到种子成熟需 60～80d。果实为浆果，果皮薄，含种子 10～20 粒；种子腰鼓形，黄褐色，千粒重 1.5g 左右。种子成熟时，果皮裂开，自然脱落入水。成熟种子也可繁殖。

二、水浮莲生物学特性

喜光，喜高温多雨环境，耐热怕寒。适宜于在平静的淡水池塘、沟渠中生长。气温在 10～40℃均能生存，最适温度 30℃左右。在有霜地区，则作为青绿饲料进行人工放养。华东地区 4—10 月为其生长期。主要靠分株繁殖，繁殖速度快，夏季晴天高温时，10d 左右可增殖 7～8 倍，一年新鲜体产量可高达 750t/hm²。高温多雨的热带地区，生物量更高。

三、水浮莲利用方式（图 10-16）

图 10-16　池塘水浮莲

水浮莲可以做绿肥利用，鲜草含氮（N）0.22%、磷（P）0.029%、钾（K）0.09%，既可以做基肥，也可以做追肥。水浮莲含水较多，纤维少，比较柔嫩，是南方养猪普遍利用的一种青饲料。常打浆或切碎混以糠麸喂猪，多为生喂或发酵后喂，也可制成青贮饲料。

水浮莲有较强的净水能力。叶可入药，夏秋采收，晒干。外敷无名肿毒，煮水可缓解跌打肿痛，煎水内服可治水肿、小便不利等。

第十一章
其他科属绿肥

群众经验，"见青三分肥"。我国各地土壤利用方式多样、种植制度不同，合理选用其他科属绿肥，可以起到富集各种养分、生物耕作等作用。菊科、苋科和商陆科等其他科属绿肥的应用，能充分满足不同生态区农业生产的需要。这些植物适应性强，有的具有富集土壤钾素的能力，有的具有富集或钝化土壤重金属的能力，在耕地地力提升、生物调控土壤养分循环中具有现实作用。

第一节　小葵子

小葵子（*Guizotia abyssinica*），菊科（Asteraceae）小葵子属（*Guizotia*）一年生草本植物，别称油菊。原产热带东非高原。国外较广泛地种植于埃塞俄比亚和印度，是埃塞俄比亚主要油料作物，在东南亚和西欧一些国家以及俄罗斯、日本也有栽培。1972年由原云南省瑞丽县弄岛乡雷允生产队从缅甸引入用作油料作物种植，于1975年开始推广种植，现主要分布于南自云南、北至淮北的多个地区。

一、小葵子植物学特征（图11-1）

直根系，主根明显，侧根多，根颈以上2～3节处有不定根。茎直立，株高1～3m，茎圆柱形、中空，被糙硬毛，具紫色斑点，茎粗1～2cm。分枝能力强，枝绿色至紫色，老枝常呈黑紫色。小叶对生，肉质，长椭圆形、披针形，半抱茎，边缘具疏锯齿，两面疏被柔毛，无叶柄。

头状花序顶生或腋生，每朵花序内有多数黄色小花，边缘为舌状花，舌片8～10片，黄色；中央为管状花。花序下有一轮总苞。单株有花数十朵至数百朵，单株开花时均由中心向两侧，由上而下，由外向内顺序开放；花序中的小花则由外围向中心逐渐开放。着生部位不同，小花开放至凋谢需5～7d。凋谢后一般15d果即成熟。瘦果，黑色，具4棱；种子披针矩形，黑色有光亮，长4～5mm、宽1.0～1.5mm，千粒重3.5～4.0g。

叶	花序	凋谢花序

瘦果	种子

图 11-1 小葵子

二、小葵子生物学特性

小葵子为短日照植物，喜光、热，怕霜冻，生长发育快。适宜生长温度为 13 ~ 35℃。不耐阴蔽，生境需较好的通风透光条件。对土壤要求不严，但仍以土层较厚、排水较好和肥力较高的砂质土壤生长为宜。耐干旱，要注意防涝排渍，久旱时需要灌水以促进其生长。少有病虫为害。在云南春秋季种植 30 ~ 35d 开花，花期约 30 d，全生育期 140 ~ 160d。在安徽合肥春季播种，生育期为 160 ~ 180d。适宜在冬春季灌溉条件好的低海拔地区或低热河谷区种植。

三、小葵子利用方式（图 11-2）

（一）绿肥

小葵子鲜草产量高，富集钾的能力强，被认为是富钾绿肥。在四川成都麦茬后中稻之前或稻茬后小麦前播种，生长 40d 即可翻耕。鲜草含氮（N）0.13% ~ 0.32%、磷（P）0.07% ~ 0.14%、钾（K）0.25% ~ 0.65%。鲜草产量 30 ~ 90t/hm²，种子产量 300 ~ 450kg/hm²。适宜播种时期长，在云南海拔 1 000m 以下地区，一年可播种 3 次，做小春作物栽培在 8—10 月播种，做大春作物在 5—6 月播种；在四川省西部为 3—9 月，苏皖一带为 4—8 月。春播的可与玉米、棉花等宽行作物同期间种，生长约 40d 压青。

（二）油料、蜜源、饲料

小葵子种子含油 39% ～ 41%。亚油酸占脂肪酸总量的 76.3% ～ 78.0%。油具微香回甜味，加热时不起泡沫，是优良的食用油料。小葵子花期长，泌蜜多，蜜蜂喜欢采集。小葵子蜜呈琥珀色，结晶细腻，味纯，香气浓，属上等蜂蜜。

小葵子夏秋两季均能刈割鲜草供饲。鲜草含水量 82.8%、粗有机物 135.4g/kg、灰分 19.2 g/kg。在初花期刈割，虽略涩，但切细喂猪，效果很好，可青饲、煮熟饲喂或青贮后饲用。干草浓郁清香，猪喜食，国外用以饲喂绵羊。榨油后的籽饼，含粗蛋白质 36.9%，可添加在精饲料中，适口性好。

幼嫩期压青

盛花期压青

图 11-2　小葵子翻压作绿肥

第二节　肿柄菊

肿柄菊（*Tithonia diversifolia*），菊科（Asteraceae）肿柄菊属（*Tithonia*）一年生草本植物。原产墨西哥，曾作为观赏植物、绿肥和水土保持植物被广泛引种到世界各地。我国广东、云南曾作为观赏植物引种，目前在广东、广西、云南及台湾地区有逃逸种群归化成野生状态，福建多有栽培。

一、肿柄菊植物学特征（图 11-3）

直根系，主根粗大，入土可达 1m 以上。茎直立，丛生，株高 2 ～ 5m，茎圆形，茎粗 1.5 ～ 2.5cm，茎内髓质呈棉絮状。有粗壮分枝，成年植株一般有 20 ～ 30 个分枝。单叶互生，小叶卵形、卵状三角形、近圆形，长 15 ～ 35cm，3 ～ 5 深裂，掌状，有长叶柄，上部叶有时不分裂，裂片卵形或披针形，边缘有细锯齿，下面被尖状短柔毛。叶面青绿色，叶背色较浅。

头状花序，宽 5 ～ 15cm，顶生于假轴分枝的长花序梗上。总苞片 4 层，外层椭圆形或椭圆状披针形；内层苞片长披针形，顶端钝。花序边缘为 1 层舌状花，黄色，舌片长卵形，顶端有不明显的 3 齿；

内部为管状花，黄色。果实为瘦果，细而狭长，长约 4mm，扁平，被短柔毛。种子黑褐色，千粒重 5～6g。花果期 9—11 月。

花序

瘦果

盛花期群体

图 11-3　肿柄菊

二、肿柄菊生物学特性

喜温暖湿润，耐高温，抗寒能力弱、不耐霜冻。气温低于 −4℃时容易受冻死亡。茎节上有腋芽，能生长分枝，也能抽生不定根。再生能力强，刈割后，从基部叶腋间迅速生出新的分枝，一年能刈割 4～6 次。抗旱，但耐湿性差。对土壤要求不严，壤土、黏土和砂土均能生长。耐瘠和耐酸能力较强，在瘠薄的强酸红壤上，少量施肥就能获得较高的生物产量。

三、肿柄菊利用方式

肿柄菊植株不仅含氮量较高，且根系分泌物对土壤难溶性磷具较强的活化能力，并能减轻铝毒害。在有效磷缺乏的红壤地区，利用肿柄菊做绿肥，玉米增产效果好。据福建省农业科学院测定，茎干物质含氮（N）0.51%、磷（P）0.43%、钾（K）3.73%；叶片干物质含氮（N）2.90%、磷（P）0.48%、钾（K）4.15%。

叶片中蛋白质的含量高，是一种高蛋白饲料植物。在中国民间，肿柄菊茎叶或根入药，有清热解毒、消暑利水之效。研究发现肿柄菊提取物在抗结肠癌细胞、骨髓性血癌细胞、肝癌细胞以及抗疟疾等方面有效，具有潜在的药用价值。

第三节　籽粒苋

籽粒苋（*Amaranthus hypochondriacus*），苋科（Amaranthaceae）苋属（*Amaranthus*）一年生粮饲肥菜兼用型作物。中国植物分类名为千穗谷，又名蛋白草、猪苋菜等。原产于热带美洲，亚洲、非洲大部分地区都有种植。我国是苋的原产地之一，种质资源丰富，主要是菜用苋。自1982年始，中国农业科学院自美国陆续引进60多个籽粒苋资源进行试种。

一、籽粒苋植物学特征（图11-4）

根系发达，主根粗壮，入土深，侧根多。茎直立，株高2～3m，茎青绿或红色，无毛或上部微有柔毛，有20～40个分枝。叶互生，小叶菱状卵形或矩圆状披针形，长3～10cm、宽1.5～3.5cm，全缘或波状缘。叶色有绿色、紫色等。叶柄长1～7.5cm，无毛。

圆锥花序，腋生和顶生，直立，圆柱形。顶生花穗长33cm、直径1～2.5cm，由多数穗状花序形成，花簇在花序上排列极密；侧生花穗较短。苞片及小苞片卵状钻形，长4～5mm，绿色或紫红色。种子圆形，种皮淡白色、浅黄色、橙黄色或紫黑色，千粒重0.5g左右。

二、籽粒苋生物学特性

喜温暖湿润气候，生长最适宜温度为24～26℃，当温度低于10℃或高于38℃时生长受到抑制。3—10月均可播种。春季播种，夏季收获，生育期110～140d。生长迅速，再生能力强，做饲草利用，每季可刈割5～7次。抗旱能力强，需水量仅为玉米的45%。耐瘠薄，耐盐碱，抗病虫性能强，可作为荒地的先锋作物。籽粒苋光合效率高，鲜草产量80～90t/hm²，种子产量500～600kg/hm²。

三、籽粒苋利用方式

根系对土壤钾的活化和吸收能力强，翻压籽粒苋做绿肥能提高土壤钾的供应。在土壤镉（Cd）浓度50mg/kg条件下，籽粒苋生长良好，对土壤镉（Cd）的富集量达到了超富集植物临界值，具有治理修复镉（Cd）污染土壤的潜力。

茎叶适口性好，是畜禽理想的青饲料。籽实是优质精饲料。初花期叶片干物质含蛋白质 21% ~ 28%，茎干物质含蛋白质 12% ~ 15%。种子蛋白质含量高，氨基酸组分尤其是赖氨酸含量高于一般的谷类作物，不饱和脂肪酸含量高，淀粉以直链淀粉为主，能补充谷类作物赖氨酸的不足，是优质食品营养添加剂，多用于糕点、饼干、面饼、酱油等加工。

根系

幼茎及叶片

穗状花序簇生

种子

图 11-4　籽粒苋

第四节　商　陆

商陆（*Phytolacca acinosa*），商陆科（Phytolaccaceae）商陆属（*Phytolacca*）多年生草本植物，又名章柳、山萝卜、见肿消、王母牛、倒水莲、金七娘、猪母耳、白母鸡等。全国各地均有野生，主要分布在华中及长江以南红壤地区，京津及以南区域亦多见。

一、商陆植物学特征（图 11-5）

植株高 0.5 ～ 1.5 m。肉质根肥大，倒圆锥形。茎直立，圆柱形，有纵沟，肉质，绿色或红紫色，多分枝。叶片椭圆形、长椭圆形或披针状椭圆形，长 10 ～ 30 cm、宽 4.5 ～ 15 cm，顶端急尖或渐尖，基部楔形；叶柄长 1.5 ～ 3 cm，基部稍扁宽。

穗形总状花序，顶生或与叶对生，圆柱状，直立，密生多花；花序梗长 1 ～ 4 cm；花梗细，长 6 ～ 13 mm；花两性，直径约 8 mm。果穗直立或下垂；浆果扁球形，直径约 7 mm，幼时青绿色，成熟时为黑色。种子肾形，黑色，长约 3 mm。花期 5—8 月，果期 6—10 月。

茎及分枝

果序及未成熟浆果

成熟浆果

果穗

种子

图 11-5　商陆

二、商陆生物学特性

商陆生长最适温度 15 ～ 28℃，温度低于 10℃时生长受到抑制。北京可越冬。在鲁西北地区，一般 3 月下旬返青，叶片生长迅速，4 月下旬茎的生长进入旺盛期。5 月上中旬商陆一级花序开始抽放和生长，5d 后抽放二级花序，并以大致相同的间隔期抽放三级、四级、五级花序。由种子萌发的商陆幼株当年 7 月初可形成一级花序，至 8 月中旬三级花序开始生长。自花授粉，小花开放授粉受精后，幼果即开始迅速生长发育。自 9 月中旬，种子可陆续采摘。对土壤要求不严，耐酸碱、贫瘠，抗旱，少病虫害，易栽培管理。

三、商陆利用方式

（一）绿肥

商陆枝叶鲜嫩，压青后易于腐烂分解、释放养分，是培肥改土的先锋作物。湖南地区植株平均含氮（N）3.93%、磷（P）0.63%、钾（K）3.27%。两年以上的商陆地上部分，一年能收割两次，第一次于盛花期的 5 月上中旬，能收获新鲜茎叶 15 ～ 26t/hm²；第二次收割于 8 月中下旬，收获新鲜茎叶 37.5 ～ 45t/hm²。根据湖南省农业科学院的研究结果，在土壤有效钾含量偏低的条件下，商陆对土壤矿物钾具有一定的活化能力，吸收土壤缓效钾的量占其总吸收钾量的 81.2%，是有价值的富钾绿肥。

（二）修复土壤等综合用途

商陆根肉质、粗壮，根系入土深、分布广，能有效改良土壤。商陆能在锰尾矿废弃地上生长良好，对锰具有很强的耐受性和积累能力，是治理修复锰污染土壤的潜在植物。浆果是天然的红色染料，可制作胭脂。根是利水消肿的药材；同时根含有商陆毒素，其浸出液对防治蚜虫有效。

参考文献

陈礼智，1992.绿肥在持续农业中的地位与作用［M］.沈阳：辽宁大学出版社.

江西省农业科学院作物研究所，1980.绿肥栽培与利用［M］.上海：上海科学技术出版社.

焦彬，顾荣申，张学上，1986.中国绿肥［M］.北京：农业出版社.

林多胡，顾荣申，2000.中国紫云英［M］.福州：福建科学技术出版社.

全国农业技术推广服务中心，1999.中国有机肥料养分志［M］.北京：中国农业出版社.